한국유전학회 총서 제10권

유전자 혁명과 생명윤리

유전자 혁명과 생명윤리

Wondergenes

Genetic Enhancement and the Future of Society

맥스웰 J. 멜맨 지음
한국유전학회 옮김

전파과학사

WONDERGENES

Genetic Enhancement and the Future of Society

by Maxwell J. Mehlman

번역에 부쳐서

2003년 사람 유전체의 전체 염기 순서가 밝혀짐에 따라 우리 사회는 본격적으로 생명과학의 시대가 도래하여 여러 영역에 걸쳐 매우 의미 있는 변화와 발전을 가져오게 되었다. 불과 150년 전만 해도 형질이 어떻게 유전되는지조차 알지 못하였으나, 멘델의 유전법칙, 윗슨과 크릭의 DNA 2중나선 구조의 발견 등의 유전학의 발전은 분자생물학을 탄생시켰고, 이제는 생명의 신비를 유전자 수준에서 이해하여 활용하고 있다.

사람유전체의 해독에 따라 질병이나 행동을 유발하는 유전자는 물론 환경과의 상호 작용을 통해 우리의 정신세계까지 지배하는 유전자들의 기능까지도 알 수 있게 되었다. 이러한 형질발현과 관련된 유전자들을 이용하여 신약 개발, 맞춤형 유전자치료 등의 획기적으로 삶의 질 향상에 공헌할 수 있는 유전공학이 탄생하였다. 그러나, 최상의 유전자 조합을 가진 아기를 선택할 수도 있는 등의 다양한 유전증진이 윤리의 통제 없이 이루어진다면 심각한 사회적, 법적, 정책적인 문제를 일으킬 것으로 우려된다.

이 책은 유전증진이 보편화된 미래의 세계를 예측할 뿐만 아니라 유전자 혁명이 이미 시작되었음을 선언하고 있다. 예를 들어 유전증진을 위한 유전자치료가 수행된다면 어떤 일이 일어날까? 이러한 진보에 따라 정상적인 인간으로서 현재 우리가 가지고 있는 사고를 장래에 어떻게 재정립하여야 할까? 이 책에서는 이미 생명과학자와 생명과학 종사자가 직면하고 있고, 장차 모든 사람들이 맞부딪쳐야 하는 생명윤리의 딜레마에 대하여 통찰하고, 유전증진을 제어하거나 제한할 수 있는 여러 가지 대안을 제시하며 이에 따르는 사회적 경제적 부담과 갈등에 대하여 예측 평가하고 있다. 또한 이 책은 유전자 혁명에 따른 유전증진의 희망과 위험에 대하여 가치 있는 지침을 제공하고, 유전학적 기초에 근거하여 유전증진에 따르는 핵심적인 윤리 문제와 법적인 배경을 조명하고 있을 뿐만 아니라 법률과 정책에 뜻있는 제안을 내놓고 있다. 이 책을 통하여 독자들이 유전학의 끝없는 발전에 따른 생명윤리, 법률 및 사회적 이해와 통찰이 있기를 기대한다.

본 학회에서는 학회 창립 10주년 기념사업의 하나로 1988년부터 회원 여러분의 적극적인 성원에 힘입어 후진들의 유전학 교육과 연구에 도움이 되고자 <유전학 총서 출판 사업>을 추진하여, 1989년 「현대 유전학의 창시자 멘델」을 시작으로 이제 제10권 「유전자 혁명과 생명윤리」를 출판하게 되어 대단히 영광스럽고 자랑스럽다. 그동안 본 출판 사업을 위해 헌신적으로 봉사해 주신 박은호 (1988-1992, 1994-2004), 강신성 (1993-1994) 전 출판위원장께 심심한 감사를 드린다. 아울러 이 책의 번역에 참여하여 주시고 성원을 아끼지 않으신 한국유전학회 모든 회원 여러분께 감사를 드린다. 특히 일평생을 유전학 연구와 교육에 몸 바치신 후에도 후학을 사랑하는 마음으로 기꺼이 유려한 번역을 해주신 정용재, 김기복, 이석우 명예이사님들께 심심한 감사를 올린다. 이 책이 나오기까지 봉사를 아끼지 않은 출판위원장 김철근 교수, 출판간사 김찬길 교수, 그리고 각 장의 말미에 재치가 번득이고 정곡을 찌르는 삽화를 그려준 신인철 교수께도 감사드린다. 또한 지난 40여 년 간 끊임없이 과학 대중화를 위하여 내용에 걸 맞는 알찬 책을 출판해주신 전파과학사 손영일 사장님과 편집진 여러분께 깊은 감사를 드린다.

2006년 3월 20일

한국유전학회 회장

성신여자대학교 자연과학대학 생물학과 교수 박 경 숙

원저에 대하여

이 책의 원저는 미국의 케이스웨스턴리서브대학교(Case Western Reserve University) 법과대학 및 의과대학의 멜맨(Maxwell J. Mehlman) 교수가 저술한 「Wondergenes」이다. 2003년에 인디애나대학교 출판부(Indiana University Press)에서 출판한 이 책은 미국립사람유전체연구소(National Human Genome Research Institute)의 주도로 사람유전체연구의 윤리, 법률 및 사회적 문제점에 관한 연구 차원에서 집필한 것으로, 21세기 생명과학의 시대를 맞이하여 우리에게 직면한 유전학의 발전에 따른 불확실한 인류의 미래에 대한 생명윤리 문제를 역사적, 법적, 사회적으로 조명한 명저이다.

본 학회는 이 책이 유전학자, 생물학자, 학생, 정책 입안자, 법률가 및 사업가는 물론 생명과학의 시대를 살아가고 있는 일반 대중에게도 꼭 필요한 책이라고 판단하여 교양 총서 제10권으로 번역 출판하게 되었다. 학회의 방침에 따라서 30명의 회원이 분담하여 번역한 후 내용의 통일을 기하기 위하여 이를 출판위원회에서 가필 정정하였으며, 모든 생물학 용어는 한국생물과학협회에서 심의・제정하여 2005년에 출판한 「생물학용어집 제2판」에 따랐다.

2006년 3월 20일

한국유전학회 출판위원장

한양대학교 자연과학대학 생명과학전공 교수 김 철 근

번역하신 분들

■제1장 서론
정용재 명예교수 (이화여자대학교)

■제2장 백악관 발표
김기복 명예원장 (광주상무병원)

■제3장 기초 지식
이석우 명예교수 (고려대학교)

■제4장 네 분야에서의 획기적 발전
김　욱 교수 (단국대학교 첨단과학대학 생물학 전공)
김명희 교수 (연세대학교 의과대학 해부학 교실)
서동상 교수 (성균관대학교 생명공학부 유전공학 전공)
남궁용 교수 (강릉대학교 자연과학대학 생물학 전공)

■제5장 제5 혁명
김희백 교수 (서울대학교 사범대학 생물교육과)
김원선 교수 (서강대학교 자연과학대학 생명과학 전공)

■제6장 안전성과 유효성
박은정 교수 (아주대학교 의과대학 약리학 교실)
김진미 교수 (충남대학교 생명과학부 미생물학 전공)
김철근 교수 (한양대학교 자연과학대학 생명과학 전공)

■제7장 자율성
정영란 교수 (이화여자대학교 사범대학 과학교육과)
송규영 교수 (울산대학교 의과대학 생화학 교실)

■제8장 진실성
이명철 교수 (충남대학교 생명과학부 생물학 전공)

■제9장 접근
안태인 교수 (서울대학교 자연과학대학 생명과학부)

■제10장 불평등과 불공평

전상학 교수 (서울대학교 사범대학 생물교육과)
이명선 교수 (청주대학교 이공대학 생명유전계통학부 유전공학 전공)

■제11장 하늘을 찌르는 인간의 오만

양재섭 교수 (대구대학교 자연과학대학 유전공학과)

■제12장 해결 방안

최철용 교수 (성균관대학교 자연과학부 생명과학 전공)
채지형 박사 (한양대학교 자연과학대학 생명과학 전공)
심용희 교수 (건국대학교 이과대학 생명과학과)
여창열 교수 (이화여자대학교 자연과학대학 분자생명과학부)
신인철 교수 (한양대학교 자연과학대학 생명과학 전공)

■제13장 보다 나은 해결책

이경호 교수 (건국대학교 이과대학 생명과학과)
백성희 교수 (서울대학교 자연과학대학 생명과학부)
천충일 교수 (숙명여자대학교 이과대학 생명과학 전공)
김현섭 교수 (공주대학교 사범대학 생물교육과)

■제14장 유전증진의 검출

박경숙 교수 (성신여자대학교 자연과학대학 생물학과)

■제15장 결론

박은호 교수 (한양대학교 자연과학대학 생명과학 전공)
김찬길 교수 (건국대학교 의료생명대학 생물과학부)

출판위원장
  김철근 교수 (한양대학교 자연과학대학 생명과학 전공)
출판간사
  김찬길 교수 (건국대학교 의료생명대학 생물과학부)
삽화
  신인철 교수 (한양대학교 자연과학대학 생명과학 전공)

차례

1

서론

날이 어둑어둑해지자 스키 순찰대로 전화가 걸려왔다. 어느 집에서 11살 된 남사 아이가 저녁 늦게까지 집에 안 돌아왔으며, 아이 친구들 말에 의하면 그가 스노보드를 타고 스키장 경계선을 넘어 크리스털 절벽 쪽으로 갔다는 것이었다. 구조팀은 즉각 구조 작업에 들어갔다. 순찰 대원 두 명이 구조 장비를 챙기고 두툼한 복장을 한 다음, 귀에는 교신기를 꽂고 특수 구조 요원들과 헬리콥터를 출동하도록 산악구조대에 요청했다. 소용돌이치는 눈보라 속으로 떠나기 바로 직전에 그들은 유전공학적으로 제조된 단시간 작용 고단위 유전증진제 캡슐을 삼키는 것을 잊지 않았다. 이 약은 경찰관, 구조 요원과 정부의 특수 인가를 받은 일부의 사람들에게만 허용된 것이었다. 몇 분이 채 지나지 않아 순찰 대원의 인지 능력과 신체적 민첩성, 시청각 능력 및 체력이 빠른 속도로 평균 40% 이상 향상되었다.

얼마 뒤 그들은 절벽 위에 도착했고 저 아래쪽의 좁은 바위틈 사이에 끼어 있는 어린이를 발견하였다. 그리고 곧바로 무전으로 헬리콥터에 연락하여 탑승한 산악구조대원 한 사람을 그곳에

내려가도록 요청하였다. 이 대원은 전문적인 산악구조 요원으로서 유전증진으로 특수 능력을 지니게 된 사람이다. 그는 빙벽에 잘 붙는 특수한 손가락을 빙벽에 붙인채 잘 살펴보니, 그 아이가 치명적인 상처를 입고 있음을 바로 알 수 있었다. 어마어마한 강풍 속에서 맴돌고 있는 헬리콥터로는 그 아이를 끌어올리기가 매우 위험한 상황이었다. 구조 요원은 생각을 바꾸어 그 아이를 구조용 들것에 묶은 다음 한 팔로 꽉 잡은 채 다른 한 팔로 가파른 절벽면을 올라갔다. 이 모든 구조 작업은 불과 15분 만에 끝났으며, 덕분에 그 아이는 목숨을 건질 수 있었다.

이러한 시나리오는 얼마나 현실적일까? 당장은 공상 과학 소설일 뿐이다. 그러나 이런 일들이 눈앞의 현실로 다가올 수 있는 가능성은 우리가 생각하는 것보다 훨씬 높다. 사람 유전체사업은 완성 단계에 있으며, 수없이 많은 인간 형질을 지배하는 유전자를 식별해 내는 연구가 한창 진행 중이다. 동시에 이런 유전자들을 어떻게 다룰 것인가, 즉 개개인의 유전자의 기능을 증진 또는 억제시키거나 아니면 이전에는 없었던 전혀 새로운 기능을 부여하는 등에 대한 연구가 현재 활발하게 진행되고 있다. 유전공학적으로 개발한 약품은 이미 널리 사용 중에 있으며, 신약 개발 중인 약품 중에는 정신 기능을 향상시키는 것까지도 포함하고 있다. 예컨대 알츠하이머병 치료제로 개발하고 있는 신약들은 정상인과 동일한 수준으로 인지 능력을 회복시킬 수 있음이 머지않아 입증될 것이다. 유전자검사를 통해 유전적 이상이 있는 것을 찾아내는데 그치지 않고, 한 차원 더 나아가 바람직한 정신 및 신체적 특성을 지닌 배아나 태아를 식별하여, 부모가 선택하여 인공수정을 통해 출산할 수 있게 하는 기술도 가까운 시기에 개발될 것이다. 또한 인간 DNA를 바꾸는 실험도 이미 시작되는 등 질병 치료나 예방을 목적으로 실험이 진행되고 있지만, 지금은 한발 더 나아가

질병이 아닌 형질까지 개선할 수 있을 정도로 발전되고 있다.

앞서 이야기한 소년 구조에 관한 시나리오처럼, 유전증진된 능력을 보유한 사람을 만들려면 앞으로 많은 기술적 장애를 극복해야 한다는 것은 틀림없는 사실이다. 예를 들어 최근 사람 유전체사업에서 밝혀진 바에 의하면, 예상보다 유전자 수가 훨씬 적어서 유전자들끼리 또는 유전자와 환경과의 상호 작용을 통하여 어떤 형질을 만들어내는가를 알아내기가 매우 어려울 것이다. 따라서 인간 형질을 향상시키는 방법의 개발이 다소 늦어질지도 모르지만, 이러한 이유가 지속적인 발전을 가로막지는 않을 것이다. 어느 저명한 유전학자가 말했듯이 "유전공학 기술에 관한 한 넘을 수 없는 장벽은 없다."고 말할 수 있다.

그 이유는 단순하지만 짚고 넘어갈 문제이기도 하다. 우리들이 생명체를 만들어내는 유전자의 염기 순서를 알아내고 그 과정을 조절하는 기작을 이해할 수 있게 된 것은 획기적인 생명과학의 발전이기도 하며, 우리가 일상적으로 접하고 있는 사실이기도 하다. 가히 혁명적이라 부를 수 있는 이 같은 인류유전학의 발전은 다음과 같은 두 가지 혁신의 소산이다. 즉 같은 시기에 이루어진 생물학의 발전과 컴퓨터 기술 혁신이 바로 그것이다. 최근 한 민간 회사인 셀레라(Celera)는 국가 연구 사업에서 10년 걸려 이룩한 유전정보의 순서를 밝혀내는 연구를 단 1년 만에 수행해냈다. 이는 분자생물학의 최신 발전에 힘입은 바 컸지만, 이와 동시에 슈퍼컴퓨터의 개발에 의해 이루어졌다고 볼 수 있다. 사실상 이 연구 사업은 세계적으로 슈퍼컴퓨터의 성능을 민간 차원에서 이용한 대규모 사업의 대표적인 사례이기도 하다.

이 거대한 두 힘이 하나로 합쳐져 혁명적 변화를 가져온 것은 인류 역사상 전례가 없는 엄청난 일이다. 20여 년 전으로 돌아가 보자. 그 당시에 64KB의 컴퓨터를 가지고 있었다면 그는 아주 행운아였을 것이며, 그나마 그런 컴퓨터마저 아주 희귀하였다. 그 후 20여 년이 흐르는 동안 컴퓨터의 성능이 급속도로 향상되어 지금은 컴퓨터가 우리 일상 생활의 모든 면에서 없어서는 안 될 필수품으로 자리 잡았다. 한편 불과 50년 전에야 비로소 DNA의 구조가 발견되었으며, 그 당시는 오늘날과 같은 현대 유전학이나 현대 컴퓨터는 단지 환상에 지나지 않았다.

마치 쌍두마차처럼 생물학과 컴퓨터의 발전은 이미 막대한 사회적 이익을 창출하고 있다. DNA 재조합을 통해 개발한 약품들이 우리들의 부족함을 채워주고 우리들의 생명을 연장시키는데 큰 몫을 담당하고 있다. 질병의 유전자검사를 통해 예방 대책까지 세울 수 있게 되었으며, 생물학자들은 유전병을 치료할 수 있는 유전자를 성공적으로 조작하는 단계에까지 와 있다.

이제 더욱 새로운 국면이 전개될 것이다. 유전적으로 인류를 향상시키는 능력, 다시 말해 지금까지 희소하거나 아예 존재하지 않았던 능력을 인류에게 부여하는 문제에 도전하게 된 것이다. 이를 통해 얻을 수 있는 이익 또한 엄청날 것이다. 유전 능력이 향상된 의학 연구자는 질병을 고치는 방법을 더욱 쉽게 발견할 수 있을 것이고, 비행기 조종사나 군인은 더 좋은 시력과 굳건한 육체와 정신을 지니게 될 것이다. 그런가 하면 탐험가도 바다 밑이나 외계와 같은 열악한 환경에 이전보다 훨씬 더 잘 적응할 수 있으며, 구조 요원들은 향상된 능력을 통해 더 많은 인명을 효율적으로 구해낼 수 있을 것이다.

그렇지만 이러한 유전증진에도 어두운 면이 없지 않다. 하버드 대학교 경영대학의 2042년도 입학 전형 과정을 상상해 보는 것은 어떨까? 지원자 가운데 오직 유전증진 기술을 통해 학문의 이수 능력을 잘 갖추도록 유전적으로 조작된 사람만이 합격할지도 모른다. 그리하여 이들이 장차 경제계 유력 인사가 되고, 그만큼 더 대학에 많은 기부금을 내고 대학 발전에 기여하게 될 것이다. 이렇게 되면 '보통' 사람들은 더 이상 설 자리가 없어질 것이다. 결국 교실은 시험관 수정 과정에서 최신의 유전증진 기술의 혜택을 받은 부유층의 자녀만으로 꽉 차게 될 것이다. 그리고 유전적 장점을 지니고 태어난 이 아이들은 동등한 입장의 배우자와 결혼하여 더 좋은 유전적 특성을 지니게 될 것이고, 좋은 특성들은 다시 자기 아들과 딸에게 전달되어 대대손손 이어지게 될 것이다. 나아가 이러한 신흥 유전 귀족 계층은 국가의 경제적, 사회적 및 정치적 분야를 쉽게 장악하게 될 것이다. 선거에서도 이러한 혜택을 받은 후보자만이 당선의 영광을 맛볼 것은 뻔하다.

문제는 이 사회에 커다란 이익을 가져다주는 획기적인 기술적 발전일지라도 사회의 근간을 송두리째 흔들어버릴 만큼 위협적일 수 있다는 점이다. 궁극적으로 슈퍼유전자를 보유한 사람들이 사회 조직을 붕괴시켜 마치 중세 봉건주의 암흑 세계에서처럼 독재 권력을 휘두르고 사회적 불안을 야기시킬지도 모른다는 불안은 결코 근거 없는 상상만이 아니다.

우리는 이러한 미래의 악몽을 피할 수 있을 것인가? 만일 피할 수 없다면 유전증진의 이득을 포기해야만 하는가? 아니면 이러한 유전 혁명의 파괴적 힘을 억제하면서 이득을 얻을 수 있는 방법은 없단 말인가? 또 그 방법이 있다면 적절한 시기에 이루어낼 수 있을 것인가?

2

백악관 발표

“약 2백 년 전 바로 이곳에서 제퍼슨(Thomas Jefferson) 대통령은 그가 가장 신임하는 보좌관과 함께 자신이 평생 동안 가보기를 원하던 곳의 거대한 지도를 펼쳤습니다. 보좌관은 바로 루이스(Meriweather Lewis)였으며, 지도는 태평양에 이르는 아메리카의 개척지 변경(邊境)을 나타내는 것으로 그의 용감한 탐험의 산물이었습니다. 그 지도에는 등고선이 정리되어 있었으며, 우리 국토의 변경과 상상력을 확장한 지도였습니다.”

“온 세계는 오늘 바로 이 백악관의 동쪽 방에서 더욱 큰 의미를 지닌 지도를 함께 지켜보고 있습니다. 우리는 지금 인류 역사상 최초의 사람 유전체지도의 완성을 축하하고자 합니다. 이것은 인류가 만든 가장 중요하고 놀라운 지도인 것입니다.”

클린턴(Bill Clinton) 대통령은 2000년 6월 26일 백악관에서 사람 유전체 해독의 성공을 발표하였다. 대통령 옆 자리에 두 사람이 배석했는데, 이 중 한 사람은 콜린스(Francis Collins) 박사였다. 그는 1953년 DNA 분자의 2중나선 구조를 공동으로 발견했던 윗슨(James Watson) 박사로부터 1984년 ‘사람유전체사업’(Human Genome Project)

이라고 알려진 연방정부의 대규모 유전체 해독 계획을 인계받았다. 이때부터 콜린스는 국방 연구 사업이 아닌 것으로서는 역사상 가장 큰 연구 사업을 관장하여 왔다. 이 순간은 그의 생애에 이루어낸 업적의 절정이었다. 그는 이미 1989년에 낭포성 섬유증(cystic fibrosis) 유전자를 발견하였고, 헌팅톤무도병(Huntington disease) 유전자의 공동 발견자로도 유명하다. 그러나 이 순간 미합중국 대통령은 우리가 알고 있는 다른 어떤 것보다도 생명을 혁명적으로 바꿀 수 있는 사람유전체사업을 성공시킨 그의 공로를 공식적으로 인정한 것이다.

그러나 콜린스는 못마땅해 하고 있었다. 그 이유는 대통령의 다른 쪽에 셀레라 지노믹스(Celera Genomics) 회사의 회장이며 연구부장인 벤터(J. Craig Venter) 박사가 서 있기 때문이었다. 그 회사 역시 사람유전체를 해독하였다. 그러나 9년이라는 시일과 30억 달러가 소요된 연방정부 사업과는 대조적으로 벤터의 회사는 거의 동일한 결과를 단지 2억 달러를 들여 9개월도 안 되는 단시일 내에 완성하였다. 이는 어느 면으로 보나 놀라운 업적이었으며, 콜린스를 백악관의 중심 무대에서 밀어낸 것이었다.

사실 셀레라는 그 유전체해독사업을 밑바닥부터 시작한 것은 아니었다. 셀레라가 이용한 DNA 재조합법과 같은 많은 기술들은 다른 과학자들이 이미 개발하였고, 또 셀레라는 정부가 인터넷에 공개한 새로운 유전자 순서에 관한 정부 사업의 결과를 입수할 수 있었다. 또한 셀레라는 선견지명을 가진 사람들에 의해 설립되었고, 많은 총명한 진취적인 학자들을 고용하였다. 손으로 넣었다 꺼냈다 하는 반자동식 염기 순서 분석기를 사용하는 대신 벤터는 'PE'라 불리는 회사가 개발한 전자동식 분석기를 이용하였다. 셀레라는 이 자동 분석기를 300대나 사들여 24시간 동안 연속으로 가동하였다.

셀레라가 채택한 가장 현명한 전략은 염기 순서 분석기가 판독해낸 데이터를 분석하는데 있어 컴퓨터를 이용한 것이었다. 서론에서 언급했지만, 그 당시 셀레라는 정부를 제외한 민간 기업으로서는 세계에서 가장 큰 고성능 컴퓨터를 사용하고 있었다.

셀레라가 유전체 사업에 처음 착수하였을 때, 정부의 사람유전체사업 관계자들은 셀레라의 연구 계획과 방법을 믿으려 하지 않고 오히려 깔보고 있었다. 그들은 셀레라가 사용한 염기 순서 분석 방법인 '산탄식 접근 방식'(shotgun approach)은 작은 DNA 조각의 순서를 빠르게 결정할 수 있는 신기술의 하나이기는 하지만 성공을 거둘 수는 없을 것이라고 호언장담하였다. "셀레라는 DNA의 염기순서를 해독할 수는 있을 것이지만, 모든 조각을 올바르게 조립해내지는 못할 것이다."라고 비꼬았다. 한편 셀레라는 자기들은 조각들을 재조립해낼 수 있을 뿐 아니라, 정부 사업단보다 더 빨리 완전하게 해독해낼 것이라고 응수하였다.

콜린스는 정부 사업의 수장으로서 그 도전을 받아들였다. 그는 사람 유전체의 '초판'을 2000년까지, 그리고 최종판을 원래 계획했던 2005년이 아니라 2003년까지 완성할 것을 약속하였다. 이로써 격렬한 과학의 경쟁이 마치 대대적인 경마 경주가 되어버렸다. 벤터가 새로 조정된 일정에 맞춰 정부의 사람유전체사업을 완성할 수 없을 것이라고 비웃자, 콜린스 측의 과학자들은 셀레라는 절대로 모든 조각들을 조합한 정확한 지도를 만들 수 없을 것이라고 응수하였다. 사람유전체사업이 새로운 일정표에 맞춰 각 조각들을 조합하여 기다란 염기순서를 빚어내기 시작하자, 셀레라도 초파리 유전체의 정확한 염기순서를 발표함으로써 경주는 더욱 가열되었다.

패트리노스(Ari Patrinos)는 이러한 과도한 경쟁을 중재하기로 마음먹었다. 패트리노스는 연방정부의 에너지부(Department of Energy)에서 일부 수행하고 있는 사람 유전체사업을 내세웠다. 이

사업은 콜린스의 사업보다 작은 것으로서, 연방 에너지부가 옛날 원자력위원회였던 시절 원자탄 낙진의 유전학적 영향을 연구하기 시작하던 무렵부터 보여 온 유전학에 관한 오랜 관심을 인정해서 미국 의회가 승인한 것이었다. 패트리노스는 콜린스와 벤터의 화해를 주선하기로 마음먹고, 두 사람을 초대하여 함께 식사를 하였다. 그 뒤 몇 차례 더 만난 두 과학자는 결국 적개심을 걷어치우고 유전체사업의 성공을 공동으로 발표하기로 합의하였다. 그 의식은 2000년 6월에 백악관에서 거행되었다. 그 후 정부의 사람유전체의 결과인 염기순서 지도는 '*Nature*' 지에 발표되었고, 셀레라의 것은 '*Science*'지에 발표되었다.

그 전에 클린턴 대통령은 백악관에서 단 한번 과학의 발전에 관해 얘기한 적이 있다. 과학자들이 화성의 소행성 파편에서 외계 생명체를 발견했다고 발표했을 때였다. 이 발견이 사실이라면 놀라운 일이겠지만, 사람 유전체의 염기순서를 밝혀냈다는 2000년 6월의 발표는 인류 생물학(human biology)의 견지에서 보면 '천지개벽' 이며, 흔히 남용되는 이 호칭이 적절하게 쓰인 좋은 예이다. 더욱이 백악관 발표는 비록 이것이 거짓일지라도 천지개벽이라는 묘사를 정당화시켜주었다. 실제 그 순간까지 정부의 사람유전체사업은 물론 셀레라도 인간 DNA의 염기순서 해독을 완결하지는 못했었다. 사람유전체사업은 염기 순서의 97%를 분석하였고, 그 중 85%만이 올바른 순서라고 확인되었으며, 셀레라가 사람 유전체 염기순서의 99%를 확정하였다고 주장했지만, 그들은 아직도 조각들을 맞추고 있다고 털어놓았다.

그러나 이 얘기들은 사소한 것에 불과하다. 중요한 점은 언젠가 사람 유전체가 완전하게 해독된다는 사실이다.

사람 유전체의 염기순서를 알아낸다는 것이 그리 중요한 일인가? 이것을 가지고 우리는 무엇을 할 수 있단 말인가? 그 자체로는 별것이 아니지만, 이는 긴 여정의 첫 걸음에 해당된다. 이것은 기념비적인 업적인 것이다. 사람 유전체에 존재하는 염기 수는 약 30억 쌍으로 매우 긴 것이다. 이를 A4용지에 출력하여 쌓아 올리면 45m에 이르며 하나의 염기순서를 한 글자로 친다면 대영백과사전 3벌에 해당할 만큼 거대한 양이다. 이 서열의 위치와 순서가 2000년 6월에 완전한 것은 아니지만 대부분이 완성된 것이다.

이 업적의 방대한 크기 외에도 사람 유전체의 염기순서 판독은 그것이 밝혀내는 정보가 원천적인 것이기 때문에 중요하다. 가장 가까운 비유로서, 고등학교 화학실험실 벽에 걸려 있는 원소주기율표를 들 수 있다. 원소 주기율표는 그 자체로는 별것이 아니다. 그러나 그 안에 들어 있는 화학과 물리학의 기본 뼈대에 관한 지식이 없는 현대 과학을 상상해보라. 현대 과학이 존재하겠는가? 사람 유전체의 염기순서 판독은 인류생물학에 있어 뼈대와 같은 것이다. 곧 이것은 생명의 청사진인 것이다.

유전체 염기순서 판독의 진정한 의미는 기초과학 지식의 원천제공 차원을 초월하여 훨씬 더 깊다. 그 의미는 어디로 향해 가느냐 하는 궤도에 달려 있다. 이것은 생명체가 진화학적으로 한 번도 경험해 보지 못한 목표를 향해 가는 결정적인 첫 단계인 것이다. 궁극적으로 인류를 유전적으로 바꾸는 것 외에는 다른 것이 있을 수 없다.

회의론자들은 펄쩍 뛴다. "전혀 말도 되지 않는 소리다."라고 외친다. "유전학은 그보다 훨씬 더 복잡하다. 인성은 다수의 유전자에 의해 결정되며, 이들 유전자들이 환경과 상호 작용하여 만들어진다. 우리가 이것을 마음대로 조작하는 방법을 알아내기란 결코 쉬운 일이 아니다." 회의론자들은 이제 막 목청을 높이기 시작한 것이다[1]. 많은 생물학자들이, 예컨대 공격성, 정신분열증, 동성

1) 한국유전학회 총서 제6권 「유전자와 인간의 운명」, 2000. 전파과학사, 서울

애, 호기심, 과식증, 심지어 오줌싸개 같은 특성과 같은 인성에 관련된 유전자를 발견했다고 주장한 바 있으나, 결국 그러한 주장들은 다른 학자들이 재확인할 수 없어 폐기된 경우가 많았다. 또 이들의 가장 큰 과오는 사람 유전체에는 10 만개 이상의 유전자가 있다고 믿고 있었던 것이다. 대부분의 유전학자들은 사람 유전체의 염기순서가 2000년에 발표된 후 사람 유전체에는 10만개 보다 훨씬 적은 약 3만개의 유전자가 존재할 것이라고 추측하고 있다.

이러한 오류는 실제 우리가 알고 있다고 믿었던 것보다 우리의 지식이 얼마나 미흡한가를 보여줄 뿐만 아니라, 우리가 갖고 있는 유전자 수가 훨씬 적다는 사실은 유전자들의 상호 작용이 상상했던 것보다 훨씬 더 복잡할 것이라고 비판론자들은 말한다. 그렇지 않다면, 어떻게 해서 그렇게 적은 수의 유전자로 인체의 무수한 구조와 기능을 설명할 수 있겠는가? 우리가 비록 이들 유전자의 기능을 모두 해독했을지라도, 절대로 고도의 지능이나 미세한 운동 조절과 같은 복잡한 현상을 인위적으로 조작해 내는 것은 절대 불가능할 것이다. 또한 이러한 것을 시도한다 하더라도, 단 한 마리의 복제 양 돌리(Dolly)를 만들어 내기 위하여 277마리의 태아가 죽은 것처럼 무수한 실패를 거듭할 것이 뻔하다. 이러한 실패율은 수의학에서는 용납될 수 있을지 모르지만, 인간의 윤리적 잣대로는 도저히 용납 될 수 없는 일이라고 회의론자는 주장한다. 마지막으로, 회의론자는 인간의 행동과 특성을 결정하는데 있어 환경의 역할을 강조하지 않고 유전자의 역할에만 너무 집중함으로써 유전적 결정론에 너무 쉽게 빠져 있다고 결론짓고 있다. 출생 당시에 헤어져 서로 다른 가정에서 자란 1란성 쌍생아에 관한 많은 연구 결과는 비록 그들이 동일한 유전자를 지니고 있지만 인성에서 서로 다름을 잘 보여주고 있다. 회의론자는 "당신들은 '후천성(nurture)'은 외면하고 '선청성(nature)'만을 강조하고 있다."고 외친다. 이들은 "당신은 유전주의자(genist)야!"라는 새로운 말을 지어내기에 이르렀다.

회의론자의 주장은 맞는 면이 많다. 유전학자들은 아직도 비질병성 형질과 관련된 유전자들을 그리 많이 밝혀내지는 못하였다. 이러한 유전자들 상호간은 물론 환경과의 상호 작용이 매우 복잡하리라는 것은 의심할 여지가 없다. 이러한 유전자들을 골라내고 또 이들을 조작하는 방법을 알아내려면 많은 시간과 노력이 필요할 것이며, 무수한 오류와 실패로 얼룩질 것이다. 사람 유전체의 대폭적인 조작은 전혀 불가능할지도 모른다.

그렇지만 성공할 가능성도 꽤 크다. 지금 두 가지 혁명이 동시에 일어나고 있다는 사실을 명심해야 한다. 얼마나 빨리 인류유전학적 지식과 컴퓨터의 데이터 처리 능력이 진보하였는가를 생각해 보라. 원소 주기율은 1868년 러시아의 화학자 멘델레프(Dmitri Mendeleev)가 창안하였으나, 수은이나 비소 같은 여러 원소들은 수백 년 전부터 알려져 있었다. 이에 반해, 윗슨과 크릭이 DNA의 2중나선 구조[1]를 발견함으로써 유전학의 근대적 혁명을 촉발시킨 때로부터 전체 사람 유전체의 해독이 완성되는 데에는 불과 40년도 걸리지 않았다. 또 우리는 매일 자기의 이메일을 열어보면서 컴퓨터 혁명이 얼마나 급격하고 심오하게 일어났는가를 실감하고 있다.

이 책의 서두에 소개한 어린이의 생명 구조에 관한 시나리오의 일부분은 아직은 공상과학소설의 범주를 벗어나지 못한다. 산악구조 전문가가 지닌 등반에 적합한 특이한 손가락과 같은 육체적 구조를 변형시키려면 수정란이 자궁 안에 착상되기 전에 시험

---

1) 한국유전학회 총서 제7권 「DNA 연구의 선구자들」. 2002, 제8권 「윗슨과 크릭」. 2002, 전파과학사, 서울

관 내에서 발생에 관여하는 유전적인 프로그램을 조작하여야 할 것이다. 비록 이 기술이 완성된다 하더라도, 부모들은 유전자조작을 통해 그들의 자녀들에게 특수 손가락을 갖게 하지는 않을 것이다. 부모들은 자기 아이들에게 산악구조에서 뿐만 아니라 다양한 사회 활동에서도 뛰어난 이점을 갖는 능력을 부여하고 싶어할 것이다. 만약 이러한 유전증진이 현실로 다가온다면 부모들은 미모, 사진과 같은 정확한 기억력, 또는 우수한 지능과 같은 특성을 선택할 것이다.

이것이 사회에 미치는 의미는 무엇인가? 이 아이들은 사회적 혜택을 더 많이 보게 될 것인가? 특권층과 빈민층의 괴리가 더욱 깊어질 것인가? 이러한 양분된 사회에서 민주주의가 살아남을 수 있을 것인가? 만약에 조작된 유전자의 영향이 너무 커져 결국에는 우리가 이러한 자손들을 인간으로 인정하지 못하게 된다면 어떤 일이 일어날 것인가?

가까운 장래에 이러한 일은 일어나지 않을 것이라는 회의론자의 말이 옳을지도 모른다. 그러나 이것이 내포하는 의미가 너무나 심대하기 때문에 우리는 도박을 걸어볼 여유가 없다. 또한 비록 인류를 변화시킬 수 있는 능력이 요원할지라도 우리는 이에 대비하여 윤리와 철학으로 준비를 해야 할 것이다.

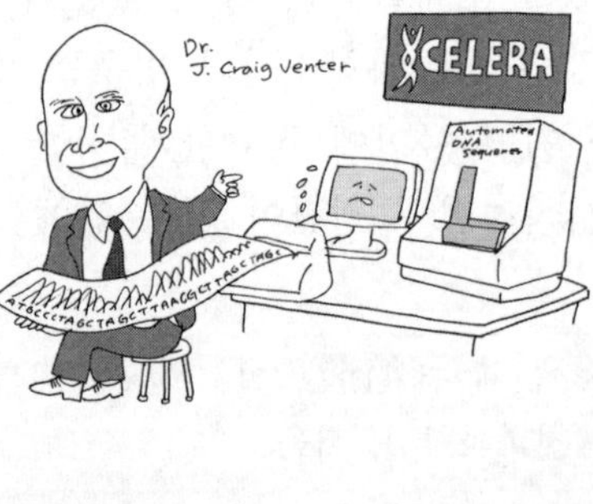

3

기초 지식

우리 몸을 구성하는 세포의 핵에는 염색체가 존재한다. 염색체는 DNA라 불리는 긴 사슬형의 분자가 핵 내의 작은 공간에 잘 배치될 수 있도록 빽빽이 엉켜져 있는 구조물이다. 대부분의 체세포 핵에는 두 세트의 염색체들이 존재하는데, 이들 중 한 세트는 어머니로부터 나머지 한 세트는 아버지로부터 온 것이다. 정상적인 염색체의 한 세트는 서로 다른 23개의 염색체들로 구성되어 있다. 이 염색체들 중 22개는 '4번 염색체', '21번 염색체' 등과 같이 숫자로 표기하며, 나머지 2개의 성염색체는 'X' 또는 'Y'로 표기한다. 여성은 2개의 X염색체를 갖고 있으며 남성은 하나의 X염색체와 하나의 Y염색체를 갖고 있다.

인간의 염색체는 현미경으로 관찰할 수 있으며 사진 촬영도 가능하다. 이렇게 하여 얻어진 염색체의 사진 상을 '핵형'이라 부른다(그림 1). 어떤 사람은 생식 또는 발생 과정 중에 세포분열의 오류로 핵에 여분의 염색체를 가지고 있는 경우도 있다. 예를 들어 21번 염색체를 추가로 하나 더 가지고 있는 경우는 '다운증후군'이라고 부른다. 따라서 다운증후군을 때때로 '21번 3염색성

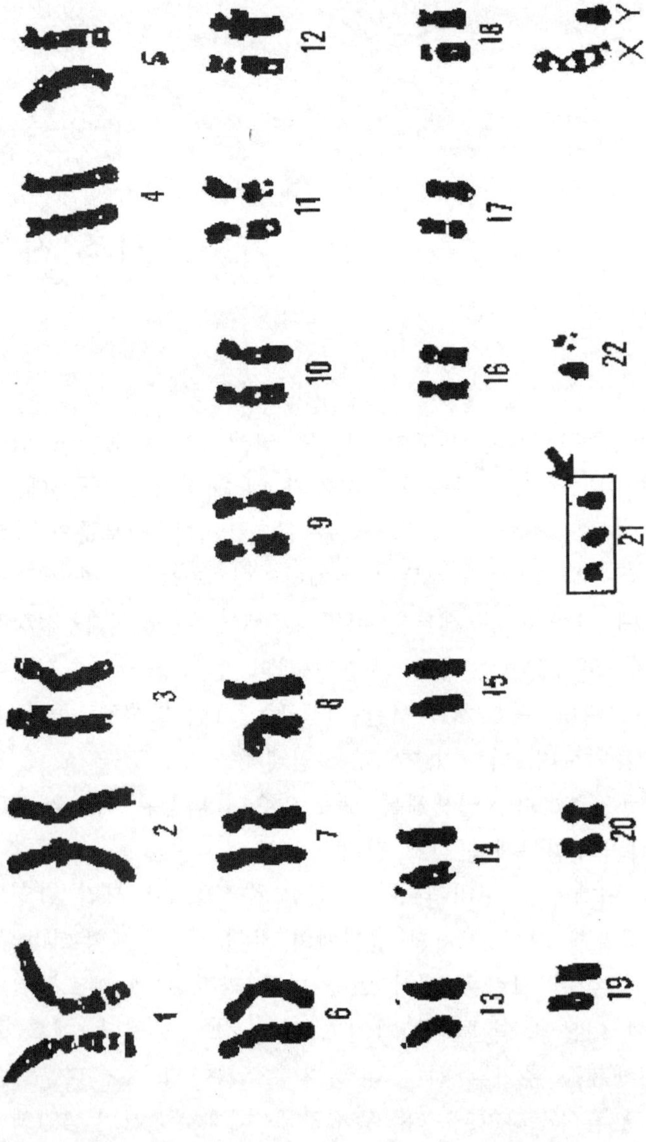

그림 1. 다운증후군의 핵형

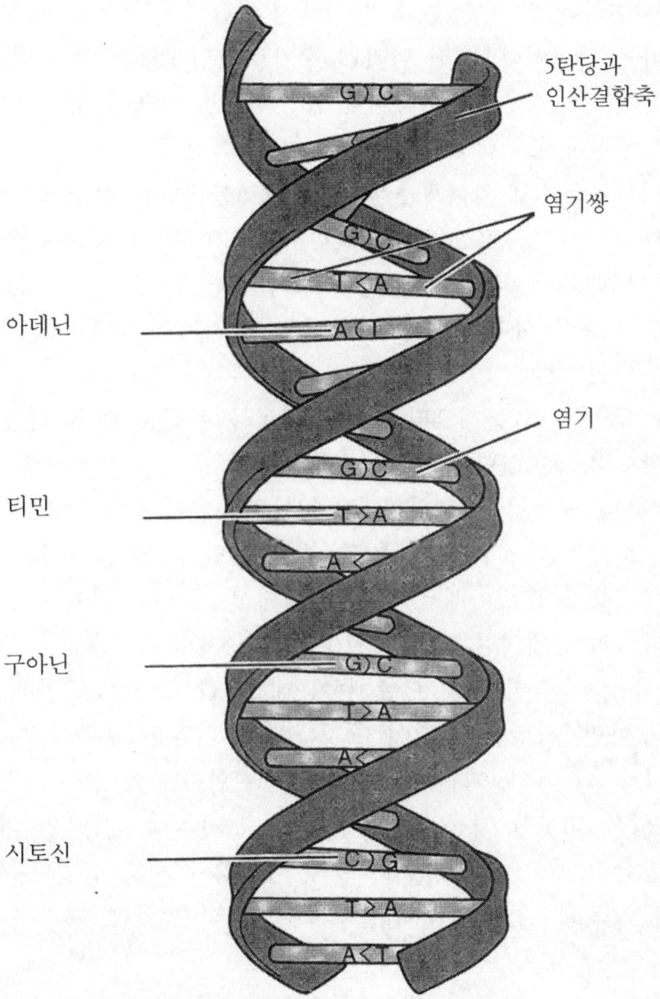

그림 2. DNA 2중나선의 구조

(trisomy)'이라 부르기도 한다. '3염색성'이란 "동일한 것이 3개"임을 뜻하는 단어이다. 어떤 남자는 추가로 Y염색체를 하나 더 가지고 있으며, 이 경우 한때 폭력적이고 범죄적 행동을 유도하는 원인으로 생각하기도 하였다.

만일 여러분이 염색체를 꺼내어 DNA를 풀어헤친 후, 이를 성능이 매우 좋은 현미경으로 관찰한다면, 1953년에 윗슨과 크릭이 발견한 DNA의 놀라운 2중나선 구조를 볼 수 있을지도 모른다. DNA는 비틀린 사다리와 비슷한 모양을 가지고 있는 두 가닥이 사슬로 되어 있어 '2중나선'이라고 부른다. 이 사다리는 당, 인산, 염기로 구성된 '뉴클레오티드(nucleotide)'라 불리는 단위 화합물 2개가 상보적으로 결합한 구조를 하고 있다.

DNA의 구조를 이해하기 위해서는 사다리의 중앙을 위에서 아래로 쪼개놓은 것을 연상해 볼 필요가 있다. 당과 인산은 사다리의 바깥쪽에서 위아래로 길게 배치되어 있으며, 염기는 안쪽에서 사다리의 층계처럼 겹쳐져 있다. 염기는 DNA의 중요한 부분이다. 단지 네 종류의 염기가 존재하는데 A, G, C, T로 표기하는 아데닌, 구아닌, 시토신, 티민이 그것들이다. 이들은 매우 엄격한 규칙에 따라 A는 T와, 그리고 G는 C와만 결합하게 된다.

사람을 비롯한 고등생물에서 DNA 분자의 두 가닥은 대부분 서로 결합된 채로 존재하는데, 반쪽 사다리가 서로 연결되듯이 A는 T와 그리고 G는 C와 결합을 통해 연결되어 있다. 따라서 사다리의 각 층에서 두 염기는 쌍을 이루므로 이를 '염기쌍'(base pair)이라 부른다. 이 사다리는 중간을 축으로 비틀림으로써 유명한 2중나선을 형성하게 된다(그림 2).

만약 사람의 핵에 존재하는 염색체를 꺼내어 그 안의 모든 DNA 즉 유전체를 풀어헤친 후 일직선으로 늘어놓는다면, 2중나선의 전체 길이는 약 2m에 달한다. 또한 염기쌍을 모두 모아놓는다면 대략 30억 쌍이 된다. 하등생물의 유전체는 더 적은 양의 염기쌍으로 되어 있다. 대장균의 유전체는 약 40만개의 염기쌍, 효모는 약 150만개의 염기쌍으로 이루어져 있다.

염기는 '염기순서'(sequence)라고 불리는 배열을 통해 생명체의 유전암호를 형성하기 때문에 DNA의 중요한 부분이다. DNA 가닥을 따라 배열된 염기쌍의 특정 염기순서는 단백질을 만드는 정보를 암호화하고 있다.

단백질은 아미노산이라 불리는 화합물이 길고도 복잡하게 연결된 물질로서, 세포의 구조를 이루는 중요한 성분이며, 또한 세포의 생화학 반응을 촉매하는 효소작용을 한다. DNA의 긴 가닥 중에 특히 단백질을 만들 수 있는 암호를 지니고 있는 부분을 유전자(gene)라고 부른다. 유전자를 제외한 DNA의 나머지 부분은 기능이 없는 것으로 생각하여 '불용 DNA(junk DNA)'라 불렸으나, 근래에 이들 비유전자성 DNA는 언제 유전자를 작동시켜 단백질을 만들 것인가를 지시하는 정보를 가지고 있음이 발견되었다.

때때로 단백질을 만드는 유전자 내의 정보에 고장이 생기기도 한다. 예를 들어 모든 인간은 4번 염색체에 '헌팅턴'(Huntington)이라 부르는 단백질을 만드는 유전자를 가지고 있다. 이 유전자의 한쪽 가닥에는 염기 'CAG'가 여러 번 반복되어 있다. 대부분의 사람은 26회 또는 이보다 적은 수의 반복을 가지고 있다. 그러나 어떤 사람은 더 많은 반복을 가지고 있는데, 이 경우 만들어진 단백질은 정상적인 기능을 발휘하지 못한다. 이것이 바로 19세기에 처음으로 진단한 의사의 이름을 따서 명명한 '헌팅턴무도병'(Huntington disease)의 원인이다.

헌팅턴무도병은 대개 중년에 이르기까지는 증상이 나타나지 않는 신경 질환의 하나이다. 이 병에 걸린 사람으로 유명한 대중가수인 거스리(Woody Guthrie)를 들 수 있다. 이 병의 증상은 처음에는 손이 떨리는 가벼운 수전증으로 시작되지만 사고 기능에도 손상이 와 결국 극심한 몸 떨림과 함께 사망에 이르게 된다.

유전병의 또 다른 예로서 '낭포성 섬유증'(cystic fibrosis)을 들 수 있다. 모든 사람은 몸속에서 체액의 이온농도 조절을 위해 염소의 운반에 관여하는 'CFTR'이라 부르는 유전자를 가지고 있다. 전형적인 낭포성 섬유증은 'CFTR' 유전자에서 하나의 아미노산을 지정하는 3개의 염기가 소실되어 있다. 환자들은 폐 조직이 점액질로 가득 차게 되며, 췌장 기능이 저하되면서 소화 기능에도 문제가 발생한다.

유전자와 질병의 관계는 늘 명확한 것은 아니다. 어떤 여성은 유방암의 발병을 촉진하는 특정 유전자의 돌연변이를 가지고 있으나, 이 돌연변이 유전자는 전체 유전성 유방암 환자의 50% 정도에서만 발견되고 있다. 어떤 유전자는 독성 물질과 같은 유해 환경에 노출될 경우에만 질병을 야기한다. 대부분의 유전자는 기능적으로 중복되어 있기 때문에 질병은 여러 유전자들의 기능이 복합적으로 손상되었을 때에만 발생한다.

DNA 염기순서는 사람마다 거의 차이가 없다. 그러나 약 0.1%는 사람에 따라 다르다. 이러한 차이가 눈의 색깔과 같은 외형적 차이는 물론, 왜 어떤 사람은 유전병에 걸리는가를 설명해 주고 있다. 유전학자들은 소량의 DNA를 가지고 이러한 DNA의 차이를 비교함으로써 사람을 서로 구별할 수 있게 되었다. 이것이 범죄자의 확인과 같은 예에서 볼 수 있는 DNA 신원 확인의 기초이기도 하다.

150년 전만해도 이 모든 것에 대하여 전혀 알지 못하고 있었다. 이러한 유전현상의 근본원리는 체코(현 체코공화국)의 수도사인 멘델(Gregor Mendel)[1]이 완두를 이용하여 부모로부터 특정 형질

1) 한국유전학회 총서 제1권「멘델」, 1989, 전파과학사, 서울

이 전해진다는 사실을 관찰하고, 이를 통해 어떤 색깔의 완두콩이 출현할 것인가를 설명할 수 있게 됨으로써, 즉 멘델의 유전법칙을 발견함으로써 비로소 이해되기 시작하였다. 멘델은 완두 개체는 부모 각각으로부터 하나씩 인자를 물려받으며, 각 자손에게 하나의 인자를 물려준다는 것을 교배실험을 통해 추론하였다. 멘델은 완두가 때로는 부모에게서 나타나지 않았던 색깔을 나타낸다는 사실을 관찰하였으며, 세대를 내려가면서 이들 각 인자들의 결합이 어떻게 다른 형질을 만들어 가는지를 설명하였다.

약 35년 후에 유전학자들은 세포가 분열할 때에 특정 물질이 일직선으로 정렬하고, 이들 물질의 한 조가 각각 분리하여 정자 또는 난자에게 할당됨을 관찰하게 되었다. 유전학자들은 염색법을 이용하여 이 물질을 보다 선명하게 관찰할 수 있었으며, 이들을 라틴어로 '착색된 것'(colored thing)이라는 의미를 지니는 '염색체(chromosome)'라고 명명하였다[1]. 1909년에 네덜란드의 한 식물학자는 멘델이 기술한 '인자'를 '유전자'(gene)라 부를 것을 제안하였다. 모건(Thomas Morgan)과 스튜트반트(Alfred Sturtervant)와 같은 유전학자들은 어떻게 유전자가 특정 형질을 조절하는지, 그리고 각각의 유전자들이 염색체 내에 어떻게 배열되어 있는지를 밝히기 위하여 초파리로 교배 실험을 시작하였다[2]. 다른 과학자들은 옥수수를 포함한 여러 식물과 동물들을 교배하여 연구를 수행하였다.

1953년 윗슨과 크릭이 DNA의 분자적 구조를 규명하고 A, G, C, T 4 개의 뉴클레오티드가 결합하는 규칙을 밝힘으로서 유전학뿐만 아니라 생명과학에 대변혁이 이루어졌다[3]. 이러한 발견을 통

1) 한국동물학회 교양총서 제2권「세포의 발견」, 2000. 전파과학사, 서울
2) 한국유전학회 총서 제3권「유전학 최초의 노벨상 수상자 모건」, 1995. 전파과학사, 서울
3) 한국유전학회 총서 제8권「윗슨과 크릭」, 2002, 전파과학사, 서울

해 생물학자들은 어떻게 DNA가 유전암호를 간직하게 되며, 어떻게 이들 암호가 세포분열을 통해 전달되는지를 이해하게 되었다. 1970년대에 이르러 유전자 재조합기술이 태동하게 되었으며, 이를 통해 생물학자들은 DNA의 단편들을 복제할 수 있게 되었다. 이러한 기술의 발전으로 말미암아 염색체 상에 DNA가 어떻게 배열하고 있는지를 규명할 수 있었다.

현재는 '사람유전체사업'의 단계에 와 있다. 1980년대 중반에 미국의 여러 유전학자들이 사람의 유전체를 분석하는 대규모 연구사업을 구상하였다. 이들 중의 한 사람은 미국 연방정부 에너지성의 딜리시(Charles DeLisi)로서 에너지성 자체의 기금을 이용하여 이 사업을 추진하였다. 아이러니컬하게도 미국립보건원(NIH)은 국회의원들의 요구에 의해 유전체 사업을 위한 연방기금을 마련하기 시작하였다. 1988년에 국회는 두 연구기관에 130만$를 할당하였다. 때를 같이하여 여러 유럽 국가들도 소규모 사업을 착수하였다. 1989년에 미국립보건원은 제임스 왓슨을 책임자로 하는 '사람유전체사업을 위한 국립센터'를 설립하였다. 일반적으로 미국립보건원의 이 센터가 연구 기금을 최초로 조성한 1990년을 미국 정부 주도의 사람유전체사업의 원년으로 간주하고 있다.

사람유전체사업의 궁극적인 목표는 사람 유전체 전체의 염기순서를 밝히는 것이다. 그 첫 번째 단계는 특정 유전자들이 염색체의 어느 부분에 위치하는지를 규명하는 '염색체지도'(chromosome map)를 작성하는 것이다. 이러한 작업은 특정 유전자 가까이에 위치하고 있는 이미 알려진 '표지유전자'(marker gene)의 염기순서를 이용하여 이루어진다. 특정 표식자가 특정 유전자와 가까이 위치하느냐의 판단은 특정 가계에서 유전병의 발병 양상을 연구함으로써 결정할 수 있다. 만약 헌팅턴무도병을 가진 사람이 특정 염색체의 특정 부위에 특이한 염기 순서를 가지고 있음이 확인된다면, 이 염기 순서는 헌팅턴무도병의 표지유전자로 이용할 수 있으며, 질병 원인 유전자는 이 염기 순서 부분과 가까이 또는 그 내부에 존재한다고 추측할 수 있다.

그 다음 단계는 이 표지유전자와 근접한 염기들의 순서를 분석하고, 이들 근접 DNA의 어느 부분이 아미노산의 정보를 가지고 있는 실제 유전자 부분인지를 밝히는 것이다. 염기 순서를 분석한 DNA 조각들을 염색체 상에서 순서에 따라 배열함으로서 유전체의 염기 순서를 표시한 지도를 작성하게 되는데, 클린턴 대통령이 언급한 것과 같이 "인류가 만들어낸 가장 경이로운 지도"가 비로소 2000년 6월에 완성되게 되었다.

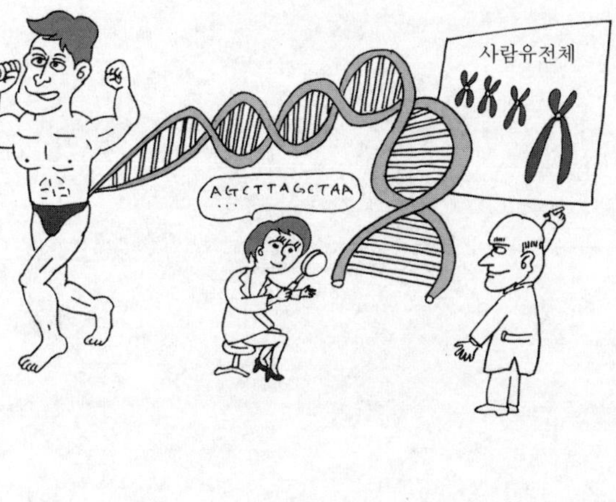

4

네 분야에서의 획기적인 발전

유전체의 비밀이 밝혀지면서 우리 사회는 여러 영역에 걸쳐 매우 의미 있는 변화와 발전을 하게 되었다. 유전학의 발전에 따른 전망을 이해하기 위해서는 먼저 구체적인 발전 내용을 알아볼 필요가 있다.

법유전학 분야의 발전

새로운 유전학적 지식을 실제로 활용함으로써 사회적으로 큰 영향을 주게 된 첫 번째 사례는 DNA가 개인 식별에 사용된 점을 들 수 있다. 이는 곧 법유전학(forensic genetics)이라는 새로운 분야를 개척하게 된 동기가 되었다. 이러한 DNA의 사용은 매우 정확하고도 표준화된 유전학적 지식을 사회적으로 활용하는 것이지만, 아직까지 여러 관점에서 논쟁의 여지는 남아 있다.

제2장에서 지적한 바와 같이, 인간 DNA의 뉴클레오티드 순서는 개인 간에 근소한 차이가 있다. 이들 중에 어떤 변이는 단백질을 암호화하는 기능적인 유전자에서 일어나기도 하는데, 이들이

때로는 헌팅턴무도병이나 가계성 유방암과 같은 유전병의 원인이 되기도 한다. 그러나 뉴클레오티드의 염기순서 변이가 단백질을 암호화하지 않는 유전자 부위에서 발생하는 경우는 그 사람의 건강이나 행동에 직접적인 영향을 주지 않는다. 단백질의 아미노산 순서를 암호화하지 않는 비암호성 DNA의 어떤 부위는 일정한 수의 뉴클레오티드가 한 단위가 되어 연속적으로 반복되어 있는데, 여러 사람을 대상으로 이 DNA 염기순서를 분석해 보면 반복 횟수에 차이가 있다. 결과적으로 두 종류의 DNA 표본을 대상으로 여러 반복 DNA 부위를 비교했을 때, 모두 같은 횟수로 나타났다면 이들 표본은 동일한 한 사람으로부터 얻은 DNA 표본일 확률이 높다. 이러한 원리가 바로 현대 법유전학의 근거가 된다.

법유전학에서는 먼저 혈액형이나 혈청단백질을 분석하여 그 결과를 개체 간에 비교하게 되는데, 이는 DNA 염기순서 비교에 앞서 가족력을 바탕으로 유전적으로 일치하는가를 확인하는 것이다. 이러한 기법은 때때로 범죄 수사에 사용되기도 하나, 친자(親子) 확인과 같이 사회에서 흔히 일어날 수 있는 분쟁의 실마리를 푸는데 더 많이 사용되고 있다. 그러나 증거에 대한 표준화가 확립되어 있지 않아 신뢰성에 문제가 있을 수 있다. 실제 영국의 제프리즈(Alec Jeffreys)와 그의 동료들은 1985년 DNA 단편을 비교 분석함으로써 두 성폭행 살인 사건에서 한 용의자의 무죄를 입증한 반면, 다른 한 용의자의 유죄 확정에 도움을 주었다. 미국에서는 1987년 처음으로 플로리다주의 성폭행 사건을 해결하는데 DNA가 증거자료로 사용되어 유죄 확정을 내린 바 있다. 배심원들, 재판관은 이러한 새로운 증거 자료를 이해하기 위해 유전학 공부를 했으며, 특히 증거물로써의 인정 여부와 신뢰의 정도를 확신하기까지는 다소간 많은 시간과 노력이 필요했다. 점차 그들은 DNA

자료가 용의자를 식별하는데 유용한 증거물이 될 수 있다는 사실과, 급기야 유죄 판결을 내리거나 무죄를 입증할 때 DNA 증거물이 결정적인 역할을 할 수 있다는 사실을 인식하게 되었다.

법유전학에서 사용하는 DNA는 조직 세포가 남아있는 다양한 조직 표본으로부터 얻을 수 있다. 즉 혈액, 정액, 모발, 타액을 비롯하여 긁어서 생긴 피부의 일부나 뺨 안쪽 상피조직 등 신체 조직의 어떤 세포든지 모두 가능하다. 왜냐하면 우리의 몸은 세포로 구성되어 있으며, 세포에는 DNA가 있기 때문이다. 범죄 피해자나 범죄 현장에서 발견한 DNA는 해당 용의자의 DNA와 일치하는지를 비교하게 된다. DNA 분석의 획기적인 전기는 중합효소연쇄반응(polymerase chain reaction; PCR)이라는 실험 방법의 개발인데, 극소량의 DNA 표본만 있어도 이 방법으로 동일한 DNA를 기하급수적으로 단시간 안에 복제하여 증폭할 수 있다. 이러한 PCR 방법으로 현재 주로 분석하는 표지유전자는 2~6개의 뉴클레오티드가 연속적으로 반복되어 나타나는 짧은연속반복순서(short tandem repeats; STR) 부위이다. 미연방수사국(FBI)에서는 사람 염색체의 여러 곳에 있는 13종류의 STR 표지를 표준화하여 DNA자료은행(DNA database)을 구축하였으며, 이를 개인 식별에 사용하고 있다.

초기의 DNA 검사는 소수의 DNA 표지만을 분석하여 비교하였다. 따라서 서로 다른 두 사람으로부터 얻은 DNA 표본이 동일한 양상으로 나타날 확률이 꽤 높을 수밖에 없었다. 예를 들면, 1989년 뉴욕의 카스트로 살인 사건에서 유전자검사를 실시했던 조사 보고서에는 사건 현장에서 발견된 시계에서 채취한 DNA가 용의자 외의 다른 어떤 사람의 것과 일치할 확률은 약 1/1백만이라고 쓰여 있다. 언뜻 보기에 이 결과는 확실한 증거인 것 같이 보였다. 그러나 이러한 확률은 미국의 인구 2억 5천만명 중에서 250명 이상이 혐의 선상에 올라갈 수 있는 결과이며, 따라서 누가 이러한 범죄를 저질렀는지 단정 짓기 매우 어려운 확률이다. 이러한 경우에 유죄를 입증하기 위해서는 또 다른 결정적인 증거, 즉 사건 현장에서 목격되었다거나 범죄 동기가 있다는 확신이 필요하게 된다. 따라서 판사는 기소자의 오류(prosecutor's fallacy)에 대한 사려 깊은 판단을 해야 할 것이다. 즉 DNA 증거를 용의자가 아닌 다른 사람의 것으로 판단하기에는 통계적 확률이 매우 낮은 점을 들어 유죄로 판정하려는 기소자의 오류를 범할 수 있기 때문이다.

이러한 문제점 때문에 DNA 검사는 더 많은 유전적 표지를 대상으로 분석할 필요가 있게 되었고, 이에 따라 증거에 대한 통계적 신뢰도도 높아졌다. 만약 어떤 두 DNA 표본이 FBI가 표준화한 13종의 STRs 유전적 표지에서 모두 일치한다면, 이들 두 DNA가 서로 다른 사람의 것일 확률은 거의 없을 정도로 매우 낮다. 예컨대 미국 백인 집단의 경우 이의 확률은 1/575조이다.

이것은 범죄 사건에 DNA 증거가 통계적 설득력이 있음을 말해준다. 그러나 중요한 범죄사건에서 무고한 사람이 유죄를 받아서는 안 될 것이다. 비록 검사실은 정확을 기하도록 최선을 다하고 오류를 범하지 않도록 예방 조치를 취하고는 있으나, 일부 DNA 표본이 혼합되거나 시료가 오염되면 전혀 다른 결과가 나올 수도 있다. 예를 들어, 카스트로 사건의 경우 분석을 담당했던 검사실은 어설픈 기술적인 부주의로 인해 현장에서 채취한 DNA 시료와 피고의 DNA가 서로 일치하는지를 판독할 수 없었음이 밝혀졌다. 더욱이 검사실의 분석 과정과 결과가 정확할 뿐만 아니라 용의자의 DNA가 피해자나 사건 현장 근처에서 발견되었다 하더라도, 그 용의자가 유죄라고 단정할 수는 없다. 정액이 성폭행의 증거로 나타났다 하더라도 합의에 의한 결과로 볼 수도 있을 것이다. 또한 살인 피해자의 몸에서 용의자의 혈액이 검출된 경우라 할지라도 정당방위일 수도 있다.

DNA 증거는 유죄를 입증하는데 사용되기도 하지만 결백을 증명하는 데에도 이용할 수 있다. FBI 보고에 의하면, 1989년 이후 성폭행범 혐의를 받았던 사람의 약 25%가 DNA 검사로 결백이 입증되었다.

또한 DNA 증거는 범죄 사건이 아닌 법률적인 논쟁거리를 해결하는 데에도 사용된다. 즉 어떤 아이의 친부 여부를 확인해야 하는 경우에 이용될 수 있으며, 드물지만 친모 여부를 확인하는 증거로도 이용할 수도 있다. 현재 거의 모든 법정에서 DNA 증거는 생물학적 친부 확인 사건에 결정적 증거로 인정되고 있다.

DNA는 유골의 신분을 확인하는 데도 사용된다. 걸프전 동안 미군들은 신분을 확인하지 않고서는 전사자를 매장할 수 없게 되어 있었다. 세계무역센터의 9·11 테러로 사망한 사람의 유해는 DNA 검사를 통하여 확인되었다. 그리고 미국 정부는 현재 아프가니스탄의 어딘가에 빈 라덴(Osama bin Laden)의 유해가 있는지 확인하기 위하여 그의 친척으로부터 DNA 표본을 구하고 있다.

DNA의 법의학적 유용성이 점차 높아지게 되면서 DNA 자료은행의 구축이 필요하게 되었다. 미국의 경우 군인은 모두 혈액을 추출하여 보관하게 되어 있으며, 혈액 세포로부터 얻은 DNA를 자료은행에 저장하고 있다. 이 자료은행은 약 1,800만 명 정도의 DNA자료를 저장할 수 있으나, 현재 약 3백만 명의 자료가 보관되어 있다. 미국의 대부분의 주에서는 유죄 확정을 받은 전과자로부터 추출한 DNA에 대한 유전자검사 결과가 DNA자료은행에 보관되고 있다. 법률적인 근거 하에 DNA자료은행에 저장된 DNA정보는 용의자를 색출하는데 활용되고 있다.

FBI는 1994년 DNA 감정에 관한 법령으로 '통합DNA감식체제'(Combined DNA Identification System; CODIS)를 출범시켰다. FBI 자체에서 수집한 DNA 자료 외에도 추가로 CODIS에서는 주에서 관리하고 있는 자료은행으로부터 정보를 제공받아 이를 유죄 확정된 전과자색인(Convicted Offender Index)과 범죄 현장에서 얻은 DNA 검사 결과에 대한 법과학색인(Forensic Index)에 각각 보관하고 있다. 궁극적으로 FBI는 법과학색인을 범죄와 연결하여 범인을 확인하는데 활용하고자 한다.

실제로 DNA자료은행이 매우 유용하게 사용되고 있지만, 한편으로 많은 문제점을 야기할 수도 있다. 처음에는 미국의 각 주에서 성범죄자들에 한해서만 DNA를 채취하였다. 주와 FBI에서는 유죄 확정된 모든 전과자들의 DNA 검사 결과까지 포함하는 자료은행을 구축해야 할까, 아니면 흉악범이나 극단적인 범죄자들에게만 국한해야 하는가? 23개 주에서는 경범죄 전과자들로부터 DNA를 채취하여 검사하고 있다. 델라웨어 프로그램(Delaware's program)은 어린이에게 해가 되는 행위, 즉 담배를 판다든지 문신을 하게 하는 경범죄자들까지 포함시키고 있다. 현재 루이지애나, 미시시피, 켄터키 등 3개 주는 확정 판결나지 않은 경우라도 성 폭력으로 체포된 사람의 DNA를 채취하고 있다. 과연 체포된 모든 사람의 DNA를 채취하여야 하는가?

DNA 정보는 얼마동안 보관해야 할까? 만약 나중에 유죄 판결이 뒤집혔을 경우에는 어떻게 할 것인가? 범죄 행위로 체포되면 지문을 찍게 되는데, 지문 정보는 나중에 혐의가 없는 것으로 확인되더라도 그대로 저장된다. 통상적으로 병원에서 신생아의 출생시에 찍은 손가락과 발가락 지문은 저장하지 않는다. DNA 정보의 경우에도 이와 같은 형태로 취급되어야 할 것인가? 일리노이즈주에서는 법적으로 DNA 기록의 삭제를 금지하고 있다. 단지 5개 주에서만 최종적으로 무죄 확정을 받은 사람에 한하여 그 정보를 삭제하도록 허락하고 있다. 소년범의 경우는 어떤가? 청소년의 경우라도 26개 주에서는 DNA 표본을 채취하고 있다. 이들의 범죄

기록은 성인이 되면 삭제되거나 봉인되지만, 어느 주도 DNA 정보에 대해서는 삭제하거나 봉인하는 것을 허락하지 않고 있다.

세계무역센터가 테러 공격을 받게 되자 더 많은 주에서 FBI의 DNA자료은행의 확장을 요구하였다. 미국에 입국한 사람들 중 테러 혐의가 있는 사람은 모두 DNA를 채취하라는 요구가 있었다. 하물며 테러리스트들의 공격이 있기 전에 이미 길리아니(Rudolph Giuliani) 뉴욕시장은 출생 시 모든 사람의 DNA를 채취하는 것에 반대하지 않는다고 말한 바 있다. 놀랍게도 이것은 이미 현실화되고 있으며, 결과적으로 주법에 의해 모든 신생아로부터 채취한 혈액을 특정 질병이나 상태를 분석하는데 사용할 수 있다. 현재 이러한 검사 결과는 DNA 감식용으로 저장되어 있지는 않으나, 그렇게 될 수도 있을 것이다.

DNA 자료는 판별 오류를 범할 수도 있다. 이는 범죄를 해결하거나 감식에 유용하게 활용되기도 하지만, 위험성 또한 지니고 있는 것이다. 거기에는 오류가 있을 수 있다. 자료가 방대하면 방대할수록 감식이 잘못되거나, 용의자가 유죄를 인정하지 않을 경우가 늘어날 수 있다. 무작위적인 일치 확률이 1/575조 정도라면 DNA 자료가 초기 범죄 해결 단계에서 사용될 수 있도록 하는 법률적인 보강이 필요하다고 본다. 더욱 어려운 논쟁거리는 이와 같이 DNA 증거만으로 유죄를 확정할 수 있느냐 하는 점이다.

결론적으로 수사기관은 자료은행이 구축되는 것보다 범죄가 발생한 주변 지역에 거주하는 사람, 또는 조금이라도 관련이 있다고 생각되는 사람은 모두 DNA를 채취하여 분석하는 'DNA 수사망'을 원한다. 범죄 해결에 최초로 사용된 DNA 증거는 1985년 영국의 성폭행 살인 사건에서 찾아 볼 수 있다. 즉 범죄 현장 가까이 위치한 주변 몇 개 마을에 거주하는 17세에서부터 34세에 이르는 5,000여명의 모든 남자들을 대상으로 혈액이나 타액을 채취한 후 DNA를 검사하였다. 그러나 만약 사전에 용의자가 특정 인종이나 민족이라고 판단되는 경우 오명을 씌울 위험성이 있다. 예컨대 목격자에 의해 25~35세에 키가 175~185cm 정도의 흑인 남성이 지목되었다면, 이와 비슷한 사람은 모두 혈액을 채취당하고 직장에서 곤란을 겪을 수도 있을 것이다.

DNA 조직은행은 악용될 수 있는 위험성이 더 높다. FBI의 CODIS 시스템은 '자료은행'이다. 여기서는 DNA를 보관하는 것이 아니라 DNA 검사 결과 얻어진 DNA 지문을 보관하고 있다. 그러나 군대는 'DNA조직은행'이며, 혈액 표본 상태로 실제 DNA를 보관한다. 이는 이미 여러 주에서 시행하고 있는 출생한 신생아로부터 추출한 혈액 표본이 묻어 있는 '거스리 카드(Guthrie card)'와 같다. 또한 미국립보건원은 수많은 DNA와 혈액은 물론 조직은행까지 유지하고 있다.

앞에서 언급한 바와 같이, 자료은행과 조직은행의 차이가 갖는 의미는, 개인 식별 목적으로 사용되는 DNA는 유전체 내에서 단백질 합성에 필요한 유전자가 아닌 비기능성 DNA 부위이기 때문에 그 사람의 표현형과는 무관하다. 그러나 혈액 표본으로 DNA를 보관하고 있는 경우는 표현형에 대한 추가적인 검사를 할 수 있다. 예컨대 미국립보건원의 조직은행은 애쉬캐나지 유태인(Ashkenazic Jews)의 DNA를 보관하고 있는데, 특히 이러한 DNA를 이들 집단에 특이적으로 높은 빈도(약 27명당 1명꼴)로 나타나는 타이-작스병(Tay-Sachs disease)에 관한 연구에 이용하고 있다.

DNA 연구자들은 비록 특정 목적을 위해 DNA를 채취하지 않았지만 결국 어떤 유전자 변이와 유방암 또는 난소암 등과 같은 유전병과의 상관성에 관해 조사하고 그 원인을 밝히는데 DNA를 사용되게 된다. 유전병이나 여러 표현형질의 결정에 관여하는 유전자들이 상당수 알려지게 됨에 따라, 실제로 이러한 형질과 관련된 유전자검사가 조직은행에 보관하고 있는 DNA를 대상으로 실시할 수 있다. 예를 들어 타이-작스병 연구를 위해 허락받은 DNA가 제공자의 동의 없이 또 다른 목적으로 계속 사용될 수 있느냐 하는 점이 문제점의 하나이다. 또한 제공자 허락 없이 유전자검사 결과를 고용자, 보험회사, 또는 가족 구성원들이나 일반 공공기관 등에 알림으로써 그 DNA를 제공한 개인이 불이익을 당하게 되는 일이 발생할 수도 있다는 문제이다.

비록 DNA 자체가 아닌 검사 결과만을 보관할지라도 방대한 DNA자료은행이 구축되고, 이를 바탕으로 DNA 수사망이 형성된다면, 오웰(George Orwell)의 소설인 '1984'에 나오는 '빅브라더'(Big Brother)라는 독재자 내지 국가 권력이 나타나 개인의 일거수 일투족을 감시하는 것과 같은 상황이 전개될 수도 있다. 예를 들어 정부는 국민 각자에게 DNA 인식 카드를 가시고 다니도록 강요함으로써, 이를 범죄 해결을 위해 수시로 DNA 검사와 카드 제출을 요구하거나, 불법 체류자들의 추적은 물론 세금을 납부했는지를 확인하는데 이용할 수도 있을 것이다. 테러와의 전쟁은 특정 용의자를 확인하는데 많은 노력을 들여야 하기 때문에 이러한 상황이 빠르게 전개될 수도 있다. DNA 검사가 일상적인 일로 자리 잡을 수도 있다. 사실 우리가 아는 것처럼 유전학의 발달에 따른 새로운 국면에 대처하기 위해서는 집단 전체를 대상으로 하나의 거대한 DNA자료은행을 구축하고, 이를 합법적으로 유지하는 체제가 필요하다.

유전자 정보 분야의 발전

인류유전학에서 두 번째로 획기적인 발전을 이룬 분야는 유전자 정보라고 볼 수 있다. 한 표본 시료에서 추출한 여러 DNA

단편을 대상으로 유전적 변이를 조사한 후, 이 DNA가 특정인으로부터 나온 DNA인지 여부를 검사하는 법유전학과는 달리, 유전자 정보 분야에서는 특정인이나 집단의 특성을 알아내기 위해 DNA 검사를 하게 된다.

최근까지 어떤 한 개인의 유전적 구성에 관한 지식은 그 사람의 신체적인 표현형, 즉 눈이나 머리카락 색깔과 같은 간접적인 정보로 파악할 수 있었다. 또한 헌팅턴무도병을 앓고 있는 사람은 몸이 뒤틀린다거나, 낭포성 섬유증 환자의 경우는 땀에 염분의 농도가 비정상적으로 높다든지 하는 증상으로 알 수 있다.

간접적인 유전자 정보의 중요한 한 예는, 어떤 한 개인의 질병에 관한 정보나 가족 구성원의 사망 원인 등에 대한 가족력(family history)에서 찾아 볼 수 있다. 그 가족의 건강 상태는 유전적일 수 있으며, 사실 그러하다면 그 가족력은 가족 구성원의 특정 질병에 대한 발병 가능성을 예측하는데 많은 정보를 줄 수 있다. 예를 들어 부모가 모두 심장병으로 조기에 사망한 경우, 그 자녀는 부모와 같은 병에 걸릴 유전적 특성을 물려받았을 가능성이 높다.

또한 유전자 정보는 염색체 분석을 통해서도 얻을 수 있다. 한 개인의 염색체, 즉 핵형은 세포가 분열할 때 염색체를 염색하여 관찰하게 된다. 이러한 염색체 관찰을 통하여 다운증후군 환자의 염색체 돌연변이를 알아낼 수 있는데, 이 환자는 21번 염색체가 정상인과 달리 하나 더 있기 때문에 쉽게 진단할 수 있다. 오래전부터 병원에서는 양수검사나 융모막 융모검사를 통해 태아의 염색체 이상 유무를 알아내는 산전(産前) 진단을 시행하고 있다[1]. 또 다른 산전 유전검사의 하나는 임신부의 혈액 중에 포함된 모

1) 한국유전학회 총서 제2권 「유전병은 숙명인가? 이의 실체와 예방」, 2001. 전파과학사, 서울

계 혈청의 *α* 태아단백질(*α* -fetoprotein) 농도를 측정함으로써 2분척추(spina bifida)와 같은 신경관 이상이나, 뇌의 일부가 없는 무뇌증(anencephaly) 등을 진단하기도 한다. 이와 같은 모든 정보는 부모에게 임신 중절 여부를 판단하게 하거나, 드물지만 수술이나 다른 처방에 의해 태아를 치료하는데 도움을 준다.

특정 유전자 근처에 위치하며 하나의 표지 역할을 하는 일부 뉴클레오티드 순서인 유전적 표지는 또 다른 중요한 유전자 정보를 제공해 줄 수 있다. 유전학자들은 가계 분석을 통하여 특이 유전적 표지를 찾아냄으로써 그 가계 구성원들이 타이-작스병, 낭포성 섬유증, 낫형적혈구빈혈증 등과 같은 유전병을 일으키는 유전자를 가지고 있는지 결정하게 된다.

사람유전체사업이 전개되고 새로운 유전자들이 동정됨에 따라 유전자의 염기순서 자체를 분석하기 위한 새로운 유전자검사 기법이 개발되었다. 현재 사용하고 있는 유전자검사방법 중 일부는 DNA를 동정하기 위해 사용하는 방법과 동일한데, 한 예로 짧은 DNA 가닥을 무수히 복제하는 방법을 들 수 있다. DNA 염기순서 결정법은 미국의 셀레라가 사람 유전체의 염기순서를 결정하기 위해 사용한 일련의 과정을 통해 점차 자동화되었다. 보다 최근에 개발된 것 중 하나는, 작은 유리판 위에 많은 유전자의 합성 DNA 가닥이 박혀있는 DNA칩이다. 한 개인의 DNA 시료를 형광염료로 표지하고 칩 위에 올려놓으면, 이 DNA는 합성 DNA와 결합하는데, 만일 시료 DNA와 칩 위의 DNA가 동일하면 특정 형광색을 띄게 된다. 예를 들어 정상적인 헌팅턴 유전자가 있는 합성 DNA칩으로 유전자검사를 수행한 결과 유전자가 동일하지 않을 때 나타나는 형광색이 드러났다면, 이것은 정상보다 더 많은 수의 반복 염기순서를 갖고 있다는 것을 의미하며, 이 사람은 현재 혹은 미래에 헌팅턴무도병 증상이 나타날 수도 있음을 의미한다. 칩에는 여러 종류의 합성 DNA를 얹을 수 있기 때문에 동시에 여러 종류의 돌연변이를 검사할 수 있다.

자동화된 고성능 염기순서 분석기와 통합된 DNA칩을 이용하면 단시간 내에 미량의 DNA 시료를 가지고 한 개인의 전체 유전자를 검사할 수 있다. 단 몇 년 만에 염기순서 결정을 위해 소요되는 시간이 획기적으로 단축되었으며, 앞으로 10년 안에는 잠시 기다리고 있는 동안 자신의 전체 유전체의 염기순서에 대한 결과를 볼 수 있을지도 모른다.

보다 큰 문제는 결과가 무엇을 의미하는지 이해하는 것이다. 유전자와 환경의 상호 작용은 매우 복잡하다. 하나의 유전자에 무수히 많은 돌연변이가 있을 수 있으며, 이들은 각각 서로 다른 방식으로 이 유전자가 기능을 잘 하도록 혹은 더 못하도록 할 수 있으며, 어떤 경우는 별 영향을 주지 않을 수도 있다. 고속 유전자염기순서분석기에서 쏟아져 나오는 염기순서 자료의 의미를 이해하기 위해서는 기초 유전학의 올바른 이해는 물론 슈퍼컴퓨터 프로그램이 필요하다. 시간이 흐름에 따라 이러한 분석용 기계는 점진적으로 개발될 것이며, 결과의 효용성은 개발 시간을 최대한 단축시킬 것이다.

또 다른 난제는 여러 질병에 대한 민감성과 유전적 특성에 관한 정보를 개인에게 통보하는 것이다. 상대적으로 정확하게 예측할 수 있는 헌팅턴무도병처럼 소위 한 개의 유전자에 의해 유발되는 질환 외에도 다양한 변이와 이의 가능성이 고속유전자분석에 의해 밝혀질 것이다. 유전병을 갖고 있는 사람에게 결과의 의미를 설명하기 위해서는 잘 훈련된 유전학자나 유전상담자와 같은 교육받은 중개인이 필요할 것이다. 이 정보는 개인에게 미래의 건강 상태와 수명에 대해 놀랍고도 끔찍한 예측을 알려 줄 수도 있다. 사람들은 개인에 따라 똑같은 정보를 다르게 받아드릴 수 있는데, 좋고 나쁜 뉴스에 대한 각자의 개성이 다르므로 특별하고도 매우 개별적인 방법으로 정보를 전달하는 방법이 필요할 것이다.

이런 잠재적인 문제에도 불구하고 유전자검사법은 이미 의학을 획기적으로 바꾸고 있다. 더 빨리 그리고 더 정확하게 질병을 진단할 수 있는 예가 점점 증가하고 있다. 여러 이유로 사람들은 근육이 경직되는 것을 경험하는데, 정확하게 무엇이 원인인지 판단하기란 어렵다. 그러나 만일 이 사람이 근육긴장퇴행위축증(myotonic distrophy)과 같은 유전병으로 고통을 받고 있다면, 현재의 유전자검사법으로 정확한 진단이 가능하다. 헌팅턴무도병의 초기 증상 중 어떤 것은 치매와 같은 다른 증상과 혼동할 수 있으나, 유전자검사법을 통하여 적어도 이 무도병과 관계된 4번 염색체에 위치하고 있는 반복 염기순서의 숫자가 너무 많이 존재하는지를 알아낼 수 있다.

앞으로 유전자검사법은 개인이 미래에 걸릴 수 있는 질병에 대한 위험도를 정확히 예측하고 조기 치료나 예방을 점점 더 용이하게 할 것이다. 유전성 혈색소침착증(hemochromatosis)은 증상이 나타나기 전에 알아낼 수 있는 유전병으로서 매우 흔한 질병의 하나이다. 이 유전병은 백인에서 200명 중 1명 꼴로 발생하는데, 간단한 정맥절단술로 치료가 가능하다.

일반적으로 유전자검사법은 유전병을 갖고 있다기보다는 살아가는 동안에 이 질병에 걸릴 위험이 있음을 제시해 준다. 우리는 때로 이러한 위험을 줄이기 위해 예방 조치를 취할 수 있는데, 만일 유전적으로 심장병에 걸릴 위험이 있을 경우, 식이 조절이나 운동 같은 예방 조치로 발병을 막거나 지연시킬 수 있다. 그러나 이런 예방 조치가 또 다른 위험을 초래하거나 해로울 수도 있으므로, 우리에게 미리 예방하도록 조언하기 전에 유전병 예측 검사가 어느 정도 정확성을 가져야 하는지, 또 유전병의 위험이 얼마나 큰지에 대한 의문이 제기된다.

"유방암에 걸릴 위험도를 알려면 유전자검사를 받아라." 1990년대 중반 미국립보건원이 가지고 있던 아슈케나지계 유대인의 DNA 정보를 연구하던 연구자들은 이 집단에 속한 여성들이 유방암에 걸릴 위험이 높은 이유는 BRCA1과 BRCA2라고 하는 두 유전자의 돌연변이와 관련이 있다는 것을 발견하였다. 상용화된 유전자검사법이 곧이어 개발되었으며, 검사 결과가 양성으로 나온 여성 중 일부는 유방암 발생의 시작 자체를 없애기 위해 외과적으로 유방을 제거하였다. 그런데 문제는 유전자검사로 추후 질병의 발병을 예측하는 데에는 한계가 있다는 점이다. 대부분의 유방암은 유전되지 않을지도 모른다.

미국에서 연간 18만 명이 유방암에 걸리며, 그 중 약 5～10%만이 유전성인 것으로 나타났다. 게다가 BRCA1과 BRCA2 유전자의 돌연변이는 100% 발현하는 것이 아니다. 즉 동일한 돌연변이가 개체에 따라 발현되기도 하고 그렇지 않기도 하다. BRCA1과 BRCA2 유전자에서 돌연변이가 일어난 사람들 중 일부는 치명적인 상태의 유방암이 유발되겠지만, 어떤 여성에서는 동일한 돌연변이가 있더라도 전혀 암에 걸리지 않는다. 유방암 발병률이 매우 높은 가계의 여성들 중 BRCA1 돌연변이를 갖는 사람들의 10～15%는 유방암에 걸리지 않는다. 이 모든 상황을 고려해 볼 때 검사 결과에 기초하여 확실한 결정을 내리기는 매우 어렵다.

그럼에도 불구하고 더 많은 유전자의 정체가 밝혀지고 그 기능을 이해할수록 더 많은 종류의 유전자검사가 가능해질 것이고, 질병에 대한 예측률은 높아질 것이다. 현재 약 500여개의 상용화된 유전자검사가 가능하며, 이 숫자는 계속 증가하고 있다. 게다가 앞에서 언급하였듯이, 유전학자들은 점점 더 빨리 DNA를 해독할 수 있는 방법을 개발하고 있다. 앞으로 몇 십 년 안에 유전학자들은 DNA 시료로부터 각자의 유전병과 그 병에 대한 민감도를 나타내는 완전한 목록을 만들어내게 될 것이다.

한 가지 문제는 누가 이 정보를 뽑아낼 수 있을 것이며 어떤 목적으로 이것을 사용할 것인가이다. 누구나 자신의 유전자 정보를 얻는데 관심이 있다. 그러나 모든 사람이 이 정보를 원하는 것은 아닐 수도 있다. 본인 스스로 그 질병을 억제하거나 지연시키기 위해 어떤 대책도 취할 수 없다는 것을 인식한 일부 사람들은, 미래에 걸릴지도 모르는 병에 대해 알고 싶어 하지 않을 수도 있다. 헌팅턴무도병에 대한 유전자검사가 가능하지만, 실제로 이 병에 걸릴 위험이 있는 가계에 속한 많은 사람들은 아직도 검사받기를 거부하고 있다. 이 질병을 일으키는 돌연변이를 유전적으로 물려받지 않았을 수도 있다는 가능성을 열어놓은 채 사는 것이 사형 선고를 받은 상태로 사는 것보다 더 나을지도 모른다.

그러나 선택권이 주어질 경우 다르게 생각할 수도 있다. 어떤 사람은 배우자나 미래의 배우자가 생명에 위협적인 유전병에 민감한 유전자를 물려받은 것은 아닌지 알기를 원할 수도 있다. 청소년과 어린이들조차도 질병을 유발하는 돌연변이가 자신들에게 유전되지 않았는지 알고 싶어 할 수도 있다. 어떤 유전병은 부모 모두로부터 각각 1개 씩의 돌연변이 유전자를 물려받아야 나타난다. 미래의 배우자는 둘 다 이러한 열성 질병 돌연변이를 갖고 있는지 알고자 할 수 있다. 이 경우 부모는 정상임에도 불구하고 둘 사이에서 태어날 아이에서 증상이 나타날 수 있다.

아직도 중매로 결혼하는 일부 정통파 유대교 사회의 10대들은, 치료가 불가능하며 태어난 지 수년 안에 목숨을 빼앗는 열성 유전병인 타이-작스병에 대하여 돌연변이 검사를 받고 있다. 검사를 받은 10대들에게는 비밀로 하지만 유대교 성직자인 랍비(rabbi)

에게는 통보한다. 중매인은 랍비와 상의하고 타이-작스병 돌연변이 보유자들 간의 결혼은 금지된다. 사생활 보호를 위해 그 커플에게는 단순히 연분이 없다고만 전한다.

이런 종류의 혼전검사 프로그램에 대한 대안은 아이를 임신하고 나서 태아를 검사하여, 만일 태아가 돌연변이 유전자의 보유자이면 낙태시키는 것이다. 그러나 낙태는 산모에게 위험하고 윤리에 어긋나는 일이며, 또 어떤 사람들에게는 종교적으로 죄가 된다.

임신 초기에 합법적인 유산이 산모에게 주어진 유일한 선택이라고 믿는 사람들조차 장래 태어날 아이가 아주 미미한 유전적 결함을 갖고 있더라도 감당하기 어려운 고통이라고 생각하는 부모가 자유로이 검사를 받고 태아를 낙태시킬 수 있다는 견해에 대해 우려를 나타낸다. 예를 들어 장애인 인권 옹호자들은 태아가 단지 다운증후군이나 청각장애를 지녔다는 이유로 낙태시키는 것은 비윤리적이라고 반대한다. 인도나 중국에서는 초음파를 이용하여 태아의 성별을 감식하여 원치 않는 성을 가진 아이는 낙태시키고 있다. 이러한 성별에 기초한 낙태는 미국에서조차 합법적이긴 하지만, 성차별과 출산의 자유 차원에서 난처한 문제이다. 이 문제는 나중에 다시 언급할 것이다.

태아에서의 유전자검사와 낙태 문제의 한 가지 대안은 체외수정을 이용하는 것이다. 어머니 혹은 난자 제공자로부터 얻은 난자는 아버지 또는 정자 제공자로부터 얻은 정자와 시험관에서 수정시킨 후 어머니나 대리모의 자궁에 이식한다. 일반적으로 체외수정 시 여러 개의 난자가 수정되며, 수정된 배아를 모체에 착상시키기 전에 유전자검사가 가능하므로, 건강한 난자만 골라 자궁에 이식할 수 있다. 최근 어떤 병원에서는 헌팅턴무도병과 알츠하이머병처럼 나중에 발병하는 유전병에 대한 검사까지도 수행하고 있으며, 이에 따라 이 병에 걸릴 가능성이 있는 배아의 이식을 피할 수 있다는 보고가 있었다.

그러나 배아 이식을 결정하는데 있어 얼마나 많은 재량권을 부모가 가져야 하는가 하는 문제가 생긴다. 예를 들어 낙태로 결론지어지는 초음파 검사 대신 다른 방법으로 자녀의 성을 결정해도 되는가? 여자 아이를 탄생시키는 X염색체를 갖고 있는 정자는 남자 아이를 탄생시키는 Y염색체를 가진 정자보다 더 무겁기 때문에 일부 체외수정을 수행하는 불임병원에서는 자녀의 성별을 선택하기 위해, 원심분리에 의한 '정자 분류' 기술을 이용하고 있다. 이 방법은 낙태에 의한 성별 선택만큼이나 많은 비판을 불러일으킴에도 불구하고 현재까지 통용되고 있다. 그러나 착상 전 배아검사는 인류의 유전증진을 고려해 볼 때 매우 중요하다.

만일 조기 발견과 조기 치료로 유전병을 예방할 수 있거나 완화시킬 수 있다면, 정통파 유대인들의 타이-작스병 검사 프로그램에서와 같은 사적인 이해 관계는 해소될 수 있을 것이다. 가족 구성원은 미리 질병을 예방하기 위해 부모 형제 중 누군가가 병에 걸렸는지 알 권리가 있다고 주장할지도 모른다. 가족 중 한명이 치료 가능한 유전병을 갖고 있다는 사실을 자신들에게 알려주지 않았다고 법정에서 의사를 고발하는 사건이 점차 증가하고 있다. 실제 가계성 샘종폴립증후군(familial adenomatous polyposis)이라는 유전성 전암(前癌) 증세로 고통받는 한 여성이 아버지로부터 이 질병을 유전받았을 수도 있다는 사실을 알려주지 않았다는 이유로 의사를 고소하였다. 만일 그녀가 통보를 받았더라면 암에 걸리지 않기 위한 예방 조치로 그녀의 결장을 제거했을 수도 있었을 것이다. 이 사건에서 주목해야 할 것은 피고인인 의사가 27년 전 그녀의 아버지를 치료했지만 그녀를 치료하지는 않았다는 것이다. 이 일은 이미 오래 전에 일어난 사건이며, 이 소송이 제기될 당시 의사는 물론 그녀의 아버지도 이미 사망한 상태였다.

유전자검사법의 발달은 유전병 진단과 치료를 수월하게 함에도 불구하고 이 결과는 검사를 받은 사람이나 그의 가족에 대한 차별에 이용될 수 있을 것이다. 건강, 생명 및 장애 보험회사들은 미래의 유전병 발병 가능성에 대한 정보를 이용하여 보험을 거부하거나 감당할 수 없는 높은 보험료를 청구할지도 모른다. 건강보험료의 일정 비용을 부담하는 고용주들은 특정 구직자를 고용하거나, 현재의 고용인을 해고하기 위해 이 정보를 사용할 수도 있다.

현재 보험회사나 고용주가 유전병에 걸릴 위험이 있는 사람을 차별하기 위해 유전자검사를 이용한다는 증거는 많지 않다. 이것은 아마도 검사할 질병이 너무 많기 때문이거나, 현재 가능한 검사에 대한 고용주나 보험회사들의 지식이 상대적으로 약하기 때문에, 혹은 이익에 비해 검사 비용이 훨씬 더 많이 들기 때문일 수도 있다. 그러나 보험회사나 고용주가 실제 어떤 일을 하는지 밝히기는 어렵다. 그들 중 누가 유전적 특성에 따라 사람을 차별대우한다는 사실을 쉽게 인정할 것인가? 왜 그들을 고용하지 않았는지 또는 왜 보험가입을 거부했는지에 대한 진정한 이유를 얼마나 말해 줄 수 있는가? 구직자나 보험 신청자가 직원 신체검사와 보험용 신체검사 중 채취한 혈액 표본으로 어떤 종류의 검사를 했는지 얼마나 알고 있는가? 또한 유전자 차별 풍조를 고려해 볼 때, 유전정보가 유전검사 외의 다른 출처로부터 나올 수 있음을 명심해야 한다. 뚱뚱하다거나, 고혈압이나 당뇨병을 갖고 있기 때문에 또는 그들의 부모가 특정 질병으로 사망했다는 이유로 신체검사에서 떨어질 수도 있으며, 이는 모두 그들의 유전적 배경과 관련이 있을 수 있다.

현재 유전자 차별이 얼마나 많이 일어나고 있는지는 확실치 않으나, 미래에 발생할지도 모르는 우려가 국회와 여러 주 의회로 하여금 유전자 차별을 금지하도록 하는 법률을 제정하도록 자극

하였다. 법률은 허점투성이로 개인 보호 차원에서 볼 때 땜질식이다. 오하이오주에서처럼 어떤 법률은 오직 DNA 검사 결과에만 접근을 금지하도록 편협하게 제정되었다. 예를 들어 오하이오주법에 따르면, 유전병에 대한 가족력을 이유로 특정인의 보험을 거부하는 것은 불법이 아니다. 뉴저지주법의 경우 보험회사가 신체검사나 가족력으로 얻은 정보를 포함한 어떤 유전정보도 취득하거나 활용하는 것을 포괄적으로 금지한다. 법률은 서로 다른 유형의 유전정보, 다른 형태의 보험 그리고 서로 다른 고용주에게 적용되는 등 주마다 제각각이다.

법률상의 허점과 모호함으로 점철된 복잡한 상황이 미국의회 활동에 의해 야기되었다. 미국의 신체장애자법(Disabilities Act)은 고용에 있어서의 차별을 금지하나, 이 금지가 현재의 질병이 아닌 유전적 취약성에까지도 적용되는지는 명확하지 않다. 이 법을 강요했다는 이유로 고발된 연방 기구는 이 법률은 유전적 취약성에까지 적용되어야 한다는 입장을 취하나 아직까지 법원은 이 문제에 대해 판결을 내리지 않고 있어, 판결 때까지 이 법률에 대한 해석은 모호한 채로 남아있다. 국회는 의료보험 상호 운용성 및 설명 책임에 관한 법률(Health Insurance Portability and Accountability Act)을 통과시켰다. 이것은 건강보험 가입에 있어 유전자 차별을 금지하는 것을 포함하고 있으나, 유전자 차별에 대한 위험은 주로 개인이나 소그룹 보험에 적용되는 것에 비해 이것은 대그룹 보험에만 적용된다. 한편 미국 신체장애자법은 건강보험 공제를 포함하고 있다. 보험회사가 장애인이 보험을 드는데 실제로 얼마나 많은 비용이 필요한지 보여주는 확실한 자료를 제시한 경우, 보험회사는 보험 계약을 거절할 수 있으며, 유전적 자질 혹은 어떤 다른 이유가 제시될 경우 그들에게 추가로 비용을 부과할 수 있다.

그럼에도 불구하고, 유전자차별금지법은 많은 지지를 얻고 있다. 자신이 물려받은 유전자를 스스로 통제할 수 없으므로, 인간은 유전병이나 병에 걸리기 쉬운 특성을 물려받은 이유로 불이익을 받지 않아야 한다고 생각하는 것 같다. 그러나 이런 광범위한 차별 반대 법률은 무의식중에 또 다른 문제를 낳을 수도 있다. 유전자검사 결과 병이 없는 것으로 나타난 사람이나 유전병이 상대적으로 없는 가족력을 갖고 있는 사람들은 이 정보를 보험회사에 제출하더라도 보험료가 할인되지는 않는다. 이것은 공정하며 또 당연한 것처럼 들릴지도 모른다. 어떤 사람도 자신이 타고난 유전자에 대해 당연하다고 생각하지는 않는다. 누구든지 타고난 유전적 자질 때문에 의료보험료를 적게 낼 권리는 없다. 그러나 실제 건강한 사람들이 높은 보험료를 내게 됨으로써 덜 건강한 사람에게 보조금을 지급하는 결과를 가져온다. 이것은 결과적으로 건강한 사람의 보험료를 너무 높여 그들이 보험을 기피하게 할 수도 있다.

유전자차별금지법에 의해 제기된 또 다른 보험 문제는, 보험혜택을 받을 확률이 높은 고객만 가입하는 '역선택'(adverse selection)의 문제이다. 그 이유는 개인은 유전자검사를 자유로이 받을 수 있는데 반해, 보험회사는 유전자 정보의 취득과 검사 결과에 따른 조치를 마음대로 할 수 없기 때문이다. 만일 유전자검사 결과에 기초하여 유전병에 걸릴 확률이 높다는 것을 안다면, 누구나 여기에 대처하기 위해 보험에 가입하려고 할 것이다.

다른 한편으로 유전병에 걸릴 확률이 적다는 유전자검사 결과가 나오면 사람들은 보험에 가입하지 않으려고 할 것이다. 이런 상황은 보험료를 청구할 가능성이 높은 사람들이 전체 보험 가입자 중 높은 비율을 차지하게 되고, 결국 보험료를 올리는 결과를 초래할 것이다. 이에 따라 더 많은 사람들은 유전자검사를 받게 되고, 만일 유전병이 없다는 결과가 나오면 보험에 가입하지 않으려고 할 것이다. 따라서 결국 보험료는 더욱 올라가게 될 것이며, 결국 의료비를 지불하기 위해 보험금이 필요한 사람만이 보험에 가입하려 할 것이다.

그러므로 보험 가입에 따라 자동으로 부과되는 보험사의 보험관리비와 보험회사의 이윤이 포함되는 추가 비용을 지불하는 것보다 자신이 의료비를 직접 지불하는 것이 더 저렴하게 될 것이다. 보험 전문용어로 이것을 '죽음의 악순환'(death spiral)이라고 한다. 역선택과 죽음의 악순환을 막는 유일한 방법은 현재의 개인보험 체제를 병에 걸릴 확률과는 상관없이 모든 사람에게 가입하도록 하고, 모두 다 똑같은 보험료를 내게 하는 공공 프로그램으로 대체하는 것일지도 모른다. 이것은 입원환자의 병원 치료비를 책임지는 미국 고령자 장애자 의료보험제도(Medicare Program)의 자금 중 일부를 연방정부가 지원하는 방법과 유사하며, 현재 대부분의 미국인들이 의료보험에 가입하고 있는 방식을 새롭게 획기적으로 바꿀 수 있을 것이다. 이것은 단지 유전자 혁명이 이 사회에 미칠 광범위한 파장 중 하나일 뿐이다.

치료법의 혁명

질병 관련 유전자에 대한 지식의 증가에 따라 유전자검사 빈도는 물론 새로운 치료와 예방 조치의 발전을 가속화시켰다. 이와 같은 치료법 혁명의 첫 결실은 재조합DNA로 만든 약품이다. 이 약품은 어떤 단백질을 생산하는 유전자를 분리 동정하여 대장균과 같은 미생물의 DNA에 삽입하여 만든다. 무한정 배양 가능한 박테리아는 삽입된 DNA의 발현에 따라 원하는 단백질 산물을 대량으로 생산할 수 있는 생물학적 공장이라 할 수 있다. 이 기술은 적은 양으로 치료 효과가 큰 약품의 생산에 사용된다. 유전적으로 뇌하수체에 결함이 있어 생장호르몬(growth hormone ; GH)이 부족한 아이는 키가 크지 않아 왜소증이 되는데, 이런 아동의 치료에 사용하는 사람생장호르몬(HGH) 생산이 이의 한 예이다. 원래 사람생장호르몬은 뇌하수체에서만 만들어지므로 사람의 시체에서 추출할 수밖에 없었다. 그러므로 이 호르몬은 미국립보건원에서 제한적으로 생산하여 조금씩 나누어주었다. 그런데 박테리아에서 재조합DNA를 조작하는 기술이 개발됨에 따라 이 호르몬을 대량 생산할 수 있게 되었다. 현재 박테리아에서 생산하는 사람생장호르몬의 공급은 거의 제한이 없다. 역설적으로 미국립보건원은 제한적으로 시신에서 추출한 호르몬을 무상으로 제공하였지만, 현재는 공급이 증가되었음에도 불구하고 환자들은 비용을 부담하고 있다.

인류유전학에 대한 새로운 지식으로 새로운 약품이 개발되었다. 과학 저술가 웨이드(Nicholas Wade)는 그의 저서 '생명 원고'(*Life Script*)에서 사람유전체학(Human Genome Sciences)이라는 제약회사가 방대한 사람의 유전자 염기순서 데이터베이스를 이용하여 어떻게 KGF-2라는 치료제를 개발하였는가를 소개하고 있다. 그리고 그는 하셀타인(Willian Haseltine) 사장의 말을 인용하여 30년 내에 모든 신약의 발견은 유전학으로부터 나올 것이라 예견하였다. 콜린스(Francis Collins)는 50종 이상의 유전자에 근거한 약품이 사람에게 사용될 것이라 예견하였다.

유전학은 분명히 보다 효과적이고 해가 적은 약품을 만드는데 도움을 줄 것이다. 약리유전체학(phamacogenomics)의 새로운 분야는 개인이 약품에 어떻게 반응하는가를 미리 유전적 검사로 예측하는 것이다. 예를 들면 시토크롬 P4502D6 라는 유전자검사는 환자가 여러 약품에 어떻게 대사 반응을 보일 것인가 정확히 예측할 수 있다. 이 검사는 환자가 약을 복용하고 몇 달 혹은 일년 뒤에 다양한 부작용이 나타나기 전에 대처할 수 있게 한다. 또 다른 유전자검사에 의하면 일반적인 화학요법 치료제에 민감하게 부작용을 나타내는 암 환자의 부작용을 최소화하여 적은 용량으로 치료할 수 있다. 심부전증 환자의 경우 약물로 치료가 가능한지, 아니면 심장이식을 하여야 할지를 결정하는 데에도 유전자검사가 이용될 수 있다.

차세대 치료법은 새로운 유전학에 근거한 유전자치료라고 볼 수 있다. 1990년 10월 오하이오주에 사는 데실바(Ashanti Desilva)라는 네 살 난 소녀가 미국립보건원으로부터 유전적으로 조작된 백혈구 세포를 제공받은 것이 유전자치료의 첫 성공 사례이다. 데실바는 유전적으로 면역 체계를 보호하는 효소가 결핍되어 중증복합면역부전증(severe combined immunodeficiency ; SCID)을 나타내므로 병원체에 쉽게 감염될 수 있어, 극도로 소심스러운 치료를 받고 있었다.

치료 방법은 그녀의 백혈구를 분리하여 정상적인 기능을 하는 유전자로 대체한 유전적으로 조작된 정상 백혈구를 다시 그녀에게 이식하는 것으로서, 그녀는 네 번의 이식을 통하여 건강을 많이 회복했다. 그러나 그 치료는 일부 성공적인 것 같았으나, 얼마 지나지 않아 정상 유전자로 대체된 세포들이 안정적으로 계속하여 기능을 발휘하지 않았다. 따라서 증상을 완화시키기 위하여 전통적인 약물 치료를 계속하면서 몇 달 간격으로 추가로 백혈구를 이식해야 했다. 2000년 4월 프랑스 유전학자들은 데실바와 같은 환자의 유전자치료를 다른 방법으로 했다고 발표하였다. 이들이 사용한 방법은 기능성 유전자를 계속하여 주입할 필요 없이, 어린 아이의 골수세포에 유전자를 삽입한 후 이 세포를 넣어주었다. 그러나 유전학자들은 통상적인 약물 치료 없이 어린이 환자들의 면역 체계가 정상으로 회복되었지만, 두 어린 환자에서는 유전자치료의 결과 암이 생겼다고 지적하였다.

이들 성과로 환자의 몸에 유전자를 삽입시켜 질병을 치료하는 새로운 의학 시대가 열렸다. 초기에는 잘못된 유전자에 의한 유전병을 치료하기 위하여 정상 유전자를 삽입하여 효소를 만들게 하였다. 미래에는 이와 같은 시도가 잘못된 유전자나 단백질의 기능을 차단하거나 몸 안에서 치료 물질을 생산하는 '유전자 공장'을 삽입하는 방향으로 발전해야 할 것이다. 동시에 그것은 헌팅턴무도병의 원인인 여분의 염기 반복과 같은 잘못된 염기순서를 제거함으로써 자신의 DNA를 고칠 수 있을 것이다.

유전자치료에는 몇 가지 넘어야할 기술적 문제가 있다. 첫째로, 정확한 기능을 하는 DNA를 환자의 몸에 넣는 것이다. 가장 일반적인 방법은 바이러스와 같은 생물체를 운반체로 하여 원하는 유전자를 환자의 몸에 넣어주는 것이다. 가장 일반적인 바이러스 운반체는 감기의 원인인 아데노바이러스와 인간면역바이러스(HIV)가 속해 있는 랜티바이러스이다. 바이러스 운반체는 사용하기 전에 병의 원인이 되는 바이러스 자신의 일부 유전자 부분을 제거한 후에 사용한다.

두 번째 문제는 유전자치료에 있어 운반체가 환자 몸의 정확한 장소에 유전자를 배달해야 한다는 것이다. 데실바와 같은 면역부전증 유전자치료에서는 환자의 혈관 속으로 정상 유전자를 충분히 넣어주어야 한다. 또한 유전자치료로 인해 암이 유발되어서도 안 되며 심한 부작용이 있어도 안 된다.

다른 문제는 치료용 유전자들이 환자의 몸에서 제대로 기능할 정확한 장소를 찾아가는 것이다. 우리 몸의 모든 세포는 기본적으로 동일한 유전자 조성을 가지고 있다. 그러나 실제로 각 조직의 세포에서는 조직의 기능에 걸맞는 일부 유전자들만 발현된다. 예를 들어 간에서는 담낭이나 췌장에서 발현하지 않는 효소들이 만들어진다. 그러므로 치료용 유전자는 정확하게 필요한 세포에서 발현되어야 한다. 더욱이 그들은 정확하게 적정세포에서 발현하여 암이나 불임과 같은 원하지 않는 부작용이 없이 정상적인 기능을 하는 단백질을 만들어내야 한다. 끝으로 외부 유전자를 가진 세포들은 물론 우리 몸의 모든 세포들은 일정한 시간이 지나면 제거되고 새로운 세포가 만들어져 대체된다. 그러나 유전자치료는 치료용으로 넣어준 세포의 수명보다 길게 치료 효과를 나타내야 한다. 이에 대한 해결책은 데실바처럼 자주 세포를 주입해주든지, 혹은 유전자가 세포 내로 삽입됨으로서 계속 복제될 뿐 아니라 살아남을 수 있는 운반체를 사용하는 것이다.

이와 같은 기술적인 어려움 때문에 유전자치료는 제한적으로밖에 성공을 거두지 못했다. 일부 유전학자들은 이 같은 어려움을 쉽게 극복할 수 없을 것으로 생각하지만, 다른 유선학사들은 긍정적으로 생각하고 있다. 한 가지 확실한 것은 새로운 치료법과 치료제를 개발하기 위하여 많은 자원과 지속적인 연구가 필요하다는 점이다. 만약 이와 같은 장애 요인들이 극복된다면 성공할 수 있을 것이다.

그러나 이와 같은 기술적인 문제에 비하여 더 큰 문제가 있다. 데실바는 유전자치료로 부분적인 성공을 거둔 첫 번째 환자이나, 사실은 첫 번째로 치료받은 사람은 아니다. 1970년에 유전적간 질환을 앓고 있는 세 명의 독일 소녀들에게 정상적인 유전자를 바이러스와 함께 사용하여 치료한 적이 있다. 그리고 1980년에는 유전적 혈액 질환을 앓고 있는 이스라엘과 이태리의 환자를 대상으로 유전자치료를 한 적도 있다. 그러나 캘리포니아대학교로스안젤리스분교(University of California Los Angeles ; UCLA) 의학센터의 혈액학/암학 과장이었던 클라인(Martin Cline) 교수는 임상실험을 감독하는 UCLA의 허가를 받지 않고 골수에 DNA를 삽입하였다는 윤리적 이유로 연구비를 박탈당하고 과장 보직도 해임되었다.

이 사건 뿐만 아니라 기술적인 어려움도 그들의 연구 진척을 가로막았다. 1999년 18세의 겔싱거(Jesse Gelsinger)가 유전자치료 도중 사망하는 사고가 발생하였다. 겔싱거는 오르니틴 카바밀 전이효소 결핍증(ornithine transcarbamylase deficiency ; OTD)라는 유전병을 앓고 있었다. 이 병은 단백질 대사산물인 암모니아를 처리하는 능력이 낮아 생기는 병이다. 이 질환은 특히 신생아에게 치명적인데, 생후 한 시간 내에 혼수 상태에 빠지고 뇌가 손상을 받는다. 그 결과 대부분 6개월 내에 사망하게 된다.

다행히 겔싱거의 경우는 증세가 매우 약했다. 그는 약간이나마 암모니아 대사능력이 있었고, 건강 조절을 위해 효소제 복용과 단백질이 없는 식사를 하였다. 그러나 날이 갈수록 약의 복용양이 증가하여 그가 18세가 되었을 때는 하루에 35정이나 먹어야 하였다. 그리하여 그는 이 병을 고칠 수 있는 도움을 간절히 바라고 있었다. 결국 그는 경미한 환자를 대상으로 기능성 DNA를 지닌 아데노바이러스 운반체를 도입시키는 펜실바니아대학교의 유전자치료 임상실험에 지원하였다. 이것이 운반체를 이용한 첫번째 유전자치료의 임상실험이었다. 실험의 목적은 질환 치료가 아니라 유전자가 삽입되어 환자가 만들지 못하는 효소가 생산되는가를 확인하는 것이었다.

그러나 치료 후 24 시간 만에 겔싱거는 여러 장기의 기능이 정지되어 결국 4일 만에 사망하였다. 그가 사망한 이유는 지금도 밝혀지지 않고 있다. 가장 큰 가능성은 약화시킨 바이러스를 운반체로 사용하였기 때문이 아니라, 그의 간장이 기능을 제대로 하지 못한 때문이라고 보고 있다. 그러나 연구자들은 그의 간장 기능 검사를 사망 후 몇 달 뒤에도 할 수 있었으나 검사하지 않았다.

겔싱거의 죽음은 유전자치료의 과정이나 당국이 허락한 유전자치료 전반에 대한 의구심을 불러 일으켰다. 겔싱거에게 연구의 위험성에 대하여 충분한 설명을 하였는가? 18세의 젊은이가 연구의 위험성을 제대로 이해하였을까? 펜실바니아대학교가 증상이 심한 신생아 환자보다 상대적으로 건강한 겔싱거와 같은 환자를 대상으로 임상실험을 하는데 있어 실수는 없었는가? 미국립보건원(NIH)과 미식품의약국(FDA)은 연구 계획이 너무 성급하지 않았는지를 재검토하였다.

겔싱거가 사망한 후에 다른 몇몇 사망 사례를 포함하는 유전자치료의 문제점이 표면에 부각되었다. 이들 사건의 대부분은 연방법에 따라 FDA가 요구하는 보고서를 제출하였으나, 보고서는 공개되지 않고 있다. 그 이유는 공개될 경우 경쟁자들이 불공정하게 이익을 취할 수 있으므로 비밀리에 연구를 수행하였기 때문이다. 한편 겔싱거의 경우와 같이 정부의 연구비 지원을 받은 경우, NIH에 제출한 보고서는 FDA와 상반된 견해를 보였다. FDA와는 대조적으로 NIH는 이 보고서를 연구자들이 미래의 연구를 계획하는데 도움이 되도록 하였다. 겔싱거가 사망한 후 NIH는 유전자치료후 심한 부작용을 보인 691건의 보고를 받았으나, NIH 규정에 의해 39 예만 보고서를 작성하였다.

경쟁적 이득을 고려하여 FDA는 이러한 부작용을 공개하지 않으려 함으로써 유전자치료 실험에 편승하여 일부 제약회사나 벤처기업이 막대한 재정적 이득을 보게 된다. 물론 난치병 치료법은 개발되어야 한다. 겔싱거가 앓고 있던 병은 희귀한 유전병이지만, 암과 같은 병은 치명적이며 수백만 명이 고통을 받고 있다. 한편 알츠하이머병과 같은 경우는 서서히 죽어가며 매우 비극적이다. 이들 재앙에 대한 치료법의 개발은 막대한 경제적 이득을 거둘 것이다.

겔싱거의 죽음에 따른 여파로 말미암아 경제적 동기 부여의 역할에 대한 의문을 일으킨 것은 놀라운 일이 아니다. 연구자들과 연구소들은 경제적인 점을 생각하지 않고 연구의 흥미만으로 윤리에 어긋나지 않는 임상실험을 하였는가? 겔싱거의 죽음을 야기시킨 연구는 윌슨이 주도한 펜실바니아대학교의 유전자치료 연구소의 대규모 유전자치료 연구의 일부에 지나지 않았다. 그 당시 연구소는 250명의 연구원과 2억 5000만 달러의 예산을 갖고 있었다. 윌슨은 연구소를 설립하였을 뿐 아니라 연구소의 모든 업적에 대해 전권을 가지는 회사의 주주이기도 하였다. 정부의 통제 하에 대학의 기관심의위원회(Institutional Review Board)가 임상실험이 윤리적이고 안전한가를 우선적으로 책임지게 되어 있으나, 대학도 관련 회사의 주주였다.

겔싱거의 비극은 '연방정부가 위험한 유전적 실험을 관리할 능력이 있는가'에 대한 의문을 불러일으켰다. 수년 동안 FDA가 관리해온 동식물과 인간에 대한 유전학적 실험은 새로운 식품의 개발이나 치료를 위한 여타의 실험들과 전혀 다를 바가 없었다. 그럼에도 불구하고, 1970년대에 처음으로 재조합DNA 기술이 개발되었을 때, NIH는 재조합DNA 자문위원회(Recombinant DNA Advisory Committee ; RAC)라는 특별한 기구를 설립했고, 인간의 유전자 실험에 대한 연구 계획서를 검토하도록 하였다. 그러나 1977년, 이 기구의 기능은 FDA로 이관되었다. 그러면 FDA는 그 업무를 제대로 수행하였는가? 겔싱거의 죽음은 그렇지 않았음을 말해준다. 여론에 혼줄이 난 FDA는 인간 유전자치료와 이종간(異種間) 이식(xenotransplantation, 동물의 기관을 사람에게 이식하는 것) 실험이 일으킬 수 있는 심각한 부작용에 대하여 대국민 보고서를 작성하였다. 이것이 FDA가 처음으로 유전자치료가 예상치 못한 문제를 일으킬 수 있음을 시인한 것이다. 그러나 과연 연방정부가

18살 소년 겔싱거를 죽인 것과는 다른 종류의 유전적 조작에 대한 규제에 대처할 능력이 있는가 하는 문제는 아직 남아있다.

이에 해당되는 기술 중의 하나가 바로 생식세포 유전자치료이다. 데실바와 겔싱거에게 행해졌던 실험은 정상의 유전자를 그들의 간과 혈액에 각각 전달하기 위해 고안한 것이었다. 그 목표는 정상 유전자들이 충분한 양의 효소를 생산하여 환자의 효소결핍을 치료하는 데 있었다. 그러나 데실바나 겔싱거의 자손들은 같은 질병을 가진 채 태어날 것이고, 이들도 역시 자신에게 필요한 정상의 유전자를 전달받아야 할 것이다. 사실 겔싱거의 병은 유전된 것이 아니므로 그 자손에게 같은 병을 전하지는 않을 것이다. 그의 효소 결핍은 태아 발생 중에 일어난 돌연변이 때문에 발생한 것이었다. 생물학자인 토마스(Lowis Thomas) 교수는 데실바나 겔싱거에게 행해졌던 유전자치료가 성공하여 극적으로 선상을 증진시키고 생명을 구할 수 있었더라도 이 치료법은 '반쪽 기술'(half-way technology)이라고 주장한다.

대담한 시도가 한편에서 일어나고 있다. 만약 정상 유전자가 발생 과정의 초기에 도입된다면, 정상 유전자는 환자의 증상을 완화시킬 수 있을 뿐 아니라 그들의 생식세포인 난자나 정자 내로 삽입될 수도 있다는 것이다. 결과적으로 그들이 자녀를 낳았을 때 그 자녀들은 정상 유전자를 전달받게 되고, 질병에 걸릴 가능성이 감소될 것이다. 좀 더 진보적인 해결 방법은 문제의 유전자를 정상 유전자로 대치하는 것으로서, 유전자를 추가하는 것이 아니라 올바른 유전자로 바꾸어주는 것이다. 헌팅턴무도병은 과도한 숫자의 CAG 뉴클레오티드를 가진 DNA 때문에 발생하므로, 이를 제거한 후 올바른 숫자의 뉴클레오티드를 가진 유전자로 대치할 수 있을 것이다.

생식세포의 유전자 구성을 바꾸려는 시도는 그 변화가 유전되므로 생식세포 유전자치료(germ line gene therapy)라 불리며, 이는 데실바나 겔싱거의 경우에서와 같은 비유전성의 체세포치료(somatic cell therapy)와는 다르다. 이미 동물에서 생식세포 유전자치료가 성공하고 있고, 특히 뇌하수체 난쟁이증(pituitary dwarfism)과 레쉬-니한 증후군(Lesch-Nyhan syndrome)을 가진 생쥐에서 주목할 만한 성과를 거두었다. 시도된 유전자전이가 이들 동물의 배아의 유전체 내로 삽입되었기 때문에 이로부터 얻은 동물을 유전자전이동물(transgenic animal)이라 한다.

인간을 대상으로 하는 생식세포 유전자치료의 시도는 여러 사람에게 경각심을 불러일으켰다. 2001년 9월에 여러 생물학자, 법률가, 그리고 생명윤리학자들이 보스턴에 모여 생식세포 유전자치료와 생식 목적의 인간 복제를 금지하는 국제조약을 요구하기에 이르렀다. 그러나 권위 있는 미국과학진흥회(American Academy for the Advancement of Science)는 2000년의 한 보고서에서 "현재 어떠한 형태의 체세포 유전자치료를 인간에게 시도하더라도 유전적 변화를 가져올 만한 가능성은 보이지 않는다."라고 결론지었다.

생식세포공학에 반대하는 사람들은 자손들이 받게 될 위험, 즉 미래 세대에 가서야 나타날 수 있으나 현재에는 알 수 없는 부작용과, 인간 유전자 자원에 영향을 주어 미래의 인간 건강에 미칠 수도 있는 재앙에 대해 걱정한다. 그들은 생식세포공학을 생식적 복제(생물복제)와 유사하게 보고 있으며, 복제양 돌리를 생산하는 과정에서 실패한 경우들과 돌리의 세포가 그 어미의 세포보다 훨씬 노화한 특징을 가진다는 보고를 지적한다.

이러한 우려 속에서 고의적은 아니지만 생식세포 조작이 이미 행해지고 있다는 사실은 매우 놀랄만한 일이다. 이것은 '난세포질 이식'(ooplasm transfer)이라고 불리는 불임치료의 한 방법으로 1997년에 성공 사례가 처음 보고되었다. 이러한 치료는 난자의 세포질 결함에 의해 난자가 자궁에 착상되지 못하는 불임 여성에게 사용된다. 이 치료는 환자의 난자 핵을, 난자 제공자의 핵이 미리 제거된 정상 난자에 이식한 후 시험관에서 수정하여 모체의 자궁에 착상시키는 것이다. 이 경우, 미토콘드리아 DNA는 난자의 세포질에 존재하기 때문에 핵이식으로 태어날 시험관 아기는 난자를 제공한 사람의 미토콘드리아 DNA를 갖게 된다. 즉 그 아이는 유전적으로 형질전환된 것이다.

1998년에 저명한 유전학자인 앤더슨(French Anderson)과 잔자니(Emil Zanjani)는 정상 유전자를 지니는 바이러스 매개체를 데실바가 앓았던 자가면역병(autoimmune disorder)을 가진 태아에게 주입하는 실험을 제안했다. 이러한 아이디어는 초기 발생단계에 유전자를 주입함으로써 정상 유전자가 아기의 원래 DNA에 삽입되도록 할 경우 세포분열에 의해 건강한 아이가 태어날 수 있다는데 기초한다. 그러나 다른 연구자들은 일부 태아 세포는 생식세포로 분화되므로, 삽입된 DNA가 생식세포를 변화시킬 수 있음을 지적했다.

이렇게 무심코 행해지는 생식세포 조작들은 심각한 문제를 일으킬 수 있다. 일부에서는 생식세포를 변화시키는 것이 유전병을 치료하는 가장 좋은 방법일 수 있으며, 윤리적인 것이라고 주장한다. 또 반대하는 입장에서는 생식세포 조작의 위험성이 이득보다 훨씬 크다고 주장한다.

다시 말해, 일부 유전학자들은 의도적인 생식세포 조작이 유전병을 완전히 고칠 수 있는 유일한 방법이라고 주장하는 반면, 다른 학자들은 시험관 수정을 거쳐 다수의 배아를 만들고 유전병 여부를 검사하여, 병이 없는 배아만 모체의 자궁에 착상시키는 방법을 제안한다. 그러나 생명을 중요하게 생각하는 사람들은 폐기되거나 냉동고에 보관되는 잔여 배아의 운명을 용납하지 못한다.

또한 유전학자들은 양쪽 부모 모두 결함 유전자를 가지는 경우 이들 부모는 본인과 전혀 유전적 연관성이 없는 난자나 정자를 기증받아 이용할 수밖에 없는데, 이러한 경우 부모가 가지고 있던 질병 유전자는 보인자 형태로 아이에게 전달되므로 태어나는 아이는 다시 유전병에 걸릴 수 있다는 사실을 지적한다.

사람의 장기이식용 유전자 전이동물 제조를 찬성하는 사람들은 생식세포공학 기술은 동물을 대상으로 완벽히 할 수 있을 때까지 계속 시도해야 한다고 제안하고 있다. 유전학자들은 일단 동물에서 성공하게 되면 여기에서 만족하는 것이 아니라 이 방법을 인간의 유전병을 고치는데 적용하려 할 것이다. 더 나아가, 이들은 질병과는 무관한 형질들에 대해서도 생식세포를 바꾸고자 하는 시도를 할지도 모른다.

행동유전학 분야에서의 변혁

생물학자들은 인간의 행동이 유전적 요인에 의해 지배된다고 생각해 왔다. 동성애 성향이나 완벽한 투수의 능력 등에 유전자가 관여한다고 생각하였다. 범죄를 저지르는 것과 같은 반사회적 행동 양상도 하나의 특정 형질로 생각하였다. 유전적 소인이 부분적으로나마 범죄 성향에 관여한다면, 유전 조사를 통하여 잠재적 범죄자를 구별하고 사전에 범죄를 일으키는데 관여하는 단백질을 보정하여 범죄를 예방할 수 있으며, 생식세포에서 범죄 유전자를 제거하여 범죄 성향의 대물림을 방지할 수 있다는 것이다.

범죄나 사회적으로 바람직하지 못한 행동 양상이 유전적일 것이라는 연구는 골상학에서 두개골이 튀어나온 사람은 범죄나 폭력 성향이 있을 것이라 추측하는 데에서부터 시작되었다. 1960년대 중반에는 폭력이나 범죄로 교도소 생활을 하는 남자들 중에는 상당수가 Y염색체를 하나 더 가지고 있다는 보고까지 나왔다. 그러나 이러한 사실이 범죄와 유전적 소인을 연결시켜 주지 못했다. 교도소에서 XYY 염색체 조성의 남자가 많이 발견되는 이유는, XYY가 범죄를 유발하는 것이 아니라 정신장애를 유발함으로써 일반 사회보다는 교도소에 정신장애자가 더 많기 때문인 것으로 밝혀졌다. 행동유전학적 관점에서 읽기장애, 정신분열, 정신병, 조울증, 알코올중독을 유발하는 유전자를 찾아냈다는 보고들도 있었으나, 이 연구 결과는 재연성이라는 자연과학 연구의 기본 요건을 충족시키지 못하여 무시되었다. 행동 형질과 연관된 유전자를 찾아낸다는 것은 정말로 힘든 일이다. 사람의 행동이란 너무나 복잡해서 여러 개의 유전자와 환경이 복합적으로 작용하여 나타나는 것으로 생각될 뿐만 아니라, 그 형질이라는 것도 미묘한 것이어서 모든 사람이 공통적으로 표현하는 용어가 존재하는 것이 아니기 때문이다.

그러나 이 분야에 대한 연구는 계속되고 있다. 만(Charles Mann) 교수는 사이언스지에 "동물과 사람 연구로부터 얻어낸 증거들을 종합해 볼 때 유전학이 인간 행동을 설명할 수 있다."라고 기고하였다.

행동과 유전의 연관성을 찾는 노력은 일부 변호사들이 의뢰인의 무죄 혹은 감형 판결을 이끌어내기 위한 '유전적 방어' (genetic defence)를 시도하는 데에서도 나타나고 있다. 유전적 방어의 첫 사례는 1970년대 초반에 XYY 염색체 이상을 근거로 하여 받아들여졌다. 법원은 XYY라는 자체를 유전적 방어로 인정하지는 않았지만, 유전적 상태가 '지속적으로 피고의 인식 능력을 방해하거나, 사회의 기본적인 도덕규범을 이해하지 못하는 등'의 여러 가지 기준에 맞을 때에는 유전적 방어가 적용될 수 있음을 밝혔다.

유전적 방어는 종종 적용된다. 이상야릇한 판결 하나를 소개

해보면 다음과 같다. 아들을 살해하고 딸도 죽이려한 한 어머니에게 헌팅턴무도병으로 인하여 야기되는 정신병이라는 이유로 무죄가 선고되었다. 그러나 이 어머니는 범죄가 일어난 7년 후에도 헌팅턴무도병은 발병되지 않고 있었다. 불행하게도 이 사례는 사람들이 빠질 수 있는 함정 중의 하나이다. 판사와 배심원들은 유전학을 제대로 이해하지 못한 상태에서 유전적 방어를 수용하도록 유도되었을 것이다. 아직도 변호사들은 범죄 행동에 대한 유전적 단서를 찾고자 애쓰고 있다. 최근에는 '마오아결핍증'(MAOA deficiency)이라 알려진 돌연변이를 근거로 유전적 방어를 모색하고 있다. 이 질병은 충동적인 공격성, 방화, 성폭행, 노출증 등과 연관 있는 것으로 보고되고 있다.

유죄를 방어하기 위한 주장과는 별도로, 유전자와 바람직하지 못한 행동 양상을 연관시켜 범죄를 예방하는 데 사용할 수 있다. 예를 들어 범죄자들의 범죄 관련 유전자를 검사함으로써 이를 이용하여 그들의 반사회적 성향을 치료할 수 있다. 유죄 판결을 받은 범죄자는 기꺼이 이러한 프로그램에 자원할 것이다. 특히 치료가 감형이나 가출옥 허가로 이어진다면 말이다. 성범죄자에게 합성 호르몬인 데포프로베라(Depo-provera)를 사용하는 것도 이와 비슷한 목적에서 이루어진다. 이 호르몬은 테스토스테론을 감소시켜 성욕의 감소와 성적 무능력을 유도한다. 캘리포니아를 포함한 4개 주에서는 이 호르몬의 사용을 가출옥을 위한 '화학적 거세(chemical castration)'로서 법제화하였다.

그러나 유전학자들이 반사회적 행동에 빠지게 하는 직접적인 유전자를 찾아낸다면, 특히 아동에 대한 폭력이나 성범죄 유전자를 찾는다면, 입법자들 입장에서는 할 일이 많아진다. 일반인을 상대로 유전자 조사를 하여 잠재적 범죄자를 찾아내고, 그들이 범죄를 저지르기 전에 치료해야만 한다. 심지어는 신생아도 조사하는 프로그램을 제정해야 할 것이다. 또 유죄 판결을 받은 범죄자의 자녀들은 자동적으로 조사 및 치료 대상이 된다. 이렇게 하는 데 비용이 많이 들고 운용상 어렵다고 판단되면, 입법부에서는 이러한 유전자를 가진 사람은 애를 낳을 수 없게 하는 단순한 조치를 취할 수도 있다.

아이러니컬하게도 이러한 상황은 과거에도 있었다. 유전적 변혁의 시작은 1980년대 초반 법정에서 DNA 증거를 다루면서부터가 아니라, 1870년부터 1950년까지 사회를 풍미했던 우생학(eugenics) 운동이었다.

유전학자들은 이전의 유전학과 사회과학의 반인류적 행위에 그들이 연관되었다는 사실을 피하고 싶어 한다. 부캐넌(Allen Buchanan) 등은 그들의 저서인 '기회에서 선택까지 : 유전학과 정의'(*From Chance to Choice : Genetics and Justice*)에서 다음과 같이 기술하였다. "우생학의 역사는 자랑스러운 것이 아니다. 대개 끼어맞춘 과학, 주동자들이 만들어낸 수많은 인종 편견, 잔혹한 인종분리 프로그램, 그리고 저급 유전자를 가졌다고 판정된 수십만 명에 대한 불임시술을 자행하게 하였다. 더 나쁜 것은, 우생학이 나치가 자행한 '인종학살'(racial hygiene)에 이용되었다는 점이다."

그러나 수많은 사람들이 인식하지 못하는 것은 우생학이 히틀러 일당이 생각해낸 것이 아니라는 점이다. 원래 우생학의 개념은 빅토리아 시대에 영국의 유전학자이자 의사인 갈톤(Francis Galton)이 런던대학교 우생학기록사무소를 '사회의 통제 하에 미래 종족의 질을 육체적으로나 정신적으로 개선시킬 수도 있는 연구기관'으로 규정한 데에서 출발한 것이었다. 이 개념은 대서양을 가로질러 해리만(Harriman), 카네기(Carnegie), 록펠러(Rockefeller) 가문으로부터 재정 지원을 받게 되었다. 1905년 데븐포트(Charles Davenport)라는 생물학 교수가 롱아일랜드의 콜드스프링하버(Cold

Spring Harbor)에 우생학 연구 시설을 갖추고 로울린(Harry Laughlin)이라는 고등학교 교사를 채용하여 독자적인 우생학기록사무소를 설립하였다. 콜드스프링하버연구소는 현재 세계적으로 유명한 유전학 연구소이다. 로울린은 특정 종족 집단은 열등하기 때문에 그들의 이민을 제한해야 한다는 법의 제정에 도움을 주었다. 그는 또 범죄자나 정신장애자에 대한 강제 불임시술법을 제정하고자 하는 주 입법부에서도 활동하였다.

미국 내 우생학 운동은 1927년 연방 대법원의 뷰크 대 벨(Buck v. Bell) 판례에서 절정에 달했다. 단 한 명의 판사만이 반대한 이 판례에서 법원은 버지니아주의 간질 및 정신박약 수용소 재소자에 대한 불임시술법이 위헌이 아니라고 판결하였다. 이로 인하여 각 주에서는 우생학 프로그램의 위법성 여부에 신경 쓸 필요가 없어졌다. 실제로 원고인 버크(Carrie Buck)는 아무런 법적 도움을 받을 수 없게 되었다. 그녀는 수용소에서 '부도덕, 매음, 거짓말'의 기록을 가진 정신박약자이며, 또 다른 정신박약자를 낳은 적이 있고, 그녀 또한 수용소에 있던 정신박약자의 딸이라는 이유로 강제불임시술 대상이 되었다.

법역사학자 롬바르도(Paul A. Lombardo)가 지적한대로, 이러한 얘기는 허황된 것이다. 버크에게는 학교에 다니는 정상적인 아이가 있었다. 증거없이 함부로 주장된 그녀의 부도덕과 매음행위는 그녀가 낳은 사생아 때문이었는데, 사생아는 양부모의 조카에게 성폭행당한 후 얻은 아이였다. 딸은 8살 때에 장염으로 죽어 정신박약과는 거리가 멀다. 그럼에도 불구하고 대법원은 버크에 대한 강제 불임시술을 승인하였다. 주심인 홀름즈(Oliver Wendell Holmes)가 작성한 의견인 '저능아는 3대면 충분'은 그 동안 있었던 가장 수치스러운 판례로 받아들여진다.

그러나 이 판례는 그 목적을 달성하였다. 1931년까지 28개 주에서 강제 불임법을 제정하였으며, 제2차세계대전 전까지 매년 3,000건 이상의 불임시술이 시행되었다. 강제 불임을 위한 지원도 확대되었다. 다로우(Clarence Darrow), 켈러(Gelen Keller), 생어(Margaret Sanger) 같은 진보 개혁자들은 가족계획협회(Planned Parenthood)를 만들어 이 판례를 적극 지지하였다.

강제 불임을 포함하는 히틀러의 우생학 프로그램은 나치가 생각해낸 것이 아니라 미국의 우생학 운동에 크게 영향을 받은 것이었다. 히틀러는 1924년 감방에서 '나의 투쟁'(*Mein Kampf*)을 집필할 때에 이미, 벨 논쟁의 원인이 된 버지니아주 불임시술법을 접하였다. 히틀러는 1933년 권력을 거머쥐자마자 독일 불임시술법을 제정하였는데, 이것은 콜드스프링하버의 로울린이 기초한 이론을 모델로 하였다. 나치는 1934년 로울린에게 하이델베르그 대학교에서 명예학위를 수여하였다.

제2차세계대전이 끝나자 우생학에 근거한 불임시술이 현저하게 줄어들었으나 결코 사라진 것은 아니었다. 1958년에만 조지아, 노스캐롤라이나, 버지니아주에서 574건의 불임시술이 시행되었는데, 이는 미국 전체에서 시행된 시술의 76%에 달한다. 사우스캐롤라이나에서는 1949년에서 1960년까지 104명의 수용자에게 불임시술을 시행하였는데, 이중 102명이 흑인이었다. 1974년이 되어서야 워싱턴 DC의 연방지법은 다수의 아이들이 부모의 동의 없이 불임시술을 당했다는 사실이 알려지자, 보건교육복지부(현재는 보건복지부)에서 불임시술을 지원하는 규정을 무효화시켰다.

이러한 역사적 배경에 반하여, 우리는 행동유전학에 대한 관심으로 불꽃 튀는 논쟁을 하고 있다. 1993년 메릴랜드대학교의 심리학자 바서만(David Wasserman)은 NIH로부터 78,000달러의 연구비를 지원받았는데, 이는 유전학과 범죄 행동에 관한 학술회의를 위한 것이었다. 이 계획은 아프리카계 미국인과 같은 특정 종족의 범법 행위를 타고난 범죄 성향 탓으로 돌리려 하는 얄팍한 속임수에 불과하였다. 바서만과 같은 대학에 근무하는 정신심리학연구소장은 "행동유전학이란 새 옷 속에 들어 있는 낡은 직물과 같다. 사람들이 문제를 일으키는 것은 그 자신의 잘못이며, 그 이유는 나쁜 유전자를 가지고 있다고 얘기하려는 것일 뿐"이라고 반대하였다. 그러자 NIH 원장인 힐리(Bernadine Healey)는 전례 없이, 연구비의 회수 조치를 취해 학술회의를 무산시켰다. 이러한 사태는 최소한 유전자와 범죄를 연관시키는 것 만큼은 행동유전학 분야에서 다루지 말아야 한다는 윤리적 개념을 이끌어 내었다. 그러나 힐리가 사임한 후 바서만은 연구 계획을 보완하여 더 큰 연구비를 받아냈고, 1995년에 학술회의를 개최하였다. 이를 계기로 새로운 연구 분야에 관한 저서와 논문이 쏟아져 나오게 되었다.

강제 불임시술법을 제정하고 인종학살로 치달은 우생학 운동은 크게 보면 바람직하지 않은 형질을 가진 자손의 출생을 막아 보겠다는 것이었다. 이를 '음성우생학'(negative eugenics)이라 지칭한다. 그러나 또 다른 관점의 우생학 운동이 있으니 '양성우생학'(positive eugenics)이다. 이는 바람직한 형질을 지닌 아이들의 출산을 장려하는 방식이다. 이 개념 역시 양 세계대전 사이에 미국에서 우생학 프로그램의 일환으로 시행된 바 있다. 주마다 '건전가족선발대회'(fitter families exhibit)와 '우량아선발대회'(perfect baby competition)를 개최하였다. 학교에서는 학생들에게 '우수유전자'(goodly heritage) 메달을 수여하였다. 미국우생학회는 결혼은 '최고가 최고와'(The best with the best) 하는 것이라는 교회 설교를 지지하였다. 나치는 아리안의 우월성을 내세우기 위해 '레벤스본'(Lebensborn) 프로그램을 이용하여 이 시류에 잘 편승하였던 것이다. 나치의 보건공무원들은 아리안 여성들이 친위대원과 결혼해 애를 낳게 하고, 그 애들을 선발된 양부모 밑에서 양육토록 하였다. 미국에서도 엘리트 집단인 육군항공대를 대상으로 3명 이상의 자녀를 둔 조종사와 승무원들에게 '조종사기금'(Pioneer Fund)에서 현금을 포상하였다.

그렇다면 우생학 운동은 역사 속에 묻힌 과거의 사건일 뿐인가? 사실 오늘의 미국을 비롯한 전세계에는 이 용어 자체를 거론하지는 않지만 양성우생학에 대한 관심이 광범위하게 퍼져 있다. 누구나 건강하고, 능력있고 착한 자녀를 갖기 위해 굉장한 노력을 기울인다. 인터넷에는 미스 월드의 난자나 노벨상 수상자의 정자를 구하는 광고가 실리고 있다. 1979년 그라함(Robert Graham)은 과학, 예술, 체육계에서 이름 있는 사람들의 정자를 모아 보급할 목적으로 정자은행을 설립하였다. 1984년 그라함은 정자를 제공한 선택된 여성들에게서 15명의 아이가 태어났음을 보고하였다.

이러한 양성 우생학을 위한 시도는 물론 정부의 지원을 받고 있지는 않다. 단지 그라함의 정자은행은 면세 혜택을 받았을 뿐이다. 아마도 주 정부의 도움을 받았던 음성적 우생학의 어두운 과거 때문이 아닌가 싶다. 그러나 사법부에서는 의사의 오진 때문에 유전적으로 결함이 있는 아기가 태어난 경우 보상을 하도록 하고 있다. 테이-작스병이나 무뇌아와 같은 치명적인 경우와 다운증후군이나 귀머거리 같은 경우 모두가 보상의 대상이 될 것인지의 여부가 문제될 수 있다. '운명적 출산'(wrongful birth)에 대한 기소장이 사회가 '보다 빨리 응용우생학의 함정에 빠질 수 있다'는 관점에서 기각된 예가 있다.

'운명적 출산'이라 함은 아기가 치명적인 유전병이나 기형을 지니고 있어서 곧 사망할 것이므로 출생 자체가 운명적으로 잘못된 것이므로 사전에 방지되었어야 함을 의미한다. 결함 있는 아기의 출산을 방지하여야 한다는 사람은, 각종 결함이 있는 아기의 출산을 방지하여야 함을 인정한 것이지 생명윤리를 고려한 것은 아니다. 이것이 우생학의 작동 원리이다.

철학자나 윤리학자나 생물학자들 중에 그 누구도 우생학을 전면적으로 거부한 사람은 없다. 위스컨신대학교의 저명한 철학자이자 생명윤리학자인 위클러(Dan Wickler) 교수는 최근에 발표한 논문 '우리는 우생학에서 배울 것이 있을까?'(*Can We Learn from Eugenics?*)에서 우생학의 긍정적인 면을 포용한 듯하다. 그는 논문에서 다음과 같이 기술하고 있다.

> 오늘날 우생학의 원리는 부모가 될 사람들로 하여금 산전진단을 받으면 자신의 아기들이 그럴듯한 유전적 이점을 가질 수 있는 것처럼 유도한다. 미래에는 유전 상담을 받아 유전자치료나 유전증진을 꾀하라고 부추길지도 모른다. 이와 같은 프로그램의 결과, 낙태되는 태아를 제외하고는 그 누구도 희생을 말하지 않는다. 부모들은 모두 좋은 자녀를 얻고자 노력하기 때문에 우생학자들의 사회에 대한 관점과 부모의 애들에 대한 관점은 일치하게 된다.

위클러가 지적한 대로, 인간은 모두 자기 자식이 유전학적으로 좀 더 나아지기를 바란다. 그러나 아직까지는 양성 우생학의 기술이 극히 제한되어 있다. 짧은 기간 내에 대량의 유전적으로 우수한 변종을 만들어낼 고도로 정교한 기술의 칼날은 착상전 배아의 선택기술에 있다. 체외수정으로 유전자검사를 마친 두세 개의 최고 배아만을 착상용으로 선택한다. 그러나 아직까지 현재의 기술은 이에 미치지 못한다. 이는 한마디로 토마스가 말한 '반쪽 기술'의 하나이다.

현재는 반쪽 기술이지만 언제인가는 여러 단계를 거쳐 완전한 기술로 우리 사회에 정착할 수 있을 것이다. 지난 세기의 가장 중요한 의학 기술이었던 페니실린과 소아마비백신을 개발하는데 있어 필수적이었던 단계를 생각해보자. 연구 기간, 생산 과정의 완벽성, 수송 수단 등 모두가 이에 속한다. 우리의 유전자를 개량하기 위한 완벽한 기술을 개발하기 위해서는 최우선적으로 기초 유전학을 숙지해야만 한다. 우리는 유전자, 단백질, 환경, 그리고 인간 형질 사이의 복잡한 연관성을 알아야 한다. 그리고 유전자 발현의 조절과 유전자를 인위적으로 조작하는 방법을 더욱 개발하여야 한다.

유전학에 관한 우리의 지식은 기하급수적으로 증가하고 있으나, 우리는 당장 써먹을 수 있는 기술의 개발에만 매달려 있다. 겔싱어의 죽음으로 유전자치료 실험의 속도가 다소 늦어지고 있으나, 유전자치료를 위한 기술 개발에 대한 인간과 사회의 요구를 억누를 수는 없는 상황이나. 연구용의 인간유전자치료 프로그램이 유전병과의 투쟁에 초점이 맞추어진 반면, 유전공학 기술은 비질병성 형질을 변형시킬 수 있을 정도로 완벽한 수준이다. 이러한 때에 행동유전학에 대한 관심이 증가한다는 것은 많은 과학자들의 의도가 유전자와 비질병성 형질과의 관계를 탐구하고자 하는 데 있음을 보여준다.

한마디로 말하여, 우리는 바야흐로 우리의 유전자를 개량할 수 있는 능력을 반쪽 기술에서 완전한 기술로 전환시킬 수 있는 분수령에 서 있다는 것이다. 제5 혁명을 일으킬 무대는 마련되었다.

5

제5 혁명

사람 유전체를 완전히 해독하는 시기에 이르면 질병이나 비사회적인 행동을 직접 유발하는 유선자는 물론이고, 환경과 상호작용해서 우리의 육신과 영혼을 지배하는 유전자들까지도 모두 알아내게 될 것이다. 이러한 형질 발현과 관련된 단백질들을 알아낸 후에는 이를 이용한 약품을 생산하게 되고, 이 약품은 특정 유전자의 작용을 유도하거나 억제해서 짧은 시간 내에 신체적, 정신적 변화를 일으킬 수 있게 될 것이다. 또한 시험관 아기 시술과 같은 생식 기술을 이용하는 부모의 경우에 비질병성 유전자를 검사해서 최상의 유전자 조합을 가진 아기만을 선택할 수도 있을 것이다. 그리고 유전병을 막는데 사용하는 유전공학 기술을 이용해서 질병에 걸리지 않을 인간을 만들어낼 수도 있을 것이다.

이러한 기술을 이용하여 인류유전학 분야에서 이루게 될 마지막 단계의 혁명은 유전증진을 위한 것이다. 일부 기술은 그 개발 정도가 아직 불완전하지만, 이미 완전히 개발된 기술들도 있다. 이들은 모두 지금까지 인간의 진화를 지배한 전통적인 자연적 방식보다 더 빠르고 효과적으로 인간 진화에 막대한 영향을 미칠 것이다.

유전자를 조절하는 약품, 유전자검사, 유전자조작과 같은 기술은 의학적인 치료 범위를 넘어서 유전증진을 위해 사용될 수 있다. 사실 유전증진을 위한 기술을 단순히 '건강한' 시민들에게 제공하는 의학유전으로 잘못 생각할 수도 있다. 예를 들어, 지능 향상을 위해 정상인이 복용하는 약은 의사가 알츠하이머나 다른 인지적 장애를 치료하기 위해서 사용하는 약과 비슷할 것이다. 유전증진을 위해 노력하는 제약회사, 의료보험회사, 의사 및 이 약의 사용 여부를 결정해야 하는 관계기관은 이를 심각하게 고려해 보아야 된다.

우선, 이러한 처치가 치료를 위한 것인지 혹은 유전증진을 위한 것인지를 무슨 기준을 가지고 구분할 것인가? 이와 같은 구분은 몇 가지 이유에서 중요하다. 예를 들어, 의료보험회사는 질병 치료를 위한 유전자치료는 보장해줄 수 있지만, 유전증진을 위한 처치는 미용 치료와 같은 것으로 간주하여 보험 처리를 해주지 않을 수도 있다.

이 문제와 씨름하고 있는 생명윤리학자와 철학자는 유전자치료를 통해 정상 범위를 넘어서는 효과가 나타날 때를 유전증진으로 간주하자고 제안했다. 그런데 이때 '정상'이란 무엇을 의미하는가? 생물학적으로는 한 집단에서 50% 이상의 빈도로 나타나는 형질을 '정상'으로 간주한다. 우리는 모든 이들의 키를 재고 나서, 평균치를 '정상'이라고 부른다. 그러나 평균보다 작거나 큰 사람들은 모두 '비정상'인가? 아동 발달 전문가들은 대부분의 아이들과 부모들이 당황하지 않도록 통계적인 관례로 정상 범위를 규정한다. 키가 평균을 중심으로 표준편차의 두 배보다 크거나 작을 때 비정상적이라고 정의한다.

이때 비정상 범주에 속한 사람은 전체 집단의 약 5%에 해당한다. 즉, 약이나 유전자조작으로 키가 전체 평균에서 표준편차의 두 배 범위를 넘게 커진다면, 이러한 처치는 유전증진을 위한 것이 된다. 이에 비해 키가 작은 사람은 처치를 해서 그 키가 집단 평균으로부터 표준편차의 두 배 범위 내에 들어오게 되는 경우는 유전자치료에 해당한다고 할 수 있다. 체중이나 지능지수(IQ), 인성에 관한 많은 행동학적 형질이 이러한 관례가 될 수 있다. 그러나 이러한 관례는 전적으로 이의적(異意的)인 것이다. 왜 표준편차의 두 배가 되는 수치에서 정상과 비정상적인 키를 나누어야 하는가? 표준편차의 한 배 범위(이 경우, 전체의 약 30%가 비정상이 된다)이거나, 세 배(실제로 비정상은 0%이다)는 왜 안 되는가? 그리고 해당 인구 집단을 어떻게 정의할 것인가?

프로 농구선수의 평균 키는 보통 사람의 평균 키보다 훨씬 그다. 만약 농구선수의 키가 작다는 이유로 고용하지 않는 행위를 법으로 금지한다면, 농구팀은 불법을 저지르지 않기 위해 농구 선수의 평균 키보다 표준편차의 두 배 더 작은 키를 가진 사람을 고용해야만 하는가? 정상이 의미하는 개념을 바꿈에 따라, 그리고 시대별로 집단을 구성하는 전체 사람들의 특성들이 변화함에 따라 관례 역시 변하게 된다. 키를 크게 하기 위해서 유전증진법을 사용하는 사람들이 많아지면, 집단 구성원의 키는 전체적으로 커지면서 평균값도 증가하게 될 것이다. 한때는 정상적인 키에 속하는 사람이라 할지라도 어느 순간에 그들의 키가 비정상적인 것으로 될지 알 수 없는 일이다.

이러한 개념적인 문제를 피하기 위해서, 어떤 철학자는 형질이 종의 경계를 넘어서는 결과를 낳는 처치만을 유전증진으로 간주하자고 제안했다. 이 기준에 따르면 사람에게 약품을 처치해서 세 번째 팔이 자라게 하는 경우는 유전증진이 된다. 또한 사람의 키를 300cm 쯤 크게 하는 처치도 유전증진으로 볼 수 있지만, 사람의 키를 200cm 정도로 크게 하는 처치는 그렇지 않다. 그러나 이러한 접근 방식으로는 정상인에게 처치를 했더라도 그 결과로 나타난 특징이 종의 정상 범주 내에 속하게 되면 유전자치료로 규정하게 된다. 예를 들어 키가 150cm인 사람을 치료해서 200cm가 된 경우도 유전증진이라고 간주하지 못하는 이상한 일이 생기게 된다.

앞에서 어떤 처치가 유전증진을 위한 것인지, 혹은 치료를 위한 것인지를 확실하게 구분하려는 과정에서 전체 집단의 평균 특성이나 종의 범주에 기반을 두고 정상성(normality)을 논의하면서, 정상이란 개념이 임의적이고 시간에 따라 변한다는 문제점을 드러냈다. 그러나 이를 구분하는 데에는 또 다른 문제도 있다. 예를 들어 예방접종을 해서 면역을 증강시켰다는 것은 정상적인 사람이 갖는 면역의 정도를 넘어 질병에 걸리지 않도록 했음을 의미한다. 그렇다면 예방접종은 유전증진에 해당하는가? 미국립보건원은 혈중 콜레스테롤을 제거하지 못하는 유전병인 고콜레스테롤혈증(hypercholesterolemia) 치료에 유전자치료의 이용을 승인하였다. 이 치료가 성공하게 되면 환자들은 정상인의 범위보다 높은 저밀도 지방단백질(low-density lipoprotein; LDL) 수용체의 기능을 가질 수 있어 결함을 보완하게 된다. 이 실험이 성공적인 것으로 판명된다면, 의료보험회사들은 이 처치가 '치료'가 아니라는 근거로 보험 혜택을 거절할 수 있는가?

철학자인 쥬엉스트(Eric Juengst)는 좀 더 나은 해결책을 내놓았다. 그는 고콜레스테롤혈증 치료를 위한 유전자전달이나 예방접종은 그 목적이 질병을 치료하거나 예방하는 것이라는 점에서 진정한 유전증진과 구별될 수 있다고 제안한다. 그래서 그는 처치를 하는 목적이 질병의 치료나 예방에 있다면 그것은 치료법이라 할 수 있고, 그렇지 않다면 유전증진이라는 가이드라인을 제시하였다. 쥬엉스트는 초점을 '정상'에 두지 않고 '질병'에 둠으로써 예방접종과 고콜레스테롤혈증과 같은 예를 분명히 구분할 수 있었지만, 개념적 문제를 완벽하게 해결한 것은 아니다. 우리는 여전히 어떤 것이 '질병'인지 아닌지를 결정해야 한다. '정상'의 의미를 따질 때처럼, 질병이란 개념도 어느 정도 관례의 문제이며 시간에 따라 변할 수 있다. 최근까지 정신병으로 간주된 동성애에 대해 생각해보라. 쥬엉스트의 제안은 이와 같이 제한적이기는 하지만, 아마도 유전자치료와 유전증진을 구별하는 경계를 정의하는 가장 좋은 근거가 될 것이다.

쥬엉스트의 접근으로 '증진'을 '치료'와 구분할 수 있다면, 유전증진에서 '유전적'으로 만드는 것은 무엇인가? 특정 DNA를 유전자에 삽입하는 유전자조작으로 인한 변화는 확실하게 유전적이라고 할 수 있다. 논의의 여지가 있기는 하지만, 유전검사와 함께 보조 생식 기술을 적용한 경우도 유전증진에 해당한다. 체외수정을 원하는 부부가 유전자검사 결과를 근거로 질병에 걸릴 위험이 없는 배아를 선택하는 경우가 이의 예라 하겠다. 또한 인류유전학적 지식을 이용해서 인간의 업무 수행 능력이나 정신을 변화시키는 약을 개발하거나 제조한 경우, 이 또한 유전증진에 포함시켜야 한다. 그리고 유전자의 염기순서 조사를 통해 그 역할이 밝혀진 단백질의 기능을 유전공학 기술로 향상시키는 약이나 재조합DNA도 모두 유전증진으로 간주해야 한다.

이렇게 광의로 유전증진을 정의 한다면, 유전증진은 이제 더 이상 공상과학이 아니라 현실이다. 예를 들어, 일부 운동 선수들은 체력과 지구력을 향상시키기 위해 적혈구생성소(erythropoietin ; EPO)를 투여하고 있다. 적혈구생성소는 인체 내에서 자연적으로 합성되는 물질로 산소를 운반하는 적혈구의 수를 늘려주는 효과가 있다. 적혈구가 많을수록 혈액을 통해 더 많은 산소가 근육에 전달되어 근육의 활동을 증대시킬 수 있으므로 운동 선수들이 이 물질에 대해 관심을 가질만하다. 얼마 전 유전학자들은 재조합 DNA기술을 사용해서 인공적으로 적혈구생성소를 제조하기 시작했으며[1], 이것은 유전증진을 일으키는 사례가 되었다.

유전증진을 유발하는 또 다른 약품으로 사람생장호르몬을 들 수 있다. 생장호르몬은 원래 뇌하수체에서 분비하는데, 미식품의 약국에서는 뇌하수체 이상에 의한 왜소증을 치료하는데 이를 사용하도록 승인했다. 1980년대까지만 해도 이 호르몬의 공급량이 매우 부족했다. 그러나 제약회사들은 재조합DNA기술을 이용하여 합성 생장호르몬을 생산함으로써 공급 부족의 문제를 해결했다. 의사의 처방으로 비교적 싼값으로 생장호르몬을 구할 수 있게 되면서, 뇌하수체 이상에 의한 왜소증은 아니지만 키가 작은 아이를 둔 부모들이 의사에게 이 호르몬을 처방해달라고 요청하기 시작했다. 심지어는 매우 키가 큰 아이를 둔 부모들도 생장호르몬을 요구했다는 보고가 있다. 이 부모들은 생장호르몬 투여로 자신의 아이가 유명한 프로 농구선수가 되기를 원했던 것 같다.

현재 재조합DNA기술로 만들어진 약품 외에도 유전증진의 예는 많다. 체외수정으로 아기를 갖는 부부는 '착상전 진단(preimplantation diagnosis)'을 받아서 심각한 유전병이나 유전적 이상을 가진 배아가 착상되지 않도록 할 수도 있다. 앞 장에서 언급했듯이, 현재 헌팅턴무도병이나 알츠하이머병처럼 나이가 들어 발병하는 유전병의 경우, 질환을 일으키는 유전자를 가진 배아를 확인하여 착상을 못하게 하고 있다. 아직은 체외수정을 하는 부모들이 지능이나 외모와 같은 형질에 대한 유전자검사의 결과를 가지

---

1) 미국에서는 제약회사 Amgen사가 EPO로, 우리나라에서는 제일제당에서 에포카인이라는 제품명으로 유전자조작을 통해 생산하고 있다.

고 착상할 배아를 선택하지는 않지만, 이와 같은 비질병성 요소에 근거한 생식적 선택도 가능하며, 실제로 일부에서는 진행하고 있다. 예를 들어, 비질병성 형질을 근거로 난자와 정자 공여자들을 선택하는 일은 비일비재하다. 심지어 키가 크고 운동을 잘 하거나 예비대학 입학시험(SAT)에서 1400점 이상 받은 여성이 난자를 공여하면 5만달러를 제공하겠다는 광고도 있었다. 제3장에서 언급했듯이, 1976년 그라함은 천재들로부터 정자를 수집한 후 이를 제공하는 정자 은행을 설립하기도 했다.

생식적 선택을 내리는데 있어 중요하게 부각되는 또 다른 비질병성 형질로는 성별을 들 수 있다. 불임병원들이 선전하는 광고 중에는 '정자구분'이라는 기술이 있다. 이 기술은 부모가 원하는 성별의 정자를 골라내어 난자와 수정시키는 것이다. 현재 일부 병원은 유전자검사를 통하여 착상진 배아의 성별을 구별하고 있다. 성별 때문에 태아를 낙태시키는 부모가 있다는 보고가 있으며, 특히 이러한 시술은 딸을 경제적인 짐으로 여기는 인도와 같은 나라에서 널리 성행하고 있다.

업무 수행 능력을 향상시키기 위한 사용하는 약품은 그 수가 많지 않으나, 배아의 성을 선택하기 위해서도 이용되고 있다. 이는 비질병성 형질에 대한 대단위적 유전자검사 혹은 유전증진을 위한 유전자 삽입이나 제거와는 상당히 다르다. 또한 서론의 시나리오에서 언급한 구출 전문가와 같은 인간을 창조하는 것과도 더욱 거리가 멀다. 따라서 제5 혁명에 대해 회의적 시각을 갖고 있는 사람들은 우리가 유전증진에서 할 수 있는 만큼은 이미 다 해버렸다고 주장한다. 일부에서는 중요한 부분에서 비약적 발전이 있을 수 있다는 가능성은 인정하지만, 이러한 비약이 가까운 미래에 일어날 것이라고는 생각하지 않고 있다. 이들은 인류 유전학에서의 제5 혁명이란 공상과학의 영역에서나 존재할 만한 것이어서,

윤리나 과학 정책에 대한 토론에서 다른 유전적 쟁점들과 함께 다룰 필요가 없다고 말한다.

그러나 이러한 근시안적 견해는 매우 위험하다. 빠른 속도로 발전하는 유전학을 보면 이러한 회의적 시각이 틀렸음을 깨닫게 된다. 빠른 속도로 염기순서를 결정하는 기계가 개발되고 더욱 정교한 컴퓨터 프로그램이 발달됨에 따라 유전정보 혁명이라 할 수 있는 유전자 사이의 상호 작용을 이해할 수 있게 되었다. 또한 유전자전달 기술의 발전으로 치료 혁명을 가시화시켰다. 우리 사회에서 유전자치료의 발달을 요구하는 정도가 엄청나게 크다는 점과 유전자치료를 위해 사용하는 이러한 기술들은 유전증진에도 이용될 수 있다는 점을 생각해보라. 우리는 유전자 이상을 진단하는 검사법을 발견하거나 유전병 치료 속도를 가속화시키려고 엄청난 자원과 두뇌들을 투입하고 있다. 더욱이 앞에서 강조했듯이 유전학과 인공두뇌학 분야에서 이루어진 발전들이 합해지면서 이러한 노력은 전례 없는 강력한 힘을 발휘하고 있다. 이제 우리가 말하고자 하는 바는 분명하다. 아무도 유전증진에 대한 연구에 관심이 없다고 해도, 의학 분야에서 유전자치료의 진보는 계속 진행될 것이고, 그 결과로 유전증진 기술 또한 발달될 수밖에 없다.

여러 벤처 기업이나 기업적 사고를 가진 유전학자들은 유전증진 연구에 흥미를 갖게 될 것이다. 결국 유전증진에 대한 요구는 유전자치료에 대한 요구만큼 증대될 것이다. 사실 인간의 능력을 증진시키는 기술이 완벽하게 되면 그 상업적 가치는 엄청나게 클 것이다. 이 세상에 절대적 부자도 없지만 절대적으로 가난한 사람도 없다는 말이 있듯이, 절대적으로 잘 생긴 사람이나 절대적으로 지적인 사람도 있을 수 없다. 아인슈타인이 갈파했듯이 모든 것은 상대적이다(All relative!). 사실 지금까지 비질병성 형질에 대한 유전자를 확인하는 데 있어 거의 진전이 없었고, 아무도 유전증진에 목적을 둔 유전자조작을 시도하지도 않았다. 특히 연방 정부가 막대한 연구 자금을 유전병 치료를 위해 지원하고 있기 때문에, 연구의 초점이 이쪽으로 맞추어져 있는 것은 당연한 일이라 할 수 있다. 그러나 연구의 초점을 이동시키는 것은 단지 시간의 문제이다. 인류유전학에서 치료에 대한 문제가 해결되기 전에 기업 정신이 강한 연구자들은 비질병성 유전자로 관심을 돌리게 될 것이다.

회의적 시각으로 보는 사람들 중 일부는 유전증진 기술이 개발될 것임을 인정하지만, 이것이 사회에 미치는 영향은 거의 미미할 것이라고 주장한다. 이들은 우리 사회에서 유전증진을 위한 노력은 전혀 새로운 것이 아니라고 주장한다. 사람은 누구나 다양한 방법으로 그들 자신과 자녀들을 향상시키려고 노력해왔다. 교육이 그 분명한 예이다. 수많은 부모들은 많은 비용이 들더라도 자녀를 공립학교보다는 사립학교에 보내려고 한다. 비슷한 이유로 사람들은 다이어트를 하고, 헬스클럽에 다니며, 속독이나 기억력 향상을 위한 교육 과정에 등록한다. 사람들은 고용 기회나 사회적 지위나 부를 높여줄 짝을 찾아서 신분 상승을 꾀하는 결혼을 하려고 한다. 그들은 자녀들이 과외 공부를 하도록 압력을 가하며, 피아노나 바이올린 연습을 하지 않으면 혼낸다. 아주 심하게 극단까지 가는 사람도 있다. 자신의 딸을 중학교 치어리더 팀원이 되게 하기 위하여, 한 어머니는 살인청부업자를 고용하여 다른 치어리더 아이의 어머니를 살해하여 10년간 복역한 경우도 있었다. 한 부부는 아이를 맨해튼에 있는 상류층의 유치원에 입학시키려고 입학 면접 전에 아이에게 오크라[1]를 계속 먹였다. 부모들은 아이가 좋아하는 음식에 대한 질문을 받으리라 예상했고, '오크라'라고 대

1) 오크라(orkra) : 아욱과의 식물로 꼬투리 모양의 열매를 식용함

답하면 입학에 유리할 것으로 생각한 것이다.

현대인들은 생물학적 방법에 의존하여 자기 향상을 꾀하고 있다. 사람들은 운동과 인지 능력의 증진을 위해 탄수화물이 풍부한 음식으로부터 영양소를 강화한 파워바(power bar) 및 카페인에 이르기까지 다양한 식품과 약품을 이용한다. 또한 사람들은 자신들의 용모를 고치기 위해 고통을 감수하면서 유방확대 또는 축소수술, 지방흡입 수술, 코 성형 수술, 주름 제거 수술 등과 같은 여러 가지 성형수술에 많은 비용을 기꺼이 지불한다. 이들은 또한 자녀의 치아 교정에 수천 달러를 지불하는 것을 마다하지 않는다. 1992년을 기준으로 5년 후인 1997년도에는 지방흡입 수술을 받은 사람이 215% 정도로 증가했다. 자신의 지위 향상을 위해 자신보다 높은 계층의 사람과 결혼하는 등의 노력은 어떻게 보면 생식적 지위 향상을 위한 노력의 일환으로 간주할 수도 있다. 왜냐하면 이러한 노력의 효과가 결국에는 다음 세대의 유전자 조성에 영향을 미칠 수 있기 때문이다.

회의론자들은 자기 향상을 위해 치열하게 노력하는 이러한 오래된 행동에 대해 유전증진이 그렇게 중요한가라는 질문을 던질 수도 있다. 올림픽에서는 선수들의 혈액 도핑 여부를 검사하고, 일부 미인대회에서는 참가자들이 성형수술을 받지 않았음을 확인하는 절차를 두기도 한다. 자기 향상이 유전학과 관계된다면 우리는 왜 이것에 지대한 관심을 보이는 것일까?

이 물음에 대한 답은 "유전공학 기법의 엄청난 잠재력 때문이다."라고 말할 수 있다. 첫째, 자기 향상을 위해 현재 우리가 이용할 수 있는 그 어느 방법보다 유전증진은 확실히 효과적이다. 사람들은 체중을 줄이기 위해 식이요법 혹은 지방제거술을 이용하고, 용모를 고치기 위해 화장품을 사용하고 성형수술을 받는다. 그러나 속독법, 기억력 증진법, 사회에서 요구하는 각종 기술을 가르치는 강의를 듣고, 근육을 발달시키기 위해 헬스장에 가는 행동은 상당히 진보된 방법이기는 하지만, 끊임없이 반복되는 노력이 필요하다. 더구나 이러한 노력은 외형상 특징의 일반적인 한계를 벗어나지 못하며, 성형수술을 제외하고는 그 효과도 일시적이다. 경기력 향상을 위해 스테로이드와 같이 금지된 약물을 사용하는 운동 선수의 경우에도 그 효과는 아주 제한적이다. 스테로이드를 사용한 역도선수는 벤치프레스를 고작 8kg 정도 더 들어올릴 수 있다. 산소운반 능력 향상을 위해 정맥을 통해 혈액을 주입하는 혈액 도핑은 그 효과가 상당하여 15~30%의 지구력 향상을 기대할 수 있다. 암페타민은 투포환선수의 경우 3~4%, 육상선수는 1.5%, 수영선수는 0.6~1.2% 정도 경기력을 향상시킨다. 이 정도의 경기력 향상이면 경기에서 승리하는데 충분할지도 모르지만, 이러한 변화는 일시적이다.

그러나 유전적 변형은 보다 근본적이며 영구적인 변화를 초래한다. 체중을 늘리거나 줄이기 위해 식사를 조절할 필요 없이 아예 대사율을 변화시킴으로써 소기의 목적을 달성할 수도 있을 것이다. 유전적 변형에 의한 힘, 체력, 지구력의 증가는 통상적인 개인차를 훨씬 상회하며, 세계적인 운동 선수의 평균치까지도 넘어설 정도로 엄청날 수 있다. 인지 능력의 증진은 상상을 초월하는 지능, 기억력 및 기타 지적 인지 능력의 변화를 초래할 수 있다. 사회적으로 성공하기 위해 갖추어야 할 특성인 카리스마, 유머 감각, 쾌활성, 창의력 등도 유전적 변형에 의해 상당 수준 증진시킬 수 있을 것이다.

그러나 유전증진의 경우, 앞서 열거한 괄목할만한 변화를 뛰어넘어 보다 야심적인 목표를 추구할 수 있다. 성배를 찾는 것과 같이 이러한 시도가 궁극적으로 추구하는 목표는 노화 과정 그 자체를 정복하는 것일 것이다. 가까운 장래에 유전학은 노화와 함께 찾아오는 만성 및 급성 질환을 치유할 수 있는 약품이나 기타 의료 기술의 개발을 가능하게 할 것이다. 유전공학은 세포 수준에서 노화 과정을 정지시킬 수 있을 것이다. 만약 노화 과정을 정지시킬 수 있다면 세포의 수명은 무한정으로 늘어날 수 있을 것이고, 그 시기를 젊은 시기로 잡는다면 계속 청춘기의 삶을 사는 것도 가능할 것이다.

이 야심 찬 희망이 가까운 장래에 달성되기는 어렵겠지만 유전적 변형은 종래의 자기 향상 방식과 비교해 볼 때 근본적으로 다르다. 유전적 변형은 한 번에 여러 가지 특성을 변화시킬 수 있다. 일반적으로 사람들은 얼굴의 모습, 체중, 기억력 등 한두 가지 정도의 특성을 개선하는데 신경을 쓴다. 한 번에 너무 많은 것을 이루려고 하다 보면 오히려 실패하기 쉽다. 한 번에 몸의 여러 부분을 성형하는 복합 성형수술은 극히 드물게 수행된다. 간혹 사람을 깜짝 놀랄 정도로 변신시키는 것도 알고 보면 화장, 머리 모양, 의상 등을 통해 이루어진다.

그러나 유전적 변형은 도매시장과 같다. 유전공학 약품 또는 유전자 주입과 같이 체세포에 적용할 수 있는 방법은 다양하다. 다만 이 방식의 문제점은 고비용, 공급을 제한하는 생산의 기술적 한계, 효율의 감소나 원하지 않는 부작용을 가져올지도 모르는 변형 방식간의 상호 작용 등이다. 유전증진을 도모하기 위해 배아를 선택함에 있어 선결해야 할 과제는, 가장 희망하는 유전자만을 재조합한 배아를 자궁에 착상시키고, 유전병의 위험성을 배제하는 방법을 개발하며, 자연 상태에서 빈번하게 일어나는 유전자 재조합의 선택성을 방지하는 것이다. 유전자 전달 기술의 발달에 힘입어 유전적 특성을 바꾸는 일에 대한 기술적 문제점은 머지않아 해결될 수 있을 것이다.

사회가 개인의 여러 가지 특성을 혁신적으로 변형하는 것을 허용한다면, 유전증진에 의해 특정 개인은 타인에 비해 월등히 우월한 특성을 갖게 될 수 있을 것이다. 현재의 자기 향상 방식은 마이클 잭슨과 같이 극히 예외적인 경우도 있기는 하지만 실행 능력과 인지 능력을 포함하여 용모를 어느 정도까지는 바꿀 수 있다. 그러나 유전적 방식은 한 사람을 아주 이상적인 스타일로 변모시킬 수 있다. 예를 들자면 강하고 키가 크며, 수려하고 지성적이며, 매력 있고 창의적이며, 언제나 같이 있고 싶은 사람과 같이 말이다. 정치철학자인 왈저(Michael Walzer)가 말한 다음 구절을 생각해 보자.

> 여기 우리를 대표하는 정치가로서 우리가 자유롭게 선택한 어떤 사람이 있다. 그는 과감하고 창의적인 사업가이다. 그는 젊었을 때 과학을 전공했고, 시험에서는 항상 놀랍도록 좋은 점수를 받곤 했으며, 여러 가지 중요한 것을 발견했다. 그는 전쟁에서 누구보다 용감했으며 최고의 훈장을 받곤 했다. 인정 많고 믿음을 주는 성격의 그 사람을 우리 모두가 좋아했다.

왈저는 위와 같은 전반적인 변화가 한두 가지 사회적 영역에서의 강점이 아닌 사회 영역 전반에 걸친 모든 부분에서의 강점임을 지적하고 있다. 우리는 가끔 다방면에 재능을 가진 사람을 보곤 한다. 그러나 그런 사람들은 아주 드물며, 일반적으로 그들의 강점은 정치와 재력 또는 명성 등 거의 한 두 가지 영역에 국한되어 있다. 유전증진된 사람은 왈저의 표현을 빌리자면 개인 능력과 특성에 있어 평등적 분배의 틀을 뛰어 넘을 수 있다. 이들은 사회의 한 두 영역이 아닌 정치 활동, 연예 활동, 경제 활동 등의 모든 영역에서 월등한 능력을 발휘하게 된다.

모든 사람에게 유전증진의 기회가 주어진다면 유전적으로 강화된 사람이 사회의 모든 영역에서 우월한 능력을 갖게 된다는 것이 큰 문제는 되지 않을 것이다. 마치 테니스 선수들이 큰 라켓을 사용하면서 모든 경기의 양상이 변하는 것처럼, 또는 유리섬유 재질의 장대를 사용하면서 장대높이뛰기의 기록에 큰 변화가 일어난 것처럼, 사회 전체로 보아 득이 되는 경쟁이 단지 한 차원 높은 곳에서 이루어지는 것일 뿐이다. 자연적 재능에 따라 개인차는 그대로 존재하기 마련이다. 유전증진에 의해 모든 사람의 키가 몇 십 cm씩 커진다 하더라도, 어떤 사람이 프로 농구선수가 되려면 그 사람의 원래 키는 다른 사람에 비해 더 커야한다는 사실에는 변함이 없는 것이다. 유전증진에 의해 근육을 더욱 발달시킬 수는 있지만 열심히 운동하면 근육은 더욱 더 발달할 것이다.

그러나 유전증진의 혜택이 모두에게 돌아가기는 어려울 것이다. 예를 들어 유전공학 약품을 사용하여 당대에만 적용되는 개체증진을 시도한다고 했을 때, 비용은 적어도 초기에는 매우 높을 것이다. 제약회사는 빠른 시간 안에 연구개발 비용을 회수하고 특허에 따른 배타적 이익을 실현시킬 수 있도록 상품 가격을 책정할 것이기 때문에 가격은 시간이 지나면서 점차 낮아지겠지만 절대 가격은 상당히 고가일 가능성이 크다. 예를 들어 유전자재조합 방법에 의한 단백질 생산 방법이 개발된 후 10년이 훨씬 넘은 시기인 1998년에 체중이 20kg인 아이가 생장호르몬 치료를 받기 위해서는 연간 14,000달러의 비용이 소요되었다. 가장 효과적이고 오래 지속되는 유전증진은 시험관 아기를 출산하는 방법을 이용하는 것인데, 이에 따른 비용은 유전증진은 차치하고 시험관 아기 시술 그 자체만으로도 약 37,000달러가 소요된다. 미국의 경우 요즈음 약 40,000 쌍의 부부가 생식 보조 시술의 도움을 받아 아기를 얻고 있다. 유전증진이 가능해지면 그 수요가 늘어나겠지만, 엄청난 비용은 그 자체로서 범용화에 장애 요소가 될 것이다.

반면에 현재 우리가 이용하는 자기 향상 노력은 보편적으로 실행에 큰 어려움이 따르지 않는다. 2천만 명 이상의 미국인이 사설 건강 증진 및 스포츠 시설을 이용하고 있으며, 매년 50만 명 이상이 지방흡입, 유방확대, 쌍꺼풀, 피부미용, 주름제거 시술을 받고 있다. 빈곤층에게는 어렵겠지만 비용은 일반적으로 5,000달러 이하이다.

전통적인 자기 향상 방식에 비해 유전증진 방식의 근원적인 차이점은 생식세포에 영향을 줄 수도 있다는 점이다. 성인에게 적용하는 체세포 치료는 당대 그 자신에게만 영향을 미친다. 신체적 형질과 비질환성 형질은 성년이 되면 고정된다. 체세포 치료는 성년 시 체중이나 행동에 변화를 가져올 수 있으나 얼굴 모습이나 키와 같은 특징에 큰 변화를 초래하지는 못한다. 더구나 체세포 치료는 대부분 그 효과가 한시적이며 효과를 지속시키기 위해서는 반복적인 처치가 필요하다. 보다 획기적인 변화는 유전자치료와 같이 변형된 유전자를 주입함으로써 기대할 수 있다. 그러나 이 경우에도 자신이 본래 가지고 있던 유전자에 의해 대부분의 기능이 조절된다.

아이들의 몸과 마음은 어른에 비해 보다 급격하게 발달하므로 어린 시기에 유전증진을 시행하면 좀 더 효과적일 수 있다. 키의 변화에 있어 사람생장호르몬은 어른에게는 별로 효과가 없지만 아이들에게는 큰 효과가 있다.

보다 확실한 증진 효과는 세포가 아직 고도로 분화되기 전인 초기 배아 시기에 시행되었을 때 얻을 수 있다. 왜냐하면 이 시기에 시행하면 몸의 모든 부분에 그 효과가 골고루 미칠 수 있기 때문이다. 앤더슨과 잔자니가 앞 장에서 제안했던 바와 같이 초기 배아 시기에 변형된 유전자를 주입하면 변형된 유전자가 난자나 정자가 될 세포로 들어가게 되고, 이에 따라 다음 세대에 이 유전자가 전달됨으로써 증진 효과를 기대할 수 있다. 말하자면 생식세포 유전증진을 일으킬 수 있다는 것이다.

체외수정 방법을 이용한다면 보다 괄목할만하게 생식세포에 유전증진을 일으킬 수 있다. 시험관에서 난자를 수정시키고 8세포기가 되었을 때 할구(割球) 하나를 떼어내고, 이것의 DNA를 변형하여 유전증진을 일으킬 수 있다. 유전적 변형을 거친 이 세포를 다시 분열하도록 한 다음 착상시켜 한 개체로 발생시키면 명실상부하게 유전자가 변형된 개체가 될 것이고, 이 개체의 생식세포를 포함한 모든 세포는 변형된 유전자를 물려받게 될 것이다. 따라서 이 아이가 커서 다시 아이를 낳으면 그 아이도 변형된 유전자를 갖게 될 것이다.

다음 세대에는 거의 효과를 미치지 못하는 종전의 자기 향상 방식과 달리 생식세포을 통한 유전증진 방식은 사회적 장점을 다음 세대에 확실하게 전달할 수 있다. 그런데 문제는 상류층과 부유층의 자녀들은 다른 계층의 아이들에 비해 그 혜택을 십분 누릴 것이 확실하다는 것이다. 요즈음 유명한 몇몇 배우들이 과거 유명 배우들의 자식인 것처럼, 개인의 사회적 지위가 자신의 재능뿐만 아니라 인간 관계에 많은 영향을 미친다는 사실을 상기해 볼 필요가 있다. 그러나 유전증진에 의해 얻게 되는 이점은 실로 엄청난 것으로서, 아직 세습적인 귀족의 개념을 수용하는 일부 사회는 예외적이겠으나 단순히 가계의 후광에 의해 얻을 수 있는 특권보다 훨씬 클 것이다.

유전증진이 종전의 자기 향상 방식에 비해 또 다른 사회적 혼란을 야기하거나 가중시킬 가능성이 없다고 주장하는 사람들은 잘못된 견해를 가지고 있음이 명백하다. 유전증진은 보다 광범위한 특성에 영향을 미칠 것이며 훨씬 큰 능력의 향상을 초래할 것이다. 또한 이 방법은 훨씬 더 다양한 종류의 특성을 한꺼번에 바꿀 수 있을 것이다. 그러나 이 방법은 비용이 많이 들어 부유한 계층의 전유물이 될 가능성도 높다. 유전증진된 특성을 보유하게 된 사람은 다른 사람에 비해 엄청난 능력을 갖게 될 것이며, 이에 따라 사회생활 전반에 걸쳐 특권을 누리게 될 것이다. 우월한 능력은 생식세포를 통한 유전증진에 의해 자식에게 전달될 수 있을 것이다. 또한 유전증진은 수명을 연장해 줄 것이며, 늘 젊음을 유지할 수 있도록 해 줄 것이다.

자기 향상을 위해 우리가 현재 하고자 하는 것보다 더 절박한 것은 없다. 그러나 우리는 유전증진이 가져올 가장 중요한 문제인 잠재적 결과와 그 도전에 대해 충분히 생각해 보아야 한다. 유전증진에 따른 생식세포의 유전적 변이는 이 지구상에 존재하는 사람들에게서 볼 수 있는 차이보다 훨씬 커져서 가히 신종의 출현에 비견할 수 있을 것이다. 기존의 사람보다 훨씬 더 강하고, 수려한 용모를 지녔으며, 지적이고, 무한한 수명을 가진 새로운 종의 출현을 상상할 수 있다. 따라서 이 새로운 생명체는 더 이상 사람, *Homo Sapiens*라고 부를 수 없을 것이다.

물론 이 견해에 반대되는 주장도 제기되고 있다. 일부 사람들이 유전적으로 향상될 수는 있겠지만, 이것으로 종이 변화할 수는 없다고 주장한다. 유명한 과학 학술지인 사이언스에 게재된 1999년도의 논문에서 거든(Jon W, Gordon) 교수는 유전증진이 인류의 진화에 영향을 미칠 수 있으리라는 주장은 과학적으로 지지를 받기가 어려우며, 유전자 이식은 인류의 유전자 구성에 미미한 영향을 미칠 뿐이라고 주장한 바 있다. 거든 교수는 그 이유를 유전적으로 변형된 극소수 사람들의 유전자가 전체 인류의 유전자 풀에서 차지하는 비중이 극히 일부이기 때문이라고 설명했다.

매달 이 지구상에는 1,100만 명의 아기가 태어난다. 여기에 유전적으로 변형된 한 사람이 더해진다고 해도 전체 유전자 빈도에는 큰 변화가 일어날 수 없다. 더구나 유전증진된 사람이 20세가 되어 자식을 낳는다 하더라도 그 기간 동안에 전혀 유전적으로 변형되지 않은 26억 4천만 명의 아이가 태어나게 된다. 가까운 장래에 그렇게 될 가능성은 희박하지만 유전자 이식이 1년에 1,000건씩 이루어진다고 가정하더라도 단지 13만2천명 당 1 명꼴로 유전증진된 사람이 있게 될 것이다. 따라서 인간을 유전적으로 증진시키려는 어떠한 노력도 전체에 미치는 영향은 자연 법칙에 의해 그 효과가 미미할 따름이다.

유전증진이 모든 사람에게 적용될 수 없다면 전체 인류의 유전적 조성에는 큰 변화가 없을 것이고, 그러한 상황에서라면 거든의 주장이 타당성을 지닐 수 있다. 그러나 우리는 유전증진이 모든 것을 바꾸어 놓을 것이라고 주장하는 것은 아니다. 거든의 계산은 변형된 그룹의 범위가 작을 것이고, 그들이 다양할 것이라는 가정에서 출발하고 있다. 이 지구상에 인류는 계속 존재할 것이다. 그러나 인류는 유사한 새로운 종과 함께 공존할 것이다.

요약하자면 유전증진의 잠재력은 엄청나며, 이것이 몰고 올 파장은 상상을 초월할 것이다. 이 새로운 도전을 맞이하기 위해 우리는 이것을 보다 면밀하게 살펴 볼 필요가 있다.

6

안전성과 유효성

앞장에서 언급한 바와 같이 유전증진은 잠재적으로 인간의 능력과 형질에 중요한 변화를 가져올 수 있다. 그러나 일부 회의론자들은 유전증진에 관한 이야기를 단지 지나친 상상일 뿐이며 증진이 유용하기보다는 무익한 불발탄이 될 것이라고 생각한다.

문제는 누구의 견해가 옳은지 어떻게 알 수 있는가이다. 사실 유전증진이 유용한지를 어떻게 알 수 있을까? 우리는 약을 복용한다거나 수술을 받는 것과 같은 생물학적인 개입이 효과적인지를 어떻게 알 수 있는가?

인간생활에서 일어나는 수많은 의료 개입의 문제에 대한 답은 간단하다. 우리는 목적을 갖고 약을 처방하고 치료를 하며, 그 최종 목표에 도달했는지를 확인할 수 있다. 최종 목표는 상황에 따라 열을 떨어뜨리는 것, 갑작스러운 사망을 막는 것, 막힌 동맥을 뚫어주는 것, 또는 혈액의 HIV 양을 줄여주는 것이 될 수 있다. 이러한 최종 목표는 체온계, 혈류 측정, 진단, 검사와 같은 상당히 객관적인 방법으로 측정할 수 있다.

우리는 여러 유전증진 양상에 대해서 명확히 규정할 수 있는 최종 목적지를 알 수 있다. 힘은 어느 정도 무게를 들어올릴 수 있는지로 측정할 수 있다. 지구력은 얼마나 멀리 뛰는지 또는 걸을 수 있는지로 측정할 수 있다. 시력은 시력측정표에 있는 어떤 크기의 글자를 읽을 수 있는지로 측정될 수 있다. 기억력 및 지적인 능력도 측정할 수 있다. 지적인 능력을 측정하는 대표적인 방법인 IQ에 대해 상반된 의견이 있지만, 기억력의 경우 상황에 따라 적절히 판단할 수 있다. 키를 재기 위해서는 줄자만 있으면 되므로 키의 문제는 언뜻 보기에 쉬워 보인다. 그러나 앞 장에서 사람생장호르몬에 대해서 언급했던 바와 같이, 키를 키운다는 것은 사람의 키를 크게 하는 것일 수도 있지만, 원래 본인이 클 수 있는 키를 빨리 크게 하는 것일 수도 있다. 이들 중 하나 또는 두 가지 모두를 유효성의 증거로 생각할 수 있을까?

잘 규명할 수도 없고 측정하기 어려운 잠재적인 증진의 최종 목표도 있다. 예를 들어, 우리는 아름다움이나 카리스마를 어떻게 측정할 수 있을까? 아름다움의 경우, 우리는 성형외과 의사가 쓰는 방법을 사용할 수도 있다. 환자에게 자신이 원하는 코나 유방의 모양을 선택하게 한 뒤, 수술 후 나올 결과와 비교해보는 것이다. 카리스마의 경우, 카리스마가 증진된 사람이 다른 사람에 미치는 효과를 측정해 볼 수 있는 기술이 필요하다.

유전증진에 의해 생성된 육체적 또는 정신적인 변화를 상대적으로 측정해 볼 수 있는 방법이 있다 할지라도, 이로서 유효성을 결정하기에는 무리가 있다. 논란의 여지는 있지만, 증진의 목적은 단순히 IQ나 힘을 증가시켜 일류대학교에 가거나 올림픽 역도 경기에서 메달을 따도록 하는데 있는 것이 아니다. 단기간 또는 즉각적인 효과로 장기적인 목표에 달성할 수 있는지를 알 수는 없다. 그 대신 우리는 장기적인 목표를 설정하고, 성공의 개념으로 증진의 영향을 평가할 수는 있다. 여기에서 증진과 혜택을 얻는 것 사이에는 시간적인 차이가 있어서, 증진이 실질적으로 유용한지 아닌지를 규명하는 데에는 차이가 있게 된다. 더욱이 궁극적인 목표는 사람마다 다르다. 따라서 다양한 사람을 대상으로 얻은 결과를 묶어 전체적인 결과라고 단정하기는 어렵기 때문에 유효성을 측정하는 것은 어렵다. 다수의 사람에게서 증진의 효과를 관찰하지 않고는 우연히 발생하는 결과를 배제할 수 있는 통계학적인 신뢰도를 얻는 것은 어렵다. 수많은 사람들이 유전증진 없이도 일류대학교에 들어가고 있지 않은가?

이러한 문제들이 유전증진의 유효성을 측정하려는 앞으로의 노력에 대한 걸림돌이 될 수 있겠지만, 전혀 새로운 것은 아니다. 우리는 이미 이런 문제들에 직면해 있었다. 성형수술을 받은 후, 붕대를 풀고 나서 환자들은 그들이 원하는 코나 가슴을 갖게 되었는지, 자신의 이미지가 개선되었는지를 볼 것이다. 그러나 자신이 다른 사람이 좋아하는 외모를 갖게 되었는지 또는 성생활이 좋아졌는지를 알아보기 위해서는 더 기다려야하며, 목표가 달성되었는지 아닌지를 결정하는 것은 매우 주관적이다.

유효성을 측정하는 문제의 어려움은 성형수술에 한정된 것은 아니다. 통증을 측정하는 문제에서도 객관적인 측정 기준은 없다. 통증을 완화시키는 약의 효과는 환자의 주관적인 반응으로 측정할 수밖에 없다. 생명윤리학자인 브로디(Baruch Brody)는 관상동맥의 혈전에 의한 심장마비를 치료하기 위한 약인 혈전제거제를 그 예로 들었다. 이 약이 효능이 있는지는 혈전의 제거 정도로 측정할 수 있다. 그러나 혈전을 제거하는 것이 진정한 최종 목표는 아니다. 그 최종 목표는 심장마비의 위험도를 줄이고 재발을 막으며, 회복 시간을 줄이고, 심장의 기능을 복구하여 궁극적으로 수명을 연장하는데 있다. 새로 개발한 신약을 FDA로부터 빨리 승인받기를 원하는 제약회사는 약이 혈전을 제거하는 정도를 승인 기준으로 채택하기를 원하며, 그 방법이 가장 객관적이고 쉬운 판단법이라고 주장한다. 그러나 FDA는 장기간의 주관적인 결과를 요구한다. 설령 그러할지라도 심장 기능의 회복 또는 생명 연장의 최종 목표를 측정하기 위한 객관적인 방법은 없다. 기능 회복의 정도는 어느 정도 회복되기를 원하는가에 따라서 사람마다 다르다. 생명 연장의 가치는 물론 매우 다양하다. 특히 고통이 심하거나 움직이지 못하는 삶을 연장하게 되는 사람의 경우에는 많은 차이가 있다.

일반적으로 의료 개입의 유효성, 특히 유전증진의 유효성을 평가하는 것은 난해한데다가 논란의 여지가 있다. 첫째, 얼마나 효능이 있는지 알지 못한 상태에서 유전증진을 위해 얼마나 지불해야 할지를 결정할 수 있을까? 광고에서 진실을 가려낼 수 있을까? 그리고 체세포 증진제, 변형 유전자의 주입, 생식세포 유전증진과 같이 여러 방법 중에서 어떻게 한 가지를 선택할 수 있을까?

유전증진이 어떻게 최종 목표를 달성할 수 있는지에 대한 객관적인 정보를 갖는 것은 매우 중요하다. 유전적 처치의 장점과 위험성을 비교할 수 있는 것도 매우 중요하다. 중요한 요소는 유전증진이 이루어질지 아닐지를 고려하는 예측이 아니라, 증진으로 어떤 장점을 최종적으로 얻을 수 있느냐이다. 유전증진으로 나쁜 점보다 좋은 점을 더 많이 얻을 수 있을까? 그렇다면 얼마나 좋은 점을 얻을 수 있을까? 이를 판단하기 위해서는 얼마나 효과가 있는지 그리고 얼마나 안전한지를 모두 알아야할 필요가 있다. 증진제에 부작용이 있을까? 그렇다면 어느 정도 심각한 부작용일까? 주입된 변형유전자가 다른 생물학적인 기능에는 영향을 주지 않을까? DNA를 삽입하거나 제거하는 것이 다른 유전자와의 복합적인 상호 작용을 저해하는 것은 아닐까? 유전자 제어 기술로 얻어지는 힘은 매우 유혹적이지만 치명적인 위험도 내포하고 있다.

유전학자들은 유전자조작의 잠재적인 위험성에 대해 오랫동안 고심하여왔다. 첫 번째 기술적인 돌파구였던 DNA재조합에 대한 논의는 1973년에 있었던 학회에서 제기되었다. 이어서 버그(Paul Berg)가 이끌고 있고 윗슨이 회원으로 있던 미국립학술원(National Academy of Science, USA)의 요구로 국제회의가 개최되었으며, '생명체로서의 특징이 완전히 제거된 새로운 종류의 감염성 DNA의 창조'에 대해 제기된 안전성 문제를 토론하였다.

> 재조합DNA 중 일부가 생물학적으로 위험성을 갖고 있는지에 대한 심각한 우려가 있다. 현재 실험에서의 첫 번째 잠재적 위험성은 재조합DNA의 수를 늘리기 위해 대장균과 같은 세균을 사용해야만 하는데 있다. 대장균은 보통 사람의 장관 안에 존재하고, 다른 대장균과 유전정보를 교환할 수 있는 능력을 갖고 있는데, 이 중 일부는 사람에게 해를 끼칠 수도 있는 대장균이다. 따라서 대장균에 새로운 유전자를 도입하는 것은 인간, 세균, 식물 및 동물 집단에 뜻하지 않은 영향을 가져올 수도 있다.

1975년 캘리포니아의 아실로머 회의장에서 열린 이 회의에는 150여 명의 생물학자, 4명의 법률가, 16명의 언론인들이 참석하였으며, 재조합DNA 연구에 대한 안전성 지침을 만들었다. 비록 이 지침을 NIH에서 즉각 수용하였지만 안전성에 대한 우려는 계속되었다. 특히 전문가들은 연구자들의 실수로 자연으로 유출된 재조합DNA가 식물과 동물에 미치는 영향에 대해서 염려하였다. 그러나 이러한 우려를 감소시킬 수 있는 새로운 기술이 개발되었고, 이에 따라 1978년에는 재조합DNA연구에 대한 규제가 완화되었다.

안전성 문제는 1997년 성체의 체세포로 포유동물을 성공적으로 복제하면서 다시 불거졌다. 돌리의 탄생은 유전증진 기술의 발전과 연관되어 있을 뿐 아니라, 생식을 목적으로 또는 수여자에게 거부반응을 보이지 않는 장기이식을 목적으로 인간을 복제할 수 있다는 가능성이 제기되었다. 그럼에도 불구하고 돌리의 탄생은 드라마와 같은 돌파구가 되었고, 유전증진이 비현실적인 일이라고 주장해왔던 회의론자들을 놀라게 하였다. 돌리의 탄생은 유전증진이 불가능하다는 주장에 타격을 주었지만, 회의론자들은 돌리의 탄생과 관계된 위험성을 문제화시켰다. 돌리의 외형은 정상처럼 보였다. 그러나 돌리는 사용한 277개의 배아 중 유일한 생존자였다. 이 결과를 인간에게 적용시킬 경우 277개의 인간 배아 중 한 명의 복제 인간이 태어날 수 있다. 비평가들은 이 배아를 모두 어디에서 얻을 수 있는지를 물었다. 더욱이 돌리의 염색체의 말단소체[1]는 태어난 지 얼마 되지 않은 개체가 지닌 길이가 아니었고, 돌리 어미의 나이에 해당하는 크기였다. 이 사실은 돌리의 유전자는 태어날 때 이미 늙어 있었다는 것을 의미하며, 돌리가 오래 살 수 없다는 것을 말해준다. 또 한 가지 제기된 문제점은 돌리가 생식 기능이 있느냐 하는 것이었다. 최근 돌리가 너무 빠르게 관절염에 걸린 것으로 알려졌다. 그러나 소와 같은 다른 복제동물은 잘 생장하였으며, 생식 기능도 정상이었다.

동시에 인간에 대한 유전자치료 실험이 계속 이루어지고 있었다. 제4장에서 언급한 데실바의 성공은 자가면역질환, 낭포성 섬유증, 유전성 고지혈증 등 일련의 질환으로 고생하고 있는 환자들에게 정상 유전자를 도입시키려는 노력으로 이어졌다. 1999년 겔싱거가 죽을 때까지 모든 실험은 안전한 것처럼 보였다. 유전자 치료에 대해 원래 제기되었던 위험이 다시 중대한 문제로 대두되

1) 말단소체(telomere) : 염색체의 양쪽 끝을 구성하는 특수한 반복순서로 이루어진 DNA. 체세포는 분열을 거듭할수록 필연적으로 이 부분이 소실된다. 이 현상은 노화와 관계가 있다.

었다. 겔싱거를 사망하게 했던 실험은 유전자치료를 목표로 하는 것이었고, 유전증진을 달성하기 위해서도 같은 기술이 이용된다.

특히 제기된 문제점은 어린아이를 대상으로 하는 유전증진의 시도에서 나타나는 심각한 부작용이다. 양심적인 생물학자들은 먼저 동물에서 시도를 해보곤 하지만, 성공적인 시험관내 실험 또는 동물실험은 단지 실험 결과를 증명하는 것일 뿐이다. 전(前)임상실험에서 안전한 것으로 보였던 많은 의료 처치가 사람에게는 위험한 것으로 입증되었다. 예를 들어 FDA는 1997년에 레줄린(rezulin)이라는 약이 동물실험 및 임상실험에서 황달 증상을 나타내는 경우도 발견되었으나 이 약품의 판매를 승인하였다. 결국 이 약은 부작용이 심해 2000년 이후 판매금지되었다. 유전증진을 위한 시도가 어린이들을 영리하고 예쁜 성인으로 자랄 수 있게 할 수 있으나, 그들을 아프게 하고 심지어는 겔싱어의 경우처럼 사망에 이르게 한다니 도대체 어찌된 일인가?

초기 태아 또는 배아를 유전적으로 증진시키려는 개념에도 비슷한 두려움이 팽배하게 되었다. 제4장에서 언급했듯이, 이 기술은 모든 세포가 증진된 유전자를 갖게 할 수 있기 때문에 자손의 특성을 효과적으로 개선할 수 있는 최고의 좋은 방법이다. 그러나 돌리를 만드는 실험에서 실패한 276개의 배아처럼 배아나 태아를 죽게 할 정도로 유전증진이 치명적이라면 어떻게 할 것인가? 유전증진이 역효과를 내어 배아나 태아가 죽기 전에 기형이 된다면 어떻게 할 것인가? 최악의 경우 기형으로 살아야한다면 어떻게 할 것인가?

이러한 불확실한 위험 앞에서 인간이 자신 또는 자신의 자손에게 유전증진을 시도하려는데 있어 어느 정도 개인적인 자유를 부여할 수 있을까에 대한 문제가 생긴다. 한편, 개인이 위험을 받아들일지를 결정하게 해야 한다고 주장한다. 유전증진은 일종의 자기 향상의 일환으로 볼 수도 있다. 개인이 운동 처방 프로그램에 참여할 때 위험성을 받아들이는 것처럼 유전증진에 대한 위험도 본인이 수용 여부를 결정할 수도 있다. 이러한 결정에 있어서 위험과 장점에 대한 가치 있고 신뢰할만한 정보에 접근할 수 있어야만 하며, 이러한 정보는 증진 서비스를 제공하는 회사나 전문가로부터 얻을 수 있어야 한다. 그러나 최종 결정은 개인에게 달려 있다.

제5장에서 언급한 바와 같이, 유전증진은 아직까지 전통적 자기 향상의 방법은 아니다. 유전증진은 생각보다 강력한 잠재성을 지니고 있는 반면, 생각보다 위험을 더 내포하고 있다. 유전증진이 큰 효과를 나타낼수록 더 심각한 위험이 도사리고 있다.

스스로 유전증진을 결정하는 것에 대한 적절한 지침은 운동을 할 것인지 또는 조깅을 할 것인지를 결정하는 지침과는 근본적으로 다르며, 강력한 약 처방을 받을 것인지 또는 새로운 임상실험의 대상이 될 것인지를 결정하는 것과 같은 것이다. 이러한 결정을 개인 혼자서 하게 두어서는 안 된다. 먼저 정부가 이 약이나 의료 서비스가 적법하게 이루어지는지, 그리고 잘못되었을 때 배상은 가능한지를 결정해야 한다. 그 다음 건강 전문가의 의견을 받아 각 개인이 수반되는 위험도의 수용 여부를 결정하게 해야 한다. 바로 이것이 유전증진에 대한 접근을 관리하는 정부 당국자의 역할이라고 할 수 있다.

처음 유전자재조합 기술을 개발했던 유전학자들은 정부 감독의 필요성을 인식하였다. 1975년 아실로마 회의를 이끌었던 버그는 적합한 연구 지침이 만들어질 때까지 재조합DNA 실험에 대하여 모든 나라가 유예 기간을 갖자는 편지를 발송하였다. 이 유예기간은 효과적이었다고 볼 수 있으며, 이는 몇 달 뒤 NIH가 DNA 연구에 대한 안전 수칙을 만들기 위하여 '재조합DNA 자문위원회

(RAC)'를 만든 후 완화되었다. 1976년에 채택된 첫 번째 지침에서는 NIH의 지원을 받는 모든 대규모 DNA 연구는 RAC의 승인을 받도록 하였다.

RAC은 원래 12명의 위원으로 구성되어 있었으며 모두가 생물학자들이었다. 1978년에는 '공공위원'(Public Member)으로 지명된 법률가와 생명윤리학자가 1/3을 차지하는 25명의 위원회로 확장되었다. 1982년 '스플라이싱 라이프'(*Splicing Life*)라는 보고서를 의료, 생명, 행동 연구의 윤리 문제를 연구하는 대통령 자문기구가 제출하였다. 인간을 대상으로 하는 연구의 윤리적인 규율을 입안하였던 1979년의 벨몬트 보고서(Belmont Report)로 유명한 대통령 자문기구는 유전자치료의 윤리적, 사회적 적용에 대한 포괄적인 고찰을 요청하였다. 그러나 이 보고서는 유전자재조합 기술을 폭넓게 지지하였다.

RAC과 NIH는 이 보고서와 의회 청문회의 권고에 따라 재조합DNA기술을 이용한 시험관내 실험과 동물 실험에 초점을 맞추어 왔던 RAC가 사람 유전자치료에 관한 연구계획서를 심사해야 하는지를 고려하기 시작하였다. 1984년 위원장은 생명윤리학자인 왈터스(LeRoy Walters)가 맡았고, 위원으로는 3명의 생물학자, 3명의 임상의사, 3명의 법률가, 3명의 윤리학자, 2명의 사회 정책 전문가, 1명의 민간인으로 구성된 사람 유전자치료 자문단(Human Gene Therapy Working Group)을 설립하였다. 이 단체는 정부 지원을 받은 유전자치료 연구에 대한 RAC 승인을 구하는 연구자들에게 연구 지침을 제시해주는 '유전자치료에서 고려해야할 점'(*Points to Consider*)이라는 제목의 보고서를 만드는 일을 추진하였다.

이 보고서는 NIH가 제시한 '건강 또는 환경에 대한 위험이 아닌' 인간 연구에 대한 지원은 승인해주어야 한다고 지적하고 있다. 이에 따라 NIH에 의해 심각한 위험이 따르지 않는다고 인정된 방법은 미국 전역에서 인간의 생명 의료 연구에 사용하게 되었다. 정부 지원 연구의 안전성을 심사하는 RAC 외에 병원, 대학과 같은 각 연구 기관은 자체의 기관연구심의위원회(IRB)를 구성하여야만 했다. 이 위원회에서는 연구 개시 이전에 연구 계획과 방법을 심사하고 승인해주며, 연구의 부분적 잠재 위험에 대한 적절한 대책을 강구하고 있는지를 확인하고, 제기된 안전성 문제를 고려하여 연구의 진행을 감시하는 임무를 갖고 있다. 제4장에서 1980년 클라인은 IRB의 승인을 받지 않고 이스라엘과 이탈리아에서 유전자치료를 시도하여 징계를 받았음을 언급한 바 있다.

1985년 RAC은 이 보고서의 개정판을 발행하였는데, 개정판에는 처음으로 유전자치료 연구의 승인을 적극적으로 검토한다는 의지를 담게 되었다. 그러나 FDA 또한 유전자치료 연구를 감독하는데 관심을 갖고 있었다. FDA는 유전자치료를 의약품, 의료 기구, 생물학적 약제와 같은 범주로 간주하여, 이를 연방 식품, 의약품 및 화장품에 관한 조례 하에 통제하고 있었다. 더욱이 FDA는 유전자치료라는 흥미로운 새 분야에서 주역을 담당하기를 원하였다. 1984년 말에 발간된 정부의 정책 보고에서 FDA는 FDA의 영역에 대한 권리를 주장하였으며 감독 방법도 제시하였다. 즉 정책 보고서에는 "정부기관은 생명공학적 과정에 의한 산물에 적용할 수 있는 행정과 조정법에 폭 넓은 경험을 갖고 있다. 유전자치료 때에 사용하는 DNA도 다른 생물학적 약품과 같은 규정으로 관리하여야 한다." 라고 적고 있다.

이것은 FDA로서는 놀라운 진보였다. 변형된 인간 DNA는 말할 것도 없고 유전적으로 변형된 의약품과 생물학적 약품도 특별한 안전성 심사 대상이라는 인식에도 불구하고, 정부기관은 이 기술이 FDA의 감독 하에 있는 다른 제품보다 더 엄격하게 조사해야 할 대상이 아니며, 특별한 안전성 심사를 요구하지 않을 것임을 명확히 하였다. 이러한 정부기관의 태도는 그때까지의 재조합기술의 안전성 기록을 반영한 것이었다. 이것은 확실히 새로운 생명공학 산업에 대단히 큰 혜택이 되었다. 그러나 유전적으로 변형된 식품을 '자연산' 식품과 같이 분류하고 통제하도록 제안한 FDA의 태도에 대해 크게 반대해 왔던 유럽에서는 매우 걱정스러운 일이 되었다.

FDA의 규제 요건은 임상실험 전에 의무적으로 FDA의 허가를 받고, 실험으로부터 얻은 어떤 상품이든 판매하기 전에 기관으로부터 허가를 받도록 하는 것이다. 임상실험 수행에 대한 허가를 얻으려면 임상실험의 안전성에 대하여 FDA를 확신시킬 수 있는 실험 결과와 동물실험 결과를 제출하여야 한다. 상품의 판매권을 얻으려면 상품의 안전성을 보여주는 임상 연구 결과를 제출하여야 한다. 또한 제조업자는 판매권의 조건으로 상표와 광고에 넣을 설명에 대한 FDA의 결정을 수용할 것에 동의해야 한다.

NIH가 사람유전체사업을 착수함에 따라 FDA는 RAC와 연대하여 유전자치료에 대한 규제 권한을 계속 행사하였다. 1991년에 FDA는 자체적으로 '유전자치료에서 고려해야할 점'이라는 지침서를 발행했으며, 1992년에는 FDA의 생물평가연구센터(CBER)에 유전자치료연구 사무실을 신설했다. 또한 유전자치료에 대한 새로운 감독 기구로서 노구치(Philip Noguchi)의 지휘 아래 생물평가연구센터 내에 세포 및 유전자치료국(Division of Cellular and Gene Therapies)을 신설하였다. 1990년대 중반까지 유전자치료 연구자들과 생명공학 산업계는 FDA와 RAC의 소위 이중 규제로 인하여 많은 불편을 겪었다. NIH의 지원을 받아 유전자치료 연구를 수행하며, 서로 다른 두 종류의 지원 절차에 따라 두 곳의 사무국으로부터 각각 허가를 받아야 했다. 허가 절차의 개선을 위한 노력에도 불구하고 산업계의 불만은 쌓여갔다. 결국 1996년 NIH의 소장인 바무스(Harold Varmus)는 규제 권한을 FDA에 양도한다고 발표했다. 1997년부터 FDA는 유전자치료 연구와 제품에 대한 독점 규제권을 갖게 되었고, RAC는 규모가 축소되어 주로 자문과 교육 역할을 수행하게 되었다.

FDA는 유전자치료 및 연구를 규제하는 책임을 맡게 됨으로써 유전증진의 규제에도 관여하게 되었다. 따라서 재조합DNA로 만들어진 체세포 증진은 식품, 의약품, 화장품에 관한 법령 중에서, '인체의 구조와 기능에 영향을 줄 수 있는 물질' 이라는 차원에서 '의약품'에 해당된다. 인체에 증진된 유전자를 주입하거나 유전자를 삽입 또는 제거하는 유전증진은 유전자치료와 유사하며, 이 또한 FDA가 관할하게 된 것이다. 유전증진을 일으키거나 또는 전달하는데 사용되는 의료기구인 염기순서 분석기기, 마이크로피펫 및 주사기와 같은 기구들조차도 '의료기구'의 정의 내에 포함된다. 유일하게 유전증진에 해당하지 않는 품목은 생물학적 약품인 사람의 병이나 상처를 예방하거나 치료하기 위한 바이러스와 같은 품목이다.

FDA는 비만에 의한 건강 악화를 막기보다는 미용을 위해 지방을 제거할 때 이용하는 지방 흡입기와 비처방 콘택트렌즈, 보건 목적이 아닌 유방 주입과 같은 미용 기구에 대해서 유전증진의 항목으로 기록할 것을 요구한다. 그러나 FDA는 미용 기구와 관련해서 앞장에서 언급했던 많은 어려움을 겪고 있다.

지방 흡입술의 경우 정부 심사위원단은 기계가 잘 작동했는가의 유일한 지표로서 제거한 지방의 양이 아니라 치료 결과에 대한 환자의 만족도에 초점을 두었다. 1992년 젤라틴으로 차 있는 실리콘을 이식하는 유방 주입술은 안전성에 초점을 두어 그 사용을 당연히 유방암 수술이나 심각한 유방의 상해, 선천성 유방 기형, 심각한 의학적 비정상 유방 등의 문제가 있는 여성들에게 시술하여 그 안전성과 유효성을 연구하는 목적에만 허락하였다. 즉 이식술은 미용을 위한 유방 확대에는 사용할 수 없다. 그러나 비슷한 시기에 FDA는 염수 유방이식술(saline breast implant)에 대해서는 미용과 치료의 구별을 두지 않고 둘 다 허용하였다. 이것이 의미하는 바는 실리콘 이식술(silicone-filled implant)에 비해 염수 이식의 위험성이 적으므로, 그 위험성보다는 미용이나 치료에서 얻는 이득이 더 크다고 느꼈거나 혹은 단순히 이들 제품에 대한 미용과 치료 차원의 구별이 뚜렷하지 않았을 수도 있다. 콘택트렌즈의 경우 FDA는 동일한 규제 지침으로 교정과 미용을 위한 렌즈를 다루고 있다. 시력 교정용이 아니라 단지 안구 홍채의 색깔을 바꾸거나 또는 고양이 눈처럼 특별한 시각 효과를 위하여 사용하는 렌즈를 판매할 경우, 시력 교정 렌즈와 마찬가지의 안전성과 유효성을 갖추어야 한다. 우선 이것은 착용자의 눈에 대한 감염성을 고려할 때 타당한 것처럼 보인다. 그러나 안전성은 상대적 개념임을 명심해야 한다. 절대적 안전성이란 없으며, 문제는 잠재적 이득이 잠재적 위험성을 상회하느냐 하는 것이다. 미용용 렌즈의 경우 위험성에서는 교정용 렌즈와 동일하지만 시력 교정과는 전혀 관계가 없으므로 그 유효성은 교정용 렌즈에 훨씬 못 미친다. 어떤 종류의 렌즈라 할지라도 그 위험성이 사소한 것이 아니라면, FDA는 시력 교정 렌즈보다는 미용렌즈에 대한 안전성을 더 강화해야 할 것이다. 이것이 지켜지지 않는다면 유전증진의 규제에서도 비슷한 실수를 할 것임이 분명하다.

FDA의 유전증진 규제에 대한 취약점은 치료에 대한 통제 권한이 없다는 것이다. FDA는 유전자 삽입이나 조작 기술에 대한 권한을 주장해왔지만, 그 요구는 강한 논쟁을 불러왔고 아직까지 한 번도 법정에서 판결된 적이 없다. 기술적으로 FDA가 약품과 의료기기를 통괄하지만, 이 기관은 의료 전문가들이 처방하거나 시술하는 방법에 대하여서는 어쩌지 못한다. 따라서 이론적으로 FDA는 치료 목적이 아닌 유전증진을 위한 실험을 규제할 힘이 없는 셈이다.

더 중요한 문제는 FDA가 체외수정 시술을 규제하지 않는다는 것이다. 이 점은 제5장에서도 언급했듯이 체외수정은 다양한 형태의 유전증진의 검사 기술이기 때문에 특히 심각하다. 체외수정 없이는 증진을 위한 배아 검사나 선별이 불가능하며, 생식세포의 획득과 여러 유전자 증진 기술을 수행할 수 없다. FDA 대신 다른 정부기관이 체외수정에 대하여 규제권이 있다면 별문제 없겠지만, 상황은 그렇지 못하다. 병원들로 하여금 체외수정 성공률을 보고하도록 요구하는 몇 개의 주 정책과 연방법을 제외하면 체외수정은 기본적으로 정부에 의해 전혀 통제되지 않고 있다.

또 다른 규제의 허점으로 난자와 정자의 증여를 들 수 있다. FDA나 어느 다른 연방 기관이나 주에서도 이를 감독하지 않으며, 불임치료 혹은 상업 목적으로 사용될지라도 문제가 되지 않는다.

이것은 적어도 제5장에서 언급한 체외수정 시 배아 선별과 같은 수동적인 증진과 이를 목적으로 하여 낙태를 결정하는 전반적인 유전증진은 FDA의 권한을 벗어난다. 예를 들어 불임 전문의사와 병원은 그들의 유전증진 방법이 안전하고 효과적임을 정부기관에 입증해야 한다. 결과적으로 자신이나 자녀의 유전자를 증진시키려고 고민하는 사람은 중요함에도 불구하고 이 기술에 대한 안전성과 유효성에 대한 정보를 얻기가 힘들다.

그러나 일부 자료에 의하면, 실제로 안전성 면에서 위험이 있을 수 있다고 한다. 최근 호주의 연구 보고에 의하면 체외수정으로 태어난 아기들은 기형과 저체중의 위험성이 더 높다고 한다. 체외수정 아기의 10명 중 하나는 기형이며 이는 정상의 2배에 달하는 확률이다. 아마도 저체중의 문제는 체외수정에서 여러 배아를 한꺼번에 자궁에 착상시키고, 때로는 여러 태아가 모두 끝까지 살게 되기 때문일 수도 있다. 쌍둥이들이 태어날 경우 저체중일 위험이 크다고 알려져 있다.

그러나 유전증진에 대한 FDA의 감독에 있어서 가장 큰 장애는 FDA가 인증해준 상품과 서비스가 유전증진에도 그대로 적용될 수 있다는 점이다. 기억이나 지능과 같은 인지기능을 증진시키는 약품을 생각해 보자. 그것을 어떻게 발견할 수 있을까? 우연히 발견할 수도 있으나, 이는 아마도 알츠하이머병이나 노화 과정에서 생기는 인지 저하 증세를 연구하는 생물학자들이 발견할 것이다. 당신이 이러한 발견을 이루어낸 회사의 사장이며 이것을 판매하고 싶다고 상상해 보자. 이 상품은 약품이므로 FDA의 허가를 받아야 한다. FDA의 허가는 약품 안전성을 확인해야 하므로 그 절차가 오래 길리기로 유명하며, 심각한 실병을 치료할 수 있는 획기적인 약이라고 할 때만 신속히 처리해 준다. 그렇다면 제조업자로서 당신은 유전증진 승인 허가를 받으려고 노력 하겠는가, 아니면 알츠하이머병과 같은 심각하고도 환자수가 많은 병의 치료를 위한 승인 허가를 추구할 것인가? FDA의 허가를 얻으려면 이상적인 상황에서 조차 수년이 걸리고 수백만 달러의 비용이 드는데, 당신은 더 순탄한 길을 선택하지 않을 이유가 있겠는가?

그러나 당신은 그 약품을 단지 알츠하이머병 환자들에게만 팔고 싶지는 않을 것이다. 당신의 회사는 증진 용도로 사용함으로써 잠재적인 더 큰 수요를 고려하고 싶을 것이다. 예를 들어 일을 더 잘 하고 싶어 하는 사람이나 시험에 일등하고 싶어 하는 학생에게 팔기를 원할 것이다. 만약 FDA가 이 약을 단지 알츠하이머병 환자들에게만 사용하도록 승인할 경우 회사는 더 큰 시장을 잡지 못하지 않을까 하고 우려할 것이다.

그러나 당신의 생각이 틀렸을 수도 있다. FDA의 법에 따르면,

FDA에서 허가한 약은 의사가 그 약을 어떤 목적으로 처방하든 불법이 아니다. 또한 제약업자가 약품을 비승인 혹은 라벨 이외의 용도로 팔아서 거대한 이익을 남겨도 아무 문제가 되지 않는다. FDA의 유일한 제제는 제약업자가 그 상품을 승인받지 않고 매스컴이나 의사들에게 광고할 경우에 이루어진다. 그러나 이 제제조차 완화되고 있다. 1997년 FDA의 현대화 조례에서는 제조업자가 연구를 수행 중이므로 결국 FDA가 그 용도를 허가하게 될 것이 확실한 경우 제약업자는 승인되지 않은 용도에 대한 문서를 배포해도 좋다고 허락하였다. 그리고 연방법원에서는 합법적으로 보호해야 할 후원자의 언론자유권을 침해하지 않도록 비승인 용도에 대한 정보 배포를 금지하는 FDA의 조항을 완화할 것을 요구해 왔다.

파이자가 비아그라 판매로 매년 15억 달러를 벌어들이는 이유는 발기부전증에만 사용할 것을 명기했지만 성기능이 정상인 남자들은 물론 여성들조차도 성 증진제로 이용하기 때문이다.

사람생장호르몬의 경우를 보면, 비승인 약품의 사용이 유전증진과 어떤 연관성이 있는지를 알 수 있다. FDA는 이 약품을 생장호르몬 결핍증 아이들의 치료 용도로 허가했다. 그러나 소아내분비과 의사들은 호르몬 결핍에 상관없이 키가 작은 아이들에게 이 약을 처방하기 시작했다. 어떤 부모들은 원래 키가 크지만 몇 인치 더 크게 할 경우 프로 농구선수로 성공할 수 있을 것이라는 희망을 가지고 이 약을 찾기도 한다는 보고도 있다.

비승인 용도로 사용하는 것에 대한 FDA의 통제 부족으로 인하여 규제 공백이 생기게 될 것이다. 이로 인해 결과적으로 유전증진 제품 제조업자들은 증진 승인에 대한 허가를 취득할 필요가 없으므로 그 용도에 대한 안정성과 유효성 자료를 만들 필요도 없을 것이다. 제조업자가 FDA에 의약품 용도로 제출한 자료에서 제품이 어느 정도 증진 용도에도 안전하고 효과적이라는 약간의 기술 정도는 첨가할 수 있다. 그러나 유효성과 안정성은 집단 및 용도에 따라 다를 수 있기 때문에, 증진을 위해 제품을 사용하고자 하는 사람들은 자신이 실험동물로 실험의 대상이 되어 봉사하는 결과가 될 것이다. 이는 적어도 많은 사람들이 유전증진을 목적으로 장기적으로 사용하여 어떤 심각한 부작용이 나타날 때까지는 그러할 것이다. 그때가 되면 많은 부작용이 생길 것이고 생명을 잃을지도 모른다.

해결책은 이 규제의 틈을 메우는 것이며, 적어도 의약품이 유전증진에 관계되는 경우, FDA나 이와 유사한 정부기관에게 의약품의 사용을 포함한 처방 모두를 관할할 권한을 주어야 할 것이다. 의사들에 대한 정부의 규제에 대하여 반대하고 있는 미국의학회 및 다른 유사 단체들을 떠밀을 정치적 의지가 의회에게 있다면, 이것이야말로 의회가 할 일이라 여겨진다. 의사의 자살 방조(physician-assisted suicide)는 몇 가지 예외 사항의 하나이다.

오리건주는 의사의 자살 방조를 허용해 줄 것에 대하여 두 번 투표한 바 있는데, 미국의학회는 이것을 의사의 부적절한 행동으로 간주하여 불법화하여야 한다고 주장하고 있다. 흥미롭게도 오리건주가 지지한 자살법은 약품의 용도 외 처방을 규제하기 위하여 정부가 무엇을 해야 하는지에 대한 하나의 방편을 제시하고 있다. 즉 오리건주 법에 따라 환자에게 치사량의 약을 처방한 의사는 처방전에 이것은 의사의 의도임을 명기해야 한다. 의사들이 증진 목적의 처방전에 대하여도 이와 비슷하게 요구한다면, 정부는 유전증진 시도가 얼마나 많이 진행되며, 누가 사용하는가를 알 수 있게 되고, 소비자들의 건강 상태를 추적할 수 있게 될 것이다. FDA는 증진 목적으로 사용되는 제품의 제조업자에게 증진 용도에 대한 유효성과 안전성 연구를 수행하도록 하는 권한을 가질 수도 있다. 이는 제조업자가 증진 승인을 위한 정부 허가를 요청하지 않았을 경우도 해당된다.

그러나 FDA에 증진 승인을 획득하기 위해서나 혹은 새로운 법적 권위로 보편화된 증진 용도를 강제로 검사할 것을 요구하므로써, 제조업자가 증진 용도의 제품을 검사하게 되면 더 심각한 윤리 문제를 야기한다. 치료 가치보다는 증진 가치를 확인하기 위해 제품의 임상실험을 수행하는 것이 적절할 것인가? 일반적으로 제품을 임상실험하는 것은 그 이득이 위험 부담을 상회하리라 기대될 때에만 윤리적으로 타당하다. 그러나 앞에서 언급했듯이 증진으로 인한 이득이 주관적임을 상기해 보자. 우리 또는 정부가 어떻게 유전증진이 해보다는 득이 더 많을 것임을 결정할 수 있겠는가? 그 이득을 어떻게 측정하겠는가? 그리고 우리는 향후 몇 년 뒤에 나타날 지도 모를 위험 요소와 건강상의 심각한 해보다 이득이 많다고 어떻게 판단할 수 있단 말인가?

이 점은 우리로 하여금 본 장 서두에서 언급한 근원적인 질문으로 돌아가게 한다. 개인적인 선택에 대하여 정부는 얼마나 간섭하여야 할까? 만일 사람들이 유전증진 실험에 지원하고 싶어 한다면, 왜 허락하지 말아야 할까? 이런 식으로 접근해가면 정부의 적절한 역할은 각 개인이 결정한 상황에 대하여 단지 관련된 정보가 확실히 제공되었는지를 확인하는 정도에 불과하다. 결과적으로 FDA는 제조업자에게 알고 있거나 혹은 의심이 가는 위험 요소에 대하여 정부의 보고 기준에 따라 보고하고, 동물실험에 근거한 성공률을 예측하도록 요구할지 모른다. 이와 같은 방식이 체외수정 진료에 적용되고 있다. 체외수정 진료는 FDA에서 규제하고 있지는 않지만 연방법은 출생 성공률을 보고하도록 요구하고 있다.

안전성과 유효성을 확실히 하기 위한 정부의 보다 강력한 규제 시안에서조차 FDA는 위험성이 낮은 유전증진의 경우 허가해

주어야 할 것이다. 어떤 종류의 증진 제품은 아주 안전하여 감기약이나 두통약처럼 처방 없이 계산대에서 그냥 팔릴 수 있을 것이다. 그리고 유전증진에 대한 또 다른 옹호의 유형은 손을 들어주는 식의 정부 태도가 적용된 경우이다. 이는 제4장에서 언급했던 수동적 증진으로, 수정된 배아 중에서 유전적으로 가장 우수한 것을 선택하여 착상시키거나, 부모가 산전 유전검사 결과에 실망하여 유산하는 것을 예로 들 수 있다. 현행법은 체외수정에서 부모가 자유롭게 어느 배아를 착상시킬까, 그리고 임신초기에 질병이나 병약할 가능성을 유전적으로 검사한 결과를 가지고 낙태 여부를 결정하게 하고 있다. 이와 마찬가지로 증진을 목적으로 유전적 검사를 한 후에도 부모가 결정을 자유롭게 내릴 수 있도록 해야 한다는 강력한 주장이 있을 수 있다.

그러나 배아와 태아에 대한 부분에 있이 또 다른 문제짐이 있다. 배아와 태아는 선택권이 없다. 어린아이도 마찬가지이다. 그러나 상당히 많은 유전증진 실험이 스스로 실험에 참여할지 혹은 참여하지 않을지에 대한 결정을 내릴 수 없는 아이들을 대상으로 실시될 수 있다. 이러한 아이들에게 증진 실험을 하는 것을 과연 허용해야하는가? 현재 의학 실험에 참여하는 어린이들은 각종 특별법으로 보호되고 있다. 제4장에서 설명한 겔싱거가 죽었던 유전자치료 실험이 이의 좋은 예이다. 생물윤리학자 카플란(Arthur Caplan)의 주장에 따르면, 성공이 입증되면 결국 유전자치료의 대상은 치명적인 질환을 가진 신생아들이겠지만, 겔싱거와 같이 상대적으로 건강한 어른 지원자에게 실행되었다. 메릴랜드의 한 법정에서는 아이들에게 위험 부담이 최소일지라도 직접적인 의학적 이득의 가능성이 제공되지 않는 한 임상실험에 참여할 수 없도록 규정하기에 이르렀다. 실험 목적이 아이들에게 의료 혜택이 아닌 증진에 목적을 둔 경우, 법적인 허용성은 더 희박할 것이다.

아이들을 대상으로 하는 유전증진은 다른 종류의 문제를 야기할 것으로 전망된다. 우리는 증진 결정에 대한 두 가지 모델을 고려해 왔다. 하나는 정부가 증진이 상품화될 정도로 안전하고 효과적인가를 결정하는 것이고, 다른 하나는 충분한 정보가 제공된 가운데, 본인 스스로의 의지로 개개인이 결정하자는 것이다. 그러나 증진을 받거나 증진 실험을 신청한 아이들은 자발적이지는 않을 것이다. 아이가 인지하거나 승인하지 않은 상태에서 그들의 부모가 증진을 결정할 것이다. 이것이 허용될 수 있는가? 이는 다음과 같은 포괄적인 질문을 야기시킬 수 있다. 타인의 의도에 의한 증진을 어느 정도까지 허용할 것인가? 예를 들어 고용자가 노동자들에게 생산성을 높이기 위하여 유전증진을 요구한다면 어떻게 할까? 결국 증진을 하겠다는 결정이 자의적인가를 어떻게 확인할 수 있을까?

7

자율성

현대 생명윤리의 기본적인 신조 가운데 자신이 자기 인생을 결정하는 권리보다 더 기본적인 것은 없다. 의사는 환자를 치료하기 전에 환자의 동의를 얻어야 하고 환자의 의견이 의사와 달라 죽음을 초래하더라도 이를 받아들여야 한다.

의학적인 면에서 자신이 결정하는 문제는 중요함에도 불구하고 비교적 최근에 가능해졌다. 1970년대 초만 해도 의사들은 어떤 결정을 환자에게 맡기지 않았다. 환자와 의사 사이의 관계는 마치 아버지와 아들의 관계와 같아서 '의사와 환자의 관계'라는 말이 있을 정도로 의사 쪽에 더 힘이 실렸다. 의학의 아버지 히포크라테스(Hippocrates) 조차도 의사가 환자에게 병에 대해서 설명할 때는 조용하고 능숙하게 그 문제를 숨기라고 함으로써 의사가 환자에게 진실을 말하지 못하게 하였다.

> 명쾌하고 성실하게 필요한 명령을 내려 환자가 치료에 대해 염려하지 않게 해야 한다. 그리고 때때로 환자를 날카롭고 단호하게 꾸짖거나 위로하여 환자가 자신의 미래나 현재의 상태에

대해 걱정하지 않도록 해야 한다.

1960년대 후반까지도 환자의 권리에 대한 운동은 없었는데, 이는 어쩌면 그 시대의 권위에 대한 불신으로부터 나왔을지 모른다. 법정과 생명윤리학자는 환자의 자율성 원칙을 부각시키기 시작했다. 법적으로 의사는 환자를 치료할 때 환자의 동의를 받아야 하고, 환자는 생명에 지장이 있을 경우에도 의사가 권하는 치료를 거부할 권리를 얻었다.

우리는 그 예를 라우로 대 여행자 보험회사(Lauro V. Travelers Insurance Company)의 경우에서 볼 수 있다. 병리학자인 닉스(Nix) 박사는 라우로 부인의 유방에 혹이 있는 것을 발견하고, 마취 후 유방 조직의 일부를 떼어냈다. 그 조직을 현미경으로 관찰한 후 암이라고 결론을 내렸다. 그리고 라우로 부인이 아직 마취 상태에 있을 때 그녀의 오른쪽 유방을 제거하는 수술을 하였다. 그러나 나중에 닉스 박사가 충분한 시간을 가지고 정밀 검사를 해보니, 그 조직은 암이 아니라 아주 드문 양성 종양이었다. 라우로 부인은 닉스 박사를 오진으로 고소했으나 패소하였다.

이 문제에 대한 판사들 간의 논쟁은 교훈적이다. 대부분의 판사들은 닉스 박사가 실수는 했지만 적절하게 행동했다고 보았다. 그러나 다른 판사들은 닉스 박사가 너무 성급하게 분석하여 암이라고 진단했다고 판단하였다. 그 종양이 악성일 경우 시간을 끌면 위험하며 유방절제수술을 하기 위해 라우로 부인을 또다시 마취하는 것도 위험하다는 전문가의 증언을 받아들여 대부분의 판사들은 닉스 박사를 옹호하였다. 다른 전문가들의 증언을 근거로 닉스 박사에게 문제가 있다고 보는 판사들은 정밀 검사를 하기 위해 며칠 더 지나도 암이 퍼질 위험이 그렇게 크지 않으며, 라우로 부인을 두 번 마취함으로써 생기는 위험은 유방이 하나 없어지는 것에 비하면 아무것도 아니라고 주장하였다.

이 사건에서 놀라운 사실은 닉스 박사의 행동을 동의하는 판사나 반대하는 판사 어느 쪽도 라우로 부인 당사자가 어떻게 생각하는지에 대해서는 전혀 고려하지 않았다는 것이다. 아무도 그녀가 어느 쪽을 택할지 묻지 않았다. 의사는 자신이 주도권을 쥐고 행동했고, 판사들은 의사들이 자기라면 어떻게 할 것인가에 대한 의견을 듣고 판정을 내렸지, 환자의 입장으로 판정을 내리지 않았다.

콜롬비아주에서 일어난 또 다른 사건은 법이 확연하게 변하기 시작했다는 것을 보여준다. 이는 켄터베리 대 스펜스(Canterbury V. Spence) 사건으로, 허리가 아픈 환자가 디스크 수술을 받은 후 마비가 된 경우이다. 원고는 의사가 환자에게 수술 후 마비의 위험이 있다고 경고하지 않았고, 환자의 동의 없이 수술을 진행했다고 혐의를 제기하였다. 히겐보탬(Higgenbotham) 판사는 현대 사회에서 의사와 환자 사이의 관계는 다음과 같아야 한다고 판결하였다. 의사는 환자의 병이 무엇인지, 다른 치료 방법은 어떤 것이 있는지, 각 치료의 위험성과 장점은 무엇인지에 대해 환자에게 알려야 한다. 만일 의사가 환자에게 나중에 생길 수 있는 위험에 대해 알려주었다면 환자는 수술을 하지 않을 것이고 더 손상되지 않았을 것이다.

라우로 사건을 현대적인 접근으로 적용해보면 닉스 박사는 라우로 부인이 의사의 말을 들었다고 하더라도 유방절제수술을 받았을 것이라는 것을 증명하지 않는 한 책임을 면하지 못할 것이다. 중요한 결정을 내릴 사람은 라우로 부인이지 의사나 판사가 아니다.

미리 알려주고 동의를 얻는다는 원리는 현대의 의학 연구에서도 중요한 역할을 한다. 나치 치하에서의 의학 실험이 세상에 자세히 알려진 후, 생체 실험은 본인의 허락을 받지 않는 한 수행할 수 없게 되었다. 연구자들은 그 연구에서 얻은 지식이 생명을 구하는데 중대한 역할을 한다 하더라도, 임상실험을 하기 전에 피험자에게 그 실험의 위험성이나 장점을 설명해야 한다. 특히 피해의 대상자가 되기 쉬운 아이들과 수감자나 정신지체자에 대해 특별한 법적 보호가 생겼다.

그러나 미리 알려주고 동의를 얻는다는 원리에도 아직 많은 결점이 있다. 사실 대부분의 환자들은 의사가 정보를 준다고 해도 그것을 잘 이해하지 못하고, 어떤 선택을 해야 할지도 모른다. 대부분의 환자들은 의사가 하라는 대로 따르기 때문에 의사가 주는 정보로 인해 환자들은 일어나지도 않을 무시무시한 일을 예상하고는 두려움에 떨게 된다. 또한 의사가 말해주는 어떤 실험에 대한 결과도 실험동물을 대상으로 해서 나온 것이지 사람에게 적용해본 결과가 아니므로 가끔은 매우 회의적이다. 그리고 기관연구심의위원회(IRB)가 실험을 수행하기 전에 연구 대상의 동의를 얻도록 하는 일을 관장하고 있으나, 직원도 부족하고 해야 할 일이 너무 많기 때문에 제대로 잘 하지 못하는 실정이다.

또 다른 문제는 IRB 직원의 대부분은 그들이 감시해야 하는 연구소의 직원으로 일해 왔기 때문에 그 연구가 계속 지원받고 진전되기를 바란다. 또한 의사가 자신의 환자를 자신이 하는 실험의 대상으로 했을 때도 충돌이 생긴다. 이 경우, 연구자로서의 의사의 역할과 치료자로서의 의사의 역할 사이의 경계선이 모호하므로 환자는 의사가 하는 실험이 실제로 치료 효과가 검증된 것으로 생각한다. 그러나 의사가 어떤 이점도 없는 실험에 자신의 환자를 참가시키겠는가? 이와 같이 보건의료 전문가들도 자신의 흥미와 의무 사이에서 망설이게 된다. 그들은 자신을 생각하면 높은 수준의 생화학적 연구를 수행하여 연구비를 많이 받고 학자로서의 명성을 얻고 싶지만, 환자를 생각하면 환자가 정말로 원하는 것이 무엇인지에 따라 치료를 해야 할 것이다. 제4장에서 언급한 바와 같이 겔싱어의 죽음은 어느 정도 재정상의 문제와 연루되어 있다.

의학적 치료와 연구에 적용되는 자율성에는 더 근본적인 문제가 있다. 자신이 결정한다는 개념은 자유 의지의 표출을 내포하는데, 가끔 환자나 연구 대상자는 극한 상황에 놓이게 된다. 아주 심각한 병을 가진 사람은 때때로 죽음의 문턱에 있게 되므로 의사가 제시하는 치료 방법이나 연구자의 새로운 연구 방법이 유일한 희망이 될지 모른다. 이러한 상황에서 이들의 선택이 자발적일 수 있겠는가?

유전증진의 경우에도 같은 문제가 생긴다. 의사나 연구자는 이 방법의 적용 여부에 대해 고민하는 사람들에게 그 위험성에 대해 진실한 정보를 주지 않는다. 그들은 이 연구 결과로부터 어떤 이득이나 전문가로서 보상받기를 간절히 바라므로, 이 연구를 어떻게 하든 진행하고 싶어 한다. 제4장에서 언급한대로 이의 사용 여부를 결정해야 하는 사람들은 상당한 압력을 느낀다. 유전증진을 시행했을 때 그 효과가 클수록 더 큰 압력으로 작용한다. 이러한 선택에 대한 압력으로 자신들을 대상으로 하는 실험을 성공적으로 완성하지 않으면 안 된다는 두려움 때문에 자기나 자기 아이들이 유전증진을 받겠다고 결정하게 되는 것이다.

스포츠에서도 비슷한 현상이 생긴다. 운동 선수들은 트레이너와 코치로부터 합성스테로이드와 같은 운동 능력을 향상시키는 약물 투여를 종용받는다. 머레이(Thomas Murray)가 지적했듯이, 어떤 약물이 운동 능력을 진작시키는데 효과가 있다면 모든 운동 선수들이 그 약물을 투여하게 되고, 그렇지 않은 선수는 경쟁을 포기해야 한다. 이미 유전증진제인 적혈구생성소가 쓰이고 있다.

여기서 유전이라는 말을 쓰는 이유는 이 물질이 재조합DNA기술로 생산되기 때문이다. 적혈구생성소는 운동 선수들이 적혈구의 수를 증가시키기 위해 투여하는데, 몸속에 적혈구 수가 많아지면 근육에 더 많은 산소를 공급할 수 있으므로 운동 능력이 증진된다.

그러나 약물은 부작용이 있어 운동 선수들의 건강에 해롭다. 예를 들어 스테로이드는 심장과 간을 나쁘게 할 수 있다. 격심한 경쟁사회에서 살아남기 위해 이 약물을 사용할 수밖에 다른 선택의 여지가 없는 선수는 심각한 신체적인 위험에 빠지게 된다. 이러한 이유로 국제올림픽위원회에서는 이러한 약물의 사용을 금지하고, 이를 조사하여 위반한 사람들을 처벌하는 효과적인 프로그램을 진행한다.

만일 유전증진이 건강을 위협한다면 이러한 약물의 사용도 같은 측면에서 고려하게 된다. 위험을 감수할 수밖에 없다고 느끼는 사람들을 보호하기 위해 유전증진의 사용을 금지하고, 이를 위반하는 사람의 자격을 박탈해야 할지 모른다.

그러나 유전증진을 사용할 것을 요구하는 압력, 또는 이와 관련하여 운동 능력을 향상시키는 약물이나 위험한 실험적 치료에 대해 우리는 얼마나 염려하는가? '압력'이란 유전증진이 상당한 이익을 줄 수 있다고 말하는 또 하나의 방법은 아닐까? 그러나 운동 선수나 환자처럼 유전증진을 받고자 하는 사람들에게도 선택권이 있다. 환자는 어떤 치료를 거부해서 자신이 위험하게 되거나 죽음에 이르더라도 그 치료를 거부할 수 있다. 운동 선수는 운동 능력을 향상시키는 약물을 사용하지 않아서 오는 불이익을 감수하더라도 그 약의 사용을 거부할 수 있다. 그래서 각 개인도 자기의 이익을 포기하면서 유전증진이 주는 건강의 해로움에 빠질지의 여부를 결정할 수 있어야만 한다.

실제로 사람들은 비행기를 탈 때, 운전할 때, 스키나 등반할 때도 위험하지만, 대부분 이러한 일상 생활에서 오는 위험을 감수한다. 만일 유전증진이 음식이나 집처럼 생존하기 위한 유일한 방편이라면 사람들은 망설일 것이다. 그러나 우리는 즐거움, 명성, 행운에 따른 무수한 위험을 기꺼이 감수한다. 올림픽은 운동 능력을 증진시키는 약물을 사용한 운동 선수를 징계하는데, 이것은 운동 선수가 그 약물의 효과로 혹독한 훈련 프로그램도 견딜 수 있게 되어 심각한 신체적 정신적 상해를 받기 때문이다.

실제로 유전증진의 이용을 금하는 것은 부당한지도 모른다. 운동 성적을 높이는 약물은 우수한 트레이너를 구할 수 없거나, 태어날 때부터 왜소한 체격을 가진 사람들의 불리함을 보상해 줄 것이다. 약물복용은 우수한 경쟁자가 되고자 하는 사람에게는 말할 것도 없고 어떤 사람들이 특정 운동에 참여할 수 있는 단 한 가지의 방법일 수도 있다. 이와 비슷하게 유전증진은 정신적 혹은 육체적 불리함이나 탄생과 죽음과 같은 불의의 사고를 상쇄시킴으로써 경기장의 차별 제거에 이용될 수 있다. 사람들이 자신의 건강에 심각한 위험을 감수하면서까지 약물 복용이나 유전증진의 이용을 선택하는 것을 막는다는 것은 그들의 권리를 빼앗는 것일지도 모른다. 우리가 진정으로 개인의 자율성 확대를 중요하게 여긴다면, 증진이 심각한 건강 문제를 야기하는 것을 알고 있음에도 불구하고 성공하기 위하여 유전증진 밖에 없다고 생각하는 사람들에게 유전증진 이용 여부를 스스로 결정하도록 내버려 두어야 할 것이다.

더군다나 우리는 처음부터 유전증진이 운동에서 성취를 증진시키는 약물처럼 사용자에게 해로운 것으로 가정해 왔다. 그러나 그렇지 않을 수도 있다. 만약 증진이 비교적 안전하다면 성공을 위하여 유전증진을 이용하고자 한다면 문제가 될 것인가?

그렇다. 문제가 된다. 문제는 증진이 자신을 파괴한다는 점이다. 만일 모든 사람이 증진을 이용할 수 있고 증진이 모든 사람들에게 효과적이라면, 증진은 어떤 목표도 달성하지 못한다. 모든 사람에게 똑같이 작용하여 단거리 선수의 속력을 시간당 7km를 증가시키거나, 아이스 스케이팅 선수의 점프를 향상시키거나, IQ를 20점 높일 수 있다는 제품을 모든 사람이 사용한다면 무슨 소용이 있을까? 단지 좀 더 빨리 달릴 수 있거나 혹은 점프를 더 많이 하거나 머리가 더 좋은 상태에서 모든 사람은 예전과 같이 경쟁할 뿐이다. 모든 사람은 증진에 의해 경쟁에서의 유리함은 제공되지 않겠지만 패배하지 않으려면 사용해야만 할 것이다. 이 경우 증진이 건강에 심각한 위험을 가져오지 않을지라도 이것은 자원의 낭비일 것이다. 따라서 이런 환경에서는 증진의 사용을 금하는 것이 적절하다. 여기서 모든 실패자들도 증진을 받은 사람들일 것이며, 경쟁자들도 증진을 받았기 때문에 경기에서 이길 수 없었으므로, 부자가 될 수 없게 되고 또한 상황을 흥미롭게 관전하지 못하는 관객에 불과하다. 게다가 만약 증진이 사용자의 건강에 해를 끼친다면 증진의 사용을 금하는 이유가 더욱 명백하다.

물론 모든 사람이 다 증진을 이용할 수 있는 것이 아니라면 상황은 달라진다. 그렇다면 증진을 이용할 수 있는 사람이 유리할 것이고 그 유리함이 결정적일 수 있다. 그러나 이런 것이 부당한 이익임은 말할 것도 없다. 따라서 우리는 자율성을 걱정해서만이 아니라 공정함을 장려하기 위하여 유전증진의 이용을 금해야 한다.

예를 들어 만약 모든 사람이 유전증진을 이용할 수 있는 것이 아니고, 고용자가 유전적으로 증진되지 않은 사람의 고용을 거부하거나, 피고용자로 하여금 증진제를 택할 것을 요구한다면 어떻게 될까? 직장 구하기가 매우 어려운 때나 본인이 문제의 직장을 매우 원하거나 혹은 수지맞는 것을 가정한 경우, 이는 강력한 형태의 불공정한 압력이 될 것이다. 이러한 종류의 고용자 강압이 허용되어야 하는가?

현행법에 의하면 답은 미국인들이 장애자 법률을 어떻게 유전증진에 적용하느냐에 있다. 법률은 고용자로 하여금 피고용자에게 직업과 관련된 상황이나 특성을 시험하는 것을 허용한다. 만약 시험 결과 법률적인 장애로 판정이 될 경우 고용자는 피고용인의 장애에 걸맞는 편의를 제공해야만 한다. 고용자는 편의 제공에도 불구하고 장애인 피고용자의 자격이 직업에 적합하지 않을 때에 한하여 장애인 피고용자의 고용 거부, 직위 강등, 해고 등의 불리한 조치를 취할 수 있다.

유전증진에 있어, 증진되지 않은 것을 장애라고 판단한다면, 법률은 증진되지 않은 피고용자에게만 적용될 것이다. 장애라는 단어는 법적으로 직업을 포함한 삶의 주요 활동이 많이 방해받는 상황을 의미한다. 의회는 유전증진의 가능성을 염두에 두지 않았을 뿐만 아니라 증진되지 않은 사람이 원하는 직업에 종사할 수 없을 때, 증진되지 않은 상황을 장애로 볼 수도 있다는 가능성을 고려하지 않은 상태에서 이 법안을 통과시켰다. 이 해석에 따르면 법은 고용자로 하여금 유전증진은 일어나지 않았지만 적절한 편의를 제공해줄 경우 일을 수행할 수 있는 사람은 고용할 것을 요구한다. 여기서 편의 제공이란 증진되지 않은 피고용자는 증진된 고용자에 비해 비효율적으로 일한다는 사실을 수용하는 것을 의미할지도 모른다. 따라서 공장 경영은 생산 라인의 속도를 줄이거나 많은 실수를 감수해야 할지도 모른다. 법률은 고용자로 하여금 생산량과 품질의 감소를 받아들이라고 압력을 넣음으로써 증진된 직원만을 선호하는 고용자의 의지를 꺾을 수 있다. 이는 차별 반대법이 성취하고자 하는 바로 그것이다.

그러나 고용자의 의도가 단순한 생산 증가만이 아니라면 분석이 달리 나올 수 있다. 서론에서 언급한 전문 구조원을 생각해 보자. 피고용자들이 일하는 동안에 증진을 해야 한다는 고용자의 주장, 혹은 구조원에 아주 잘 맞는 증진된 특성을 지닌 사람들만 고용하는 것을 금해야 하는가? 고용자가 선호하는 것은 강제적이거나 불공정할 것이지만, 실제로 우수한 구조원들을 고용함으로써 이로부터 파생된 공공 이익이 비난보다 더 중요하다. 만약 고용자가 항공사이고 모든 조종사가 예민한 시력이나 우수한 비행 기술을 지니도록 증진되길 원한다면 어떨까? 만약 고용자가 원자력발전소의 책임자이고 모든 피고용자가 유사시 냉정하게 행동할 수 있도록 증진되어야 한다고 주장한다면 어떨까? 이런 모든 경우에 고용자는 단순히 이익을 증가시키기보다는 사고 방지 혹은 희생자 구조 같은 제3의 인물에게 도움을 주고자 하는 목적을 가지게 된다. 따라서 직업을 원하는 사람의 증진 거부에 대한 자율성을 빼앗고, 증진될 수 없는 사람을 차별하게 될지라도, 고용자로 하여금 피고용자에게 유전증진을 강요하는 것을 허락해야 할지도 모른다.

정부가 국민의 유전증진을 요구하는 것은 적절한가? 만약 그 목적이 더 높은 수준의 국민, 즉 더 좋은 유전자를 가진 국민들을 만들기 위해서라면, 이는 시대에 뒤진 고차원적인 우생학일 것이다. 아마도 20세기 초의 교훈, 특히 나치의 교훈이 대중의 기억에 아직도 생생하기 때문에 사람들은 이것을 찬성하지 않을 것이다. 그러나 만약 전쟁 중이고 정부가 유전증진된 군대를 만들고 싶다면 어떤가? 헌법은 국가적인 위기가 발생할 경우 정부에게 국가의 생존 보장을 위하여 모든 권력을 허락한다. 군인의 의지에 상관없이 군인을 훈련시켜 전쟁터에 보내듯이, 정부는 군인들을 특별한 업무 수행에 더 효과적이거나 우수하게 만들기 위하여 증진을 요구할 수 있다.

여기에도 정부가 시민에게 요구할 수 있는 한계가 있을 것이다. 정부는 냉전 중에 군인들의 동의 없이, 혹은 어떤 경우는 알리지도 않고 군인들을 대상으로 약물과 방사능 실험을 수행하여 노골적으로 비난받아왔다. 자원 입대한 군인으로 구성된 군대를 가진 국가의 경우, 정부는 징집 조건으로 유전증진을 요구할 수 있으므로 증진을 합리화시킬 수 있다고 생각할지도 모른다. 그러나 그렇게 되면 정부는 군인들이 제대로 알지 못하고 증진에 참여했다는 비난을 받을 것이다.

유전증진이 배아, 태아 혹은 어린이에게 행해졌을 경우 자율성 결여라는 더욱 어려운 문제가 대두된다. 분명히 배아나 태아는 증진되는 것에 동의할 수 없다. 어린이의 경우 나이와 지성 정도에 따라 증신이 무엇을 수반하는지에 대하여 어느 정도 이해할 수 있고 개인적으로 무엇을 더 좋아하는지 표현할 수 있을지는 모르지만, 스스로 결정할 능력은 없을 것이다.

유전적으로 증진된 어린이에 대한 비난 중의 하나는 유전증진이 어린이들로 하여금 자연적 유전 운명에 대한 권리를 앗아간다는 것이다. 예를 들어 수자(Dinesh D'souza)는 "좋은 부모는 본인의 운명에 따라 살아가는 자식의 권리를 존중할 것이다"라고 말했다.

> 테크노 유토피아 같이 어린이에게 음악, 운동, 혹은 지능이 우수한 유전적 재능을 주는 것은 아이에게 피아노, 수영, 수학 교육을 시키는 것과 전혀 다르지 않다고 주장하는 것은 설득력이 없다. 실제로 아주 큰 차이가 있다. 사람이 주어진 천성과 능력을 가지고 발전시키고자 노력하는 것과 사람의 의지에 따라 천성을 변화시키는 것은 전혀 다르다.

선택되지 않은 배아는 폐기되고 최적이 아닌 태아는 유산됨으로써 배아와 태아는 유전증진으로 타의에 의한 수동적인 형태로 그들의 미래가 결정된다. 그러나 현행법은 선택의 이유에 관계없이 부모 특히 생모가 발생 과정의 초기에 배아를 선택할 수 있는 법적 권리를 허용하고 있다. 어떤 사람들은 체외수정과 치료목적이 아닌 유산을 거부하자는 견해를 역설한다. 그러나 법이 바뀌어야 할 이유도 분명하지 않지만, 법이 바뀌기 전에 체외수정기술과 이에 의한 수동적인 유전증진은 법적으로 계속 보호받을 것이고, 배아와 태아의 치명적인 결과에 상관없이 단지 엄마의 건강을 보호하기 위한 정부의 간섭은 허용될 것이다.

어린이들의 경우 그들의 유전적 미래가 없어진다는 비난은 더욱 설득력이 없다. 유전병이나 장애를 가지고 태어난 어린이의 자연스러운 유전적 운명은 고통이나 죽음뿐인데, 부모는 안전하고 효과적으로 할 수만 있다면 의학적으로 그 운명을 바꿀 권리는 물론 도덕적·법적인 책임도 가진다. 타고난 유전자가 좋을까 혹은 아닐까 사이의 정당한 윤리적 구분은 있을 수 없다. 어떤 것도 정당하지 않다. 도덕적으로 어떤 것도 완전하지 않다. 부모가 자신의 아이가 가진 유전 질환의 아픔과 고통을 방지할 수 있는 윤리적 근거를 가질 수 있다면, 마찬가지로 아이들이 유전증진의 혜택으로 인한 즐거움과 보답을 만끽할 윤리적 근거도 허용할 수 있다. 게다가 부모는 아이들의 동의 없이, 때로는 아이들의 적극적인 반대에도 불구하고 자식에게 유리하도록 행동할 것이 분명하다.

부모는 자식에게 삶의 이익을 제공하기 위하여 아이들이 싫어하더라도 숙제 혹은 음악을 하게 하는 등의 할 수 있는 모든 것을 한다. 물론 부모가 할 수 있는 것에도 한계가 있다. 제5장에서 언급한 자신의 딸이 응원단장이 되게 하려고 현재 응원단장의 엄마를 살해하고자 사람을 고용했던 여자는 너무 심했다. 마치 부모가 유치원 면접에 앞서 걸음마하는 아이에게 오크라를 먹이는 것과 같다. 그러나 이러한 경우 아이의 창창한 미래가 상실되는 것이 문제가 아니라, 이런 연습이 유발하는 육체적·생리학적 손상이 문제이다. 유전증진이 안전하고 효과적이라면 부모가 자식을 증진시키는 행위에 자율성을 부여하는 것을 반대할 이유가 없다.

그러나 아이의 육체적·정신적 건강을 염려하는 것은 부모의 자율성을 제한할 수 있는 타당한 이유가 된다. 앞 장에서 지적하였듯이, 유전증진이 안전하지 않을 수 있으며, 부모가 자식에게 그 위험을 감수하도록 강요하거나, 혹은 자식이 위험을 받아들이는 것을 허용할 자유는 없다. 유전증진의 위험이 심각하거나 혹은 그 이익이 명백히 더 가치가 있지 않다면, 아이의 미성숙과 낮은 지능을 문제삼아 어린아이의 자율성을 배제한 상태에서 부모가 이러한 위험의 감수 여부를 결정하는 것을 허용해서는 안 된다. 그 대신, 위험한 증진은 어린이들이 이해득실을 제대로 견주어 결정을 내릴 수 있을 만큼 성숙해질 때까지 기다려야 한다.

그러나 아이들이 몇 살에 그 정도의 지적 성숙에 다다르는지는 논쟁거리가 된다. 어떤 청소년들은 법적인 성인이 되기 전에 제대로 이해하고 결정을 분명히 내릴 수 있다. 대부분의 주에서는 사춘기의 청소년이 제대로 납득하고 이해득실을 견주어 볼 능력이 있다면 치료 및 다른 중요한 결정을 할 수 있도록 허락한다는 성숙한 미성년자(mature-minor) 원칙을 인정하고 있다. 아마도 이는 십대가 코나 유방 성형을 받고자 할 때 승인하는 원칙일 것이다. 그러나 우리는 고등학교 졸업 선물로 유방확대 수술을 해주는 사우스캘리포니아주의 일부 부모들의 분별력에 대하여 의문을 제기하기도 한다. 똑같은 원리를 유전증진에 적용시킨다면 성숙한 결정을 내릴 수 있을 정도 나이의 미성년자가 증진을 원하는 부모의 의지에 동의하는 것이 허용되고, 어쩌면 부모의 동의 없이 자진하여 증진을 받을 수 있을지도 모른다.

그러나 어린이를 대상으로 하는 것은 다른 문제이다. 법률은 어린이들이 실험 대상이 됨으로써 야기되는 위험을 피하기 위하여 아이로부터도 동의 여부를 묻는다. 예를 들어 연방법에 의하면, 의학실험 대상자를 모집하기 전에 어린아이일지라도 동의를 받도록 요구하고 있다. 따라서 자신이 원하는 것을 표현할 수 있는 어린이에게 유전증진 실험을 거부할 기회를 허락하여야 할 것이다.

8

진실성

만일 사람들이 자발적으로 유전증진되기를 동의한다면, 혹은 어린이들의 경우 증진에 따른 위험보다 혜택이 명백하게 더 크다면, 우리가 당장 봉착하는 문제는 이러한 혜택을 어떻게 평가할 것인가이다. 유전적으로 증진된 운동 선수가 쟁취한 우승이 수년간 피땀 흘려 노력한 결과로 성취한 우승과 동일할 수 있을까? 유전증진의 결과로 취득한 박사 학위가 개인의 성취도를 반영할 수 있는 객관적인 근거가 될 수 있을까? 유전적으로 증진된 예술가의 그림이나 조각의 예술성을 어떻게 평가할 것인가? 요약하자면, 유전증진을 통해서 획득한 성취가 얼마만한 가치가 있으며, 진정한 성취일까? 믿을 만한 것인가?

이러한 문제는 역사적으로 볼 때 경기의 성적을 향상시키기 위해서 약물을 복용하는 운동 선수에게서 일어나곤 했다. 오래전부터 운동경기를 주관한 협회는 약물 오용을 방지하기 위하여 여러 가지 방법을 강구해 왔을 뿐만 아니라 위반자들을 탐색하여 처벌하는 노력을 해왔다. 가장 대표적인 국제올림픽위원회는 약물복용(doping)에 의한 기록 향상을 우려하여 1961년 의약분과위원회

(medical committee)를 구성하였다. 국제올림픽위원회는 1967년 (1) '운동 선수의 건강 보호', (2) '스포츠 윤리의 보호', 그리고 (3) '공정한 경쟁'에 관한 기본적인 조항으로 구성된 약물복용 원칙을 제정하였다.

1968년 최초의 약물복용 검사가 프랑스 그레노블에서 열린 동계올림픽에서 실시되었다. 1981년 '약물복용 및 스포츠 생화학' 소위원회가 발족되어, 금지 약물의 종류와 지침을 제정하고 공인된 검사 방법과 검사기관을 발표하였다. 국제올림픽위원회는 1990년 초반에 경기 기간 외 연습기간 중의 약물 복용도 검사대상에 포함시켰다. 1999년에는 세계 항약물복용기관(World Anti-Doping Agency)을 발족하여 전 세계적인 항약물복용 운동을 추진하고 있다.

2000년 호주 시드니에서 열린 하계올림픽경기에서 총 2,846건의 항약물복용 검사를 실시하였다. 41명의 선수는 호주에 도착하기 전에, 그 외에 9명은 도착하였으나 경기 시작 전에 자격이 박탈되었다. 3명의 불가리아 역도선수들은 스테로이드 사용을 은폐하는 약물 복용으로 판정되어 메달을 반환해야 했다. 라트비아 조정선수 한 명과 러시아 육상선수 한 명은 스테로이드 복용 판정으로 메달을 반환했다. 가장 물의를 일으켰던 경우는 소속팀 의사가 감기 치료로 처방한 약을 먹은 16살의 루마니아 체조선수인데, 약 속에 복용 금지된 증진제가 첨가되었다는 이유로 금메달을 반환해야했다.

국제올림픽위원회가 검사한 약물은 적혈구의 생성을 증진시키는 적혈구생성소이다. 이 호르몬은 DNA재조합 기술로 제조되었기 때문에 약물복용뿐만 아니라 유전증진에 해당된다. 올림픽조직위원들은 2002년 솔트레이크 동계올림픽에서 100여건의 적혈구생성소 복용을 검출하였다. 다시 말해 국제올림픽위원회는 이미 사용 금지된 유전증진 물질에 대해 검사하고 있다.

국제올림픽위원회의 항약물복용 기준이 제시하고 있듯이, 가장 중요한 관심사는 경기 향상 약물이 운동 선수의 건강에 미치는 부정적인 효과이다. 이러한 약물의 대부분은 심각한 건강상의 문제를 야기할 뿐만 아니라, 더 나아가 죽음도 초래할 수 있다. 그러나 일부 약물은 예를 들어서 루마니아 체조선수가 복용했던 약처럼 의사의 처방전 없이도 구입할 수 있으며 또한 상당히 안전하다. 부정적 효과의 위험을 간과할 수는 없지만, 어떤 의미에서 다른 종류의 약물복용은 연습하는 동안 자신에게 가해지는 육체적인 그리고 정신적인 혹사보다는 위험하지 않다고 볼 수 있다. 그렇다면 왜 이러한 약물까지 금지시켜야 할까?

그 답은 국제올림픽위원회가 제정한 두 가지 항약물복용 원칙인 '스포츠 윤리의 준수'와 '공정한 경쟁'에 있다. 국제올림픽위원회는 이러한 약물이 운동 선수들의 건강에 해롭지 않더라도, 약물복용 자체가 비도덕적이라고 말하고 있다. 이러한 약물을 복용하는 선수들의 기만성은 스포츠 정신을 깨뜨리는 것이므로, 경기에서 우승할 자격이 없다는 것이다. 즉 이들의 승리에는 '진실성'이 없다는 것이다.

유전증진제를 사용하는 사람들에게도 이와 같은 윤리적 의무를 부과할 수 있다. 이러한 증진에 의해서 생긴 이점은 혜택이 아니라고 할 수도 있다. 스테로이드나 적혈구생성소를 사용한 운동선수와 마찬가지로, 유전증진제를 사용하여 우승한 운동 선수도 메달을 소유할 자격이 없다.

국제올림픽위원회의 두 번째와 세 번째 원칙에 대해서 좀 더 구체적으로 알아보도록 하자. '공정한 경쟁'에 관한 세 번째 원칙은 증진의 기회가 모든 사람에게 주어질 수 있는가라는 문제와 직결된다. 만일 모든 사람에게 기회가 주어지는 동시에 비교적 안전하다면 모든 경기 참가자가 증진에 따른 이익을 누릴 수 있기 때문에, 이는 경기 참가자에게 불평등 요인이 될 수 없다. 그러나 앞장에서 제기된 한 가지 문제가 있다. 만일 유전증진에 의해서 모든 사람의 능력이 일정한 수준까지 증진되었다면, 모든 사람에게 기회가 주어진 증진은 누구에게도 경쟁적 이익을 줄 수 없기 때문에 쟁점이 되지 못할 것이다. 한편, 이러한 증진의 혜택을 취하지 못한 선수들은 불이익을 당할 것이다. 이는 선수를 불평등하게 만들지는 못하지만 현명한 처사가 아니므로, 증진제 사용을 금지하는 분명한 이유가 될 수 있을 것이다.

유전증진은 운동 선수 간에 평등을 촉진시킬 수도 있다. 앞에서도 언급한 바와 같이 경기에 참가하는 운동 선수는 절대로 평등하지 않다. 그들은 자연적으로 평등하지 않은 것이다. 그들은 키 혹은 조정 능력 면에서 자연적으로 평등하지 않다. 또한 그들 모두가 똑같이 최고의 트레이너와 코치의 지도를 받을 수 없으며, 최고의 장비를 똑같이 확보할 수도 없다. 따라서 평등성을 증가시킬 수 있는 한 가지 방법은 여러 가지 불가피한 이유로 다른 차원에서 불이익을 안고 있는 선수에게 유전증진제의 사용을 허가하는 것이다. 더군다나 유전증진제의 사용으로 인해 일정한 이익을 제공하는 대신, 선수는 일정 수준의 공통적인 능력을 소유하게 될 것이다. 다시 말해서 유전증진제의 사용으로 인해 모든 선수들은 150kg를 들어 올릴 수도 있을 것이다. 이 경우, 스포츠에서 유전증진제의 사용은 오히려 평등성을 증가시킨다고 볼 수 있을 것이다. 그러나 참가자 모두가 자신의 불운을 극복하고 모든 선수가 결승점에 도착하는 경주를 보기 원하는 사람이 있을까?

보편적으로 통용되면서 비교적 안전한 유전증진제의 경우, 국제올림픽위원회의 두 번째 원칙인 '스포츠 윤리의 준수'가 더 설득력을 가진다. 기본적인 개념은 경기 능력 향상 약물이나 유전증진제를 사용하는 것이 비도덕적이라는 것이다. 한 가지 이유는 수시간의 연습과 수년간의 헌신적인 노력도 하지 않고 운동 선수가 경기에서 이길 수 있는 지름길이 되기 때문이다. 그러나 왜 헌신적인 노력이 그렇게 중요할까? 그 자체만으로 의미를 갖기는 매우 어렵다. 이러한 태도는 청교도적인 인위적 요인인 '주관자로서의 신'(God as taskmaster)이라는 특정한 관념에 의해서 기인한 것일까? 예를 들어 영리하다는 것이 부러울만한 것일까? 영국 어린이들이 8살 경에 대학과 기술대학 중에 그 진로를 택하기 위해서 보는 시험에 관한 이야기가 있다. 한때 이 시험의 일부분은 서술 문제였는데, 몇 년 동안 "프랜시스 드레이크경(Sir Frances Drake)에 대해서 소고를 쓰시오."라는 동일한 문제였다. 모든 어린이들이 그 문제가 출제될 것을 미리 알았기 때문에, 이 시험은 어린이들이 가정교사와 습작 노트를 통하여 준비한 글을 기억하는 능력을 검사하는 것이 되었다.

그러던 어느 해 시험 문제가 바뀌었다. 아무런 예고도 없이 어린이들은 개에 관한 글을 쓰게 되었다. 이야기를 계속하자면, 한 어린이가 그의 글을 다음과 같이 시작하였다 "개의 종류에는 테리어, 콜리, 알사치안, 물개 등 여러 가지 다른 종류가 있다. 프랜시스 드레이크경은 물개 중의 하나이다." 그다음 이 어린이는 프랜시스 드레이크경에 관한 글을 계속 써내려갔다.

우리는 이를 충격으로 받아들일까? 재미있게 받아들일까? 이 어린이의 영리함과 재주에 대해서 감탄해야 할까? 이 어린이는 개에 대해서만 계속 썼던 어린이보다 낮은 점수를 받아야 할까? 당연히 여기에는 일시적인 효과를 나타내는 유전증진제의 사용으로 생긴 측정 결과의 진실성에 대한 합리성의 문제가 있다. 이러한 증진은 오래가지 않아 소멸될 것이고, 이 사람이 미래에도 그 효과를 지속적으로 갖게 된다는 보장은 없을 것이다. 그러므로 대학 입학자격시험 혹은 법과대학원 입학시험과 같은 미래의 수행 능력을 측정하기 위해서 만들어진 시험 성적은 일시적인 체세포 유전증진제를 사용하였다는 점에서 무의미할 수도 있다. 그러나 이러한 우려는 수정란에 특정 유전자를 이식하거나 삭제하는 영구적인 증진의 경우에는 적용되지 않는다.

그러나 유전증진을 금지하는 가장 큰 원인은 전통에 있다고 볼 수 있다. 야구경기가 원래부터 9회로 진행되어야 하는 이유가 없는 것처럼, 경기장에서 유전증진이 금지되어야 하는 이유도 없다. 이런 것은 규칙일 뿐이고, 규칙은 변경될 수 있다. 운동 선수가 이제까지 속임수로 여겨왔던 기술이나 도구를 사용할 수 있도록 규칙을 변경한 경우도 수없이 많다. 예를 들어, 1960년대까지 장대높이뛰기 선수들이 사용한 장대는 나무로 만들어졌다. 선수들이 훨씬 더 높이 넘을 수 있는 유리섬유가 발명되었다. 유리섬유 장대의 사용을 금지하지 않고 오히려 이의 사용을 합법화하도록 규칙을 바꾸었다. 다른 운동에 관한 규칙도 변경되었다. 테니스 라켓의 크기는 점점 커졌다. 미식축구에서는 심판이 운동경기 내용을 비디오로 다시 보는 것을 허락했다.

일부 운동 선수들이 아직도 증진제의 사용을 나쁘다고 생각한다면, 우리는 증진제를 사용한 선수와 사용하지 않은 선수가 100m 달리기를 하는 2인 경기를 생각해 볼 수 있다. 운동 선수는 경기에 임하기 위해서 증진제의 사용 여부를 선택할 수 있다. 이는 역도 경기에서 이미 시행되었는데, '개방형'과 '자연형' 경기가 있다. 앞에서 언급하였듯이 운동 선수에게 선택권을 줌으로써 그들의 자율성을 증대시킬 수 있다. 예를 들어 역도 선수가 스테로이드를 사용하고 임하는 '개방형' 경기와 같이 운동 선수의 건강에 해로울 수 있는 증진제의 사용을 허락할 수도 있다. 운동 선수가 증진제를 사용하지 않고 경기에 임할 수 있는 선택의 자유가 주어진다면, 이들은 선택의 강요에 대해 염려할 이유가 줄어들 것이다.

이와 마찬가지로, 확실성을 이유로 유전증진을 금지시킬 필요는 없을 것이다. 증진제 사용이 결과를 악화시키지 않을 뿐더러, 모든 이들에게 증진제의 사용이 허락된다면, 그 기록을 인정할 수 있을 것이다. 변화된 것은 경기 자체의 본질일 것이다. 경기 대상은 단순히 누가 가장 빨리 달리는가 대신 유전증진제를 사용하여 누가 가장 빨리 달리는가를 알아보는 것이다.

그러나 잊지 말아야 할 것은 우리가 어떠한 가정을 설정하고 출발하였는가 하는 것이다. 한 가지 가정은 유전증진이 안전하다는 것인데, 이는 안전하지 않을 수도 있다. 앞장에서 언급했듯이, 우리는 위험한 유전증진에 대한 실험적 사용을 합법적으로 제한힐 수 있으며, 특히 이리한 위힘을 김수힐지 여부를 결정힐 수 없는 사람이 이의 사용을 강요받는 것은 금지되어야 할 것이다. 다른 한 가지 가정은 유전증진을 원하는 모든 사람에게 제공하여야 한다는 것이다. 그러나 실제로 그럴 수가 있을까? 충분히 공급될 것인가 아니면 부족할 것인가? 가격은 구매할 수 있을 정도일까? 아니면 금지를 목적으로 매우 비싸게 될까? 만일 일부 특정인에게만 공급된다면 어떻게 될까?

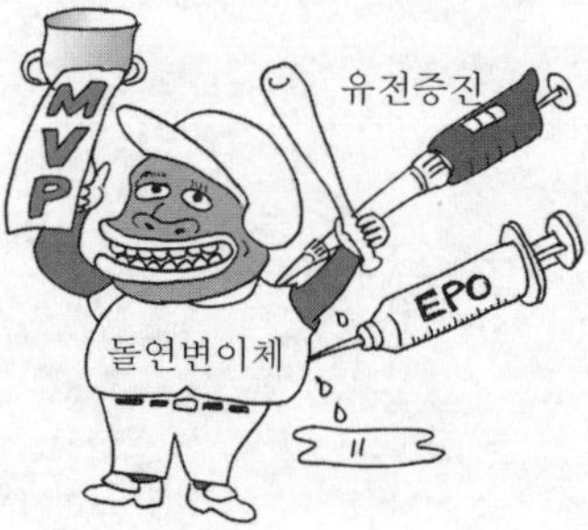

9

접근

유전증진의 효과가 더욱 입증될수록 이에 대한 요구도 증가할 것이다. 증진이 미모, 체력, 기능 조정 등의 신체적 특성을 눈에 띄게 향상시킨다는 것이 밝혀지면, 이런 특성을 추구하거나 삶의 목적으로 삼는 사람들에게는 갈구의 대상이 될 것이다. 기억이나 재치에 의존하여 살아가거나 정신적인 측면을 중요시 하는 사람들은 정신 기능을 증진시키려고 할 것이다. 사람들은 자신들의 삶의 목표를 달성하기 위해 이런 능력들을 증진하려 할 것이며, 다른 사람들 보다 앞서가야 한다거나, 최소한 뒤처지지 않아야 한다는 압박을 받을 것이다. 또한 자신의 자녀들에게 증진된 유전적 능력을 물려주려 할 것이다. 유전증진이 최고조에 다다르게 되면 인간은 이러한 전지전능한 기술로 노화를 막거나, 궁극적으로 자연사를 피하는 최고의 효과를 얻으려고 할 것이다.

과연 이러한 요구를 만족시킬 수 있을까? 신기술은 생산의 기술적인 한계로 인해 종종 공급 부족 상태가 된다. 1930년 페니실린이 처음으로 발견되었을 때, 페니실린은 자연산 페니실린 곰팡이로부터 생산하였다. 제2차 세계대전 초기에는 공급 부족으로 군에는 배급제로 나누어 줄 수 밖에 없었다. 재미있는 사실은 페니실린을 투여받은 사람들은 전쟁에서 다친 병사들이 아니라 성병에 걸린 병사들이었다는 것이다. 이들은 곧바로 전투에 재투입할 수 있는데 비해 부상병들은 오랜 회복기를 필요로 하기 때문이었다. 대량 생산 방법이 개발되었을 때에 이르러서야 이들 모두에게 혜택이 돌아갈 수 있게 되었다. 그러나 신기술이 반드시 생산 부족에 직면하는 것은 아니다. 제4장에서 언급한 사람생장호르몬(HGH)의 경우 시체의 뇌하수체에서 생산하였기 때문에 매우 희귀하였으나 재조합DNA기술로 생산하여 충분히 공급할 수 있게 되었다.

이유는 다르겠지만 유전증진도 이와 비슷한 공급 제한에 봉착될 수 있다. 병이 없는지 형질검사를 하여 '최상의' 배아만 자궁에 이식하게 되는 체외수정을 통한 증진 목적의 배아 선택은, 난자와 정자의 공급 정도와 유전적 특징의 빈도 등에 의해 제한될 것이다. 태아의 유전자검사로 원하는 특징을 갖지 않는 것이 밝혀진 태아의 낙태 등을 포함한 증진 목적의 낙태는 한 사람의 가임 횟수에 의해 제한받게 된다. 유전자 삽입과 제거 등의 보다 기술적으로 정교한 형태의 유전증진은 이러한 기술을 수행할 수 있는 의사의 부족으로 인해 공급 부족을 겪게 될 수도 있다.

그러나 유능한 전문가의 부족 현상은 오래가지 않을 것이다. 유전적으로 우수하거나 부유함에 대한 유혹이 증가함에 따라 증진에 대한 요구는 급격하게 늘어나게 될 것이고, 이에 따라 수많은 건강관리 전문가들은 돈벌이가 되는 유전증진 사업에 뛰어들게 될 것이다. 적은 급여 및 의료 정책과의 충돌과 같은 기존 치료 체계에 실망한 의사들도 새로운 수입원으로서 이런 증진 사업에 뛰어들게 될 것이며, 이러한 대체의학을 기꺼이 받아들이게 될 것이다. 병원과 의원들은 이러한 증진 '환자'들로 병상과 수술 시설이 채워질 것을 전망하여 유전증진 병동이나 센터를 신축하고, 의료진을 추가 고용하게 될 것이다.

더욱이 체세포 증진제나 이와 비슷한 유사품은 재조합DNA에 의해 무한정 생산될 것이다. 뒤에서 다시 언급하겠지만, 재조합 DNA 생산기법에 의한 사람생장호르몬의 공급이 충분하게 되어, 부모들은 호르몬이 부족하지 않은 자녀들에게도 조달할 수 있게 되었다. 그러나 유전체에서 일반형질을 지배하는 유전자의 동정, 이러한 유전자들 사이 및 유전자와 환경 간의 연관성 이해, 이러한 특성들에 대한 정확한 유전자 감식법의 개발과 같은 어려운 문제가 산재해 있다. 언제 해결되든지 간에 이러한 문제가 해결되면 증진제는 대량으로 생산될 것이다.

유전증진이 이루어지기 쉽다고만 말할 수는 없다. 건강관리 전문가는 증진 서비스를 제공하기에 충분할 정도로 그 수가 증가될 것이고, 제약회사들은 대량으로 증진제를 개발할 것이지만, 증진제의 가격은 매우 비쌀 것이다. 체중이 20kg인 어린이의 생장호르몬 치료에 드는 비용은 연간 약 14,000달러이다. 유전자검사에는 300 내지 3,000달러가 든다. 유전자검사와 배아 조작을 제외한 체외수정 비용만 한 명당 평균 37,000달러가 든다.

미국에서 이렇게 증진 비용이 비싼 이유의 하나는 미국의 특허 제도 및 약품 연구 개발과 정부 면허와의 충돌 때문이다. 사람유전체사업으로 발견한 모든 성과물은 공공의 소유로 귀속시켜 연구를 원하는 누구에게나 무상으로 자료를 제공하고 있다. 그러나 셀레라를 포함한 다른 개인회사들은 자신들의 연구 성과물에 대하여 특허 등록을 하고, 거액의 사용료를 지불하지 않는 한 다른 사람이 이를 이용하는 것을 거부함으로써 최종산물과 서비스의 가격을 가중시켰다.

이러한 연구의 성과물은 누구의 소유가 되어야 하는가에 대한 논쟁이 현대의 인간 유전에 대한 변혁 초기에 불거졌었다. 의약품과 같은 전통적인 발명은 유전학적 지식에 의해 개발되었다 하더라도 특허 대상이 될 수 있다고 생각했다. 그러나 많은 사람들은 재조합DNA 등을 이용하여 사람생장호르몬과 같은 산물을 생산할 수 있는 살아있는 박테리아에 대해 특허를 부여하는 것은 반대하였다. 1980년 미연방대법원은 오염된 기름을 제거하도록 조작된 세균에 대하여 살아있는 생물이라 할지라도 자연적으로 나타날 수 없는 새로운 특징을 가졌다면 특허 대상이 될 수 있다고 판결하였다.

그 후 대법원은 적혈구생성소를 대량 생산할 수 있는 재조합DNA에 삽입된 사람 유전자의 염기순서에 특허를 부여하였다. 판사는 EPO 단백질을 암호화하는 165개의 염기순서를 찾아서 순수 분리해낸 연구자들의 노력은 20년 동안 특허법으로 전매권을 보장할 가치가 있다고 판결하였다. 현재 그 기능에 대해서는 아무것도 알지 못하면서도 염기순서 분석기에 의해 동정되는 DNA 염기순서의 단편들이 유전자라는 이유만으로 연구자들은 수많은 특허를 출원하고 있다.

사람 유전체를 개인이 소유하도록 허가하는 것은 별것 아닌 것처럼 보인다. 이를테면 미리어드 지네틱스(Myriad Genetics)라는 회사는 유방암 관련 유전자에 대한 특허를 가지고 있다. 유방암 검진에 미리어드 지네틱스가 개발한 유전자를 검사하려면, 미리어드 제네틱스가 정한 가격을 지불해야 하며, 이 회사는 특허권으로 다른 기관이 이 유전자에 대해 연구하는 것을 금하고 있다.

다른 산업과 마찬가지로 유전증진에 드는 비용은 시간이 갈수록 급격히 줄어들 것이다. 생산 방법은 더 정교해질 것이며, 한 번에 많은 특징을 동시에 검사할 수 있는 종합검사 키트가 등장할 것이다. 발명품에 대한 특허권은 점차 사라질 것이고, 이에 따라 생산가와 서비스는 더 싸질 것이다. 많은 전문가와 생산 시설에 의해 경쟁적으로 유전증진제가 제공되면 가격은 더 떨어질 것이다.

그러나 유전증진은 여전히 많은 사람에게 경제적인 부담을 줄 것이다. 2001년 미국의 평균 가계 수입은 42,228달러였으며, 3천2백만 명의 미국인들의 수입은 극빈층 수준 (65세 이하의 경우 1인당 9,214달러)이었다. 극빈층 수준 이하에 해당하는 사람들과, 평균 가계수입 이하를 버는 사람의 일부는 유전증진을 누릴 소득이 없을 것이다. 이들은 기껏해야 짧은 시간에 걸쳐 한두 가지 특징만을 증진시키는 몇몇 값싼 증진제의 사용만 보장될 뿐 몇 천만 달러가 드는 유전증진은 꿈도 꾸지 못할 것이다. 결과적으로 이들은 보다 효과적이고 지속적인 유전자 주입이나 유전자 변형에 의한 증신을 누리시 못할 것이다. 이들은 활빌하게 자녀의 유전증진도 시키지 못할 것이며, 이들의 생식세포도 개선시키지 못할 것이다.

그러나 의료보험이 있지 않은가? 보험이 없는 약 4천만 미국인은 증진의 혜택을 받지 못할 것이다. 그러나 보험 혜택에 의해 노인의료보험(Medicaid) 대상자인 극빈자를 포함한 대부분 사람들에게 증진 혜택을 줄 수 있지 않을까?

대답은 '그렇지 않다'이다. 의료보험은 성형수술에 적용되지 않는 것처럼 유전증진에도 적용되지 않을 것이다. 개인 의료보험 역시 외모를 향상시키거나 '의료적으로 필요'하지 않은 서비스와 공급에 예외 조항을 두고 있다. 연방의료보험 법령은 '질병의 치료 또는 기형 신체의 기능 향상에 적합하거나 필수가 아닌 항목이나 서비스'에 대한 비용 지급을 금하고 있으며, 특히 성형수술에 대한 지원은 배제된다. 주정부의 의료보험 프로그램도 비슷한 제한 조항을 두고 있다.

이러한 제외 규정은 정확하게 지켜진다. 이의 좋은 예로 1995년 아이다호에서 발생한 사건을 들 수 있다. 아들의 비정상적인 큰 귀를 수술하는데 드는 비용을 아이다호주의 의료보험이 지불해줄 것을 요구한 경우이다. 이 아이의 부모는 의사와 아동 발달 전문가로 이루어진 전문가들의 증언을 토대로 아이의 귀 수술은 성형수술이 아니며 8살 어린이의 자존심을 해칠 수 있는 놀림을 막기 위해 필수적인 수술이라고 주장하였다. 그러나 소년의 귀는 기형 신체 부위로 간주될 수 있어 의료보험으로 교정해 줄 수 있었음에도 불구하고 법원은 주정부의 의료보험 프로그램의 편에서 성형수술이라 판정하였다.

몇몇 개인의료보험 회사들은 주법의 요구에 의해 체외수정을 포함한 불임 치료를 보험 항목에 포함시키는 계획을 구상하고 있다. 제5장에서 보았듯이 체외수정은 일종의 유전증진의 전단계이다. 이에 따라 일부 부모들은 배아를 증진시키는데 드는 비용의 일부를 보험으로 지급받을 수 있을 것이다. 그러나 보험회사들은 증진 그 자체나 이에 수반되는 유전자검사 비용을 지불하려 하지 않을 것이며, 체외수정을 불임 치료 목적이 아닌 유전증진 목적으로 시행할 경우에는 보험혜택을 주지 않으려 할 것이다. 게다가 대부분의 사람들은 주정부의 규제를 받지 않고 대신 연방정부법이 적용되는 고용 계획에 의거하여 개인 의료보험을 선택함으로써 불임치료의 적용에 관한 주의 법적인 요구를 따를 필요가 없게 된다.

보험회사들은 유전증진에 대한 요구를 충족시키기 위하여 따로 비용을 지불하는 치과 치료나 간병인 같은 특별 보험 정책이나, 휴가가 취소되거나 안경 파손에 대한 보상 보험과 유사한 특이적인 보험을 팔려고 할지도 모른다. 그러나 그것을 살 이유가 없기 때문에 유전증진보험은 팔리지 않을 것이다. 그 이유는 보험의 기본적인 성격에 있다. 보험약관에 의해 피보험자는 보통 소송이 걸리면 보험금 외에도 프리미엄을 더 지불해야 한다. 의료보험의 경우 보험회사는 피보험자의 미래에 있을 건강 서비스 이용을 예측하여 프리미엄을 산출한다. 본질적으로 보험회사들은 건강 서비스를 전혀 받지 않거나 조금 받는 사람들의 수가, 아프거나 중대한 건강 치료를 필요로 하는 사람보다 많기를 원한다. 유전증진을 위해 보험금 이상 사용할 계획이 없다면 유전증진보험에 가입한 이유가 없다. 보험회사는 증진에 드는 비용과 이윤을 해결하기 위하여 최대한 프리미엄을 많이 붙일 것이다. 따라서 유전증진보험에 가입할 이유가 없을 것이다. 유전증진을 필요로 하는 소비자들은 유전증진 보험에 드는 것 보다 직접 돈을 지불하는 편이 나을 것이다. 보험에 가입할 이유가 있다면 이는 단지 대형 보험회사가 증진제 생산과 서비스 제공자로부터 비용절삼 등의 할인 혜택을 받을 수 있다는 데 있다. 그러나 소비자들은 공동구매자 모임에 가입하는 것으로도 비슷한 혜택을 받을 수 있을 것이다. 대형 할인 매장에서 손쉽게 이러한 증진제를 구입할 수 있을 것이다.

그러나 할인된 증진도 일부 사람들의 경제력으로는 힘들 것이다. 그들에게 최후의 보루는 정부일 것이다. 정부는 모든 사람들이 유전증진 혜택을 받게 하기 위해서 보조금을 지급해야 할 것이다. 걷어 들인 모든 세금을 증진제 구입에 사용하면 될 것이다. 그러나 그 비용은 천문학적인 액수일 것이다. 이에 수반되는 유전자 검사나 유전자조작을 계산에 넣지 않더라도 전 국민을 체외수정시키는데 연방정부 의료보험 예산의 절반인 연간 1억2천만 달러가 들 것이다. 모든 사람이 적절한 수준에서 증진에 참여한다고 가정하고 기본 비용으로 1만달러를 지불한다면 연방정부 전체 예산의 약 두 배인 2조5000억달러가 소요된다. 정부가 더 적게 보조금을 제공할 경우 부자들이 구입할 수 있는 유전증진에 비해 너무 적게 된다.

요약하자면 일부 사람들은 유전증진을 받을 수 있는데 반해 다른 사람들은 이 혜택을 전혀 받을 수 없거나 가시적인 최소한의 혜택 이하를 받게 될 것이다. 다음 장에서 더 자세히 보게 되겠지만, 이러한 사실에 대한 사회적 파급 효과는 심각하다.

10

불평등과 불공평

유전증진의 혜택은 모든 사람들에게 다 주어질 수 있는 것이 아니기 때문에, 경제적 여유가 있는 사람만이 이를 얻을 수 있으며, 보통 사람들은 많은 시간과 노력을 들여야 가능하거나 혹은 전혀 얻기 어렵다.

증진에 의해 우수한 능력을 가진 사람과 그렇지 못한 사람들이 만날 경우 어떤 일들이 벌어질까? 이러한 일은 개인적인 관계는 물론 변호사와 고객, 의사와 환자 사이와 같은 전문적인 관계에서 발생될 수 있다. 고용주와 고용인, 지주와 소작인, 채권자와 채무자 관계와 같은 경제적인 관계도 이에 속한다. 증진된 사람과 그렇지 못한 사람들이 일상생활에 있어서 안락함이나 취직, 사회적 지위, 정치적 영향력, 애정, 성적 취향, 부와 같은 필수적인 요소들이 한정된 환경에서 서로 경쟁을 한다면 어떠한 결과가 나타날까?

경제계의 거물인 터너(Ted Turner)는 조울증으로 잘못 알려졌던 양극성 장애에 시달려왔다. 그는 리튬으로 증상을 조절해 왔는데, 이 약은 흥분 상태의 정신을 가라앉히는 효과가 있다. 그는 터너 브로드캐스팅(Turner Broadcasting)과 타임 와너(Time Warner) 회사의 합병을 위한 중대한 협상을 진행할 때에는 이 약의 복용을 중지했다고 한다.

터너가 약을 통해 컨디션을 조절할 때를 상상해보자. 그가 회의에 참석하기 전에 컨디션 조절 약을 먹음으로써 신체 내부에서 심적 안정 상태를 조절하는 물질이 활성화될 것이다. 그러나 그의 맞은편에 앉은 회의 참석자는 이러한 사실을 전혀 알지 못할 것이다.

이러한 상황은 유전증진의 혜택이 일부 부유 계층에만 주어질 때에도 나타날 수 있을 것이다. 그러나 협상 테이블 맞은편에 앉아있는 사람도 부유하여 유전증진을 받았다면 이러한 가정은 성립되지 않을 것이다. 가게나 학교에서, 일반적인 회사 및 중고차 판매점에서도 유전증진을 받은 사람은 나름대로 독특하면서도 결정적인 이득을 보게 될 것이다.

대부분의 이러한 관계는 한쪽은 유리한 반면, 상대는 불리한 관계이다. 이러한 경쟁 관계에서는 유전증진된 사람은 그의 탁월한 능력을 이용하여 상대방을 이길 것이다. 이들은 상대방보다 여러 방면에서 유리한 위치에서 상대방의 가치를 빼앗거나, 몫을 가로채거나, 조잡한 물건을 팔거나, 혹은 머리를 써서 배신하기도 할 것이다. 서로 다른 두 집단이 있을 때, 개선된 집단이 누리는 몫이 항상 더 많을 것이다.

결론적으로, 유전증진은 모든 사람에게 골고루 돌아가지 못하므로 불공평함을 야기한다. 심지어 이들을 사기꾼이라고 부를지도 모른다. 그러나 부유함에 기반을 둔 유전증진은 단지 사적인 관계에 있어서만 문제를 야기시키는 것은 아니다. 이는 사회적인 기초마저 뒤흔들게 된다. 약을 복용하거나 유전자조작에 의해 결심과 노력을 하지 않아도 된다면, 유전증진된 사람들은 다른 목적을 추구하는데 시간과 에너지를 이용할 수 있게 되어 다른 사람들을 냉혹하게 해치울 수도 있을 것이다. 만약 유전증진이 열심히 일해서 얻는 것보다 그 이상의 능력을 준다면, 증진된 사람들은 심지어 가장 열심히 일하는 동료 시민들보다 더 나은 기회를 갖게 될 것이다. 사회는 유전증진된 사람과 그렇지 않은 사람으로 구성될 것이며, 증진된 사람들은 더 큰 사회적인 지위, 부 그리고 힘을 갖게 될 것이다.

사회 및 정치는 파멸에 이를 것이다. 사회는 불평등이 심화될 것이다. 만약 유전증진 가능성이 극에 달할 경우, 증진된 사람들은 가장 매력적이며, 강하고, 우아하며, 지적이고, 카리스마가 있으며, 창의적이 될 것이며, 또한 이들은 매우 성공적으로 사업을 운영할 수 있을 것이다. 이러한 모든 이득은 동일한 사람들에게 주어질 것이다. 이들은 스포츠, 비인내회, 게임, 탤런트 쇼, 오락, 예술, 가장 좋은 학교에서의 교육, 좋은 직업을 가지고 정치와 경제계에 진출하며, 더욱 부자가 되고, 가장 좋은 배우자를 만나는 등 삶의 전반에 걸쳐 누릴 수 있는 혜택들을 다 누리게 될 것이다. 이들은 삶에 있어서 가장 좋은 것들을 모두 다 독점할 것이고, 사회의 정점에 있는 그들의 위치는 난공불락이 될 것이다.

그러나 이것이 미래에 펼쳐질 암울한 모습인가? 왜 유전증진이 사회에 위협적인가? 사람들은 이미 자연적으로 평등하지 않다. 많은 사람들은 가난하며, 적당한 교육도 받지 못하고, 제대로 된 치료도 받지 못하고 있으며, 정치에 참여하지도 못한다. 이와 동시에 어떤 사람들은 다른 사람들보다 재능이 많으며, 심지어 훨씬 더 똑똑하기도 하다. 어떤 사람은 노력을 해도 얻을 수 없는, 다른 사람에게는 없는 재능을 가지고 태어나기도 한다. 이러한 재능을 가진 사람들은 운 좋게 또는 노력함으로써 거대한 부를 이루게 된다. 미국 인구의 1%에 해당하는 부자들이 1억 명의 가난한 사람들보다 돈을 더 많이 번다. 이들은 타고난 재능과 노력에 따른 대가를 누리며 살아간다. 이들이 누리는 사립학교, 좋은 집, 차, 요트, 휴양 리조트 등과 같은 것에 대하여 우리는 TV를 통해 선망의 눈으로 바라보곤 한다.

그러나 우리 사회는 이들과의 명백한 불평등에도 불구하고 잘 돌아가고 있는 편이다. 그렇다면 우리는 왜 이들이 유전증진을 독점하는 것에 대해서 다른 관점으로 생각하는가? 이것이 왜 우리 사회에 위협이 되는가?

우리 사회는 유전증진의 도입을 조절할 수 있다. 그러나, 과학기술은 항상 효과적으로 조절되지 않는다. 기술이 주는 이점이 현실적이지 않을 수도 있다. 그러나 제5장에서 언급한 바와 같이, 유전증진 기술의 발전은 두 가지 혁명적인 학문인 생물학과 인공지능학이 만나는 정점에서 나오고 있다. 유전증진이 사람들에게 예상치 못한 능력을 제공할 것이라는 전망은 우리의 관심을 사로잡기에 충분하기 때문에 유전증진에 대한 기대는 쉽게 사라지지 않을 것이다.

유전증진이 없다 하더라도, 우리 사회의 불평등이 성공적으로 해소될지는 불분명하다. 빈부의 격차는 계속 확대되고 있다. 많은 사람들은 살기 위해 고군분투한다. 공교육 체제는 읽거나 쓰거나 간단한 계산도 못하는 아이들을 배출한다. 국민은 선거에는 관심이 없다. 부자들의 기부금은 민주적인 절차를 무너뜨린다. 이러한 환경에서 부자들을 위한 유전증진 작업은 사회를 더욱 불안정하고 혼란스런 쪽으로 몰고 갈 수도 있을 것이다.

유전증진의 효과 중 하나는 타고난 운명에 의해 형성된, 그리고 억지로 조절할 수 없는 특성을 인위적으로 바꾸는 것이다. 사람들은 타고난 유전자에 의한 능력 대신에 약의 섭취나 유전자 주입을 통해 원하는 능력을 얻게 될 것이다. 심지어 어린이들도 부모로부터 물려받은 선천적인 유전자 대신에 증진된 능력을 가진 조작된 유전자를 물려받게 될 것이다.

실제로 이러한 점이 사회에 주는 유전증진의 위협을 다소 감소시킬 수 있는 것처럼 보인다. 대부분의 사람들은 누구도 타고난 재능을 인정받지 못한다는 것에 동의한다. 라울스(John Rawls)는 "우리가 가지고 있는 고정 관념 중의 하나는, 자신의 위치가 본인의 선천적인 능력에 의해서가 아니라 사회적 출발선에 달렸다고 생각하는 것이다."라고 말한다. 이에 대하여 불평등은 신중하면서도 계산된 도박이 아닌 우연하게 이루어진 '맹목적인 행운'에서 유래하는데, 사회는 이러한 불평등을 바로잡아야할 의무가 있다고 드월킨(Ronald Dworkin)은 말하였다. 그러나 우리는 일반적으로 획득된 재능의 이점을 즐기며 살아가는 것을 용납한다. 만약 우리가 어떤 기술을 익히기 위해 노력한다면 그에 대하여 보상받을 수 있을 것이다. 따라서 만약 우리가 유전증진을 획득한 것으로 간주한다면 이것이 주는 이점에 대해 그다지 신경 쓰지 않을 것이다.

그러나 이것은 제8장에서 이미 언급하였던 진실성을 다시 환기시킨다. 노력과 연습을 통해 획득한 기술에 의한 이점과, 유전증진을 통해 획득된 이점은 뚜렷이 구별된다. 전자는 노력을 통하여 얻은 것이므로 인정되어야 하고 존경받을 가치가 있다. 그러나 후자는 획득 방법 때문에 칭찬받을 가치가 없다. 이것은 선천적인 것이 아니라 후천적으로 획득된 것이므로 가치 있게 얻은 것은 아니다.

유전증진에 드는 비용을 감당하기 위해선 우선 부자가 되어야 한다. 그러나 열심히 일하고 기술을 익힘으로써 부가 축적되는 것이 아닌가? 사람들이 죽도록 일하여 유전증진을 받아서 이득을 보면 안 되는가?

이는 정당하게 얻은 부를 통해 유전증진을 했다고 볼 수 있으나, 모든 경우에 다 그런 것은 아니다. 즉 유전증진을 위한 자금을 마련하기 위해 도둑질을 할 수도 있는데, 비유적으로 말하자면, 은행을 털거나 상원의원이 되어서라고 말할 수 있다. 노직(Robert Nozick)과 같은 개인 자산이 가장 많은 사람조차도 부당한 방법으로 획득한 소유물은 가치가 없다고 말하였다. 또한 그는 부당한 수단은 '강탈, 횡령, 노예를 만들거나 재산을 압류하여 정상적인 삶을 살지 못하도록 하는 행위, 거래에 있어 경쟁자를 강제적으로 제외시키는 행위'라고 지적한다.

비록 유전증진을 위한 부가 노직이 말하는 '정당한 방법'에 의해 얻어진 것이라 할지라도, 꼭 지켜져야 할 규율이 있는 것은 아니다. 부는 똑똑하거나 예쁘다거나 또는 완벽한 음감 등의 재능을 이용하여 획득될 수 있으나, 완전히 운에 의해 획득될 수도 있다. 그리고 부라는 것은 많은 경우 노력에 의해 얻어진 것이 아니고 상속되었을 수도 있다. 이 경우 부모는 일을 열심히 하고 아이들의 유전증진을 위해 저축하지만, 아이들 스스로는 어떤 것도 하지 않았을 수 있다. 윤리적 관점에서 봤을 때 이들의 유전증진은 자연적으로 좋은 유전자를 가지고 태어난 것과 같다. 이는 부잣집에서 태어난 행운을 가지는 것과 비슷하다고 할 수 있다. 철학자 라코스키(Eric Rakowski)는 다음과 같이 지적한다.

> 재능이 부모로부터 아이로 전해지는 것은, 운이 좋은 것이라고 밖에 생각할 수 없다. 아이가 부모를 선택할 수는 없다. 그리고 비록 저항적인 아이들은, 그들이 즐기고 이익을 누리는데 있어 부모의 사랑을 잃을지 몰라도 핵가족이 기본이 되는 사회에서는 자식들이 다른 사람들보다 부모의 영향을 더 많이 받게끔 되어 있기 때문에, 이는 일반적으로 당연하게 받아들인다.

다시 말해 우리는 부정한 방법을 통해서나 혹은 적절한 노력도 하지 않은 채 상당한 혜택을 얻고자 하는 상황에 직면하게 된다. 후자는 도덕적으로 자연 출생에 의해 공짜로 얻어진 것과 별반 차이가 없는 반면, 전자는 확실히 처벌되어야 한다. 물론 유전증진 혜택을 받은 사람에게 정당한 이유가 없으므로 그 혜택을 몰수해야 한다고 생각하지는 않지만, 그 혜택이 크면 클수록 이러한 상황은 나머지 사람들에게 더 불공평하게 보이며 더욱 적대감을 느끼게 할 것이다. 이러한 적대감이 클 경우 증진 혜택을 받지 못한 사람들은 증진된 사람의 특권을 박탈하자고 할 수도 있다.

그러나 유전증진된 사람들이 사회에 가져올 이익 때문에 이들을 너그럽게 봐 줄 수는 없을까? 또한 증진된 사람들은 증진되지 않은 사람들을 위해 삶을 향상시킬 물건들과 서비스를 만들어내지 않겠는가? 유전증진된 발명가들이 보다 나은 쥐덫을 만든다든지, 증진된 경제인들이 더 좋은 방법을 개발하게 된다면 우리 모두에게 도움이 될 것이다. 서론에서 언급했던 것과 같이 만약 우리 아이가 산 속에 갇혀 있을 경우, 우리는 유전증진된 구조원의 등장을 반가워하지 않겠는가?

부당하게 유전증진된 사람이 소유한 혜택을 사회에 환원함으로써 사회 전체에 이익이 된다는 논조는 사회주의자, 자유주의자, 자유시장주의자들이 사회의 불평등을 지지하는데 단골로 쓰는 말이다. 이와 같은 이론을 지지하는 사람의 하나는 가드너(John Gardner)이다. 그는 사회적 지위나 부에 따라 명성 있는 교육기관에 학생을 배정하는 것에 반대한 것과는 대조적으로 선천적인 재능에 대한 표준 측정을 주도한 인물이다. 가드너는 '극단적인 평등주의' 때문에 역사적으로 가장 훌륭한 업적을 만들어낼 수 있는 우수성을 얻으려는 노력에 종말을 고했다고 생각하여 극단적 평등주의를 반대하였다. 심지어 잔 라울스(John Rawls)도 못사는 사람들이 다른 사람들로부터 혜택을 받을 수 있다는 전제하에 상품과 서비스의 총 생산량을 늘리기 위한 실질적인 사회 불평등을 인정하고 있다.

> 기대에 부풀어 기업가로 하여금 노동 계급의 장기적인 성장을 증대시켜 주는 일을 하도록 도모해주었다. 동기는 전망에 의해 부여받게 되므로, 경제 발전은 더 효율적으로 진행되고 기술 혁신도 좀 더 빨리 진행된다. 따라서 생산된 제품은 경제 체제를 타고 널리 퍼져 이득을 거의 얻지 못한 사람에게도 돌아갈 것이다.

훌륭한 고전적 침투경제학(trickle-down economics)이 유전증진에 다음과 같이 적용되고 있다. 사회가 불평등해지더라도 몇몇 사람들과 그들의 자녀들에게 유전증진을 허락하면, 증진된 사람들은 더 많은 혜택을 누릴지라도 결국 모든 이들에게 혜택이 돌아갈 것이므로 사회는 윤택해질 것이다. 증진된 사람들은 자발적으로 그들의 몫을 덜 가진 사람들과 나누거나 그들이 얻은 것을 재분배할 것이기 때문에, 증진에 의한 혜택의 대부분은 점점 넓게 펴져나갈 것이다. 침투경제학은 민주주의 국가에서 특권 계층이 쥐고 있는 부를 대부분의 사람들이 왜 따라잡지 못하고 쟁취하지 못하는지를 설명하는 이유도 된다.

철학자 나겔(Thomas Nagel)은 사실상 불평등이란 '효율의 대가'라고 이야기한다. 물론 불평등은 너무 극단적인 면이 있다. 다시 말해 능률을 높여 많은 이익을 가져오는 사람의 입장에서 볼 때에도 불평등이 존재하며, 최소한의 이익을 취한 사람에게 이익을 분배할 때에도 불평등은 있게 마련이다. 이에 따라 사람들은 공평하지 못한 처사에 시기와 분노를 표명할 것이다. 라울스는 불평등이 가져오는 적개심에 대하여 "현재 자신이 처해있는 상황에 불만을 품고 이를 불평등하다고 탓하고 원망하는 데서 적개심이 생기는 것이 아니라, 오히려 자기보다 훨씬 더 잘 살고 있는 사람들과 자신이 처한 입장을 비교한 후 공평하지 않다는 생각이 들어 분노한다." 라고 말한 바 있다. 시기심을 품고 이야기하면 듣는 사람은 맞장구치면서 그 말에 동조하게 되지만, 결국 남에게 험담한 결과가 된다. 철학자인 드올킨(Ronald Dworkin) 박사가 제시한 '시기심 테스트'는 물자의 균등한 분배에 관한 이론으로 정평이 나 있으며, 불평등의 지표로 이용하고 있다. 즉 "물자의 분배는 똑같을 수가 없으며, 일단 공정하게 분배했다고 해도 누군가는 자신의 것보다 남의 것이 더 크고 더 좋아 보인다."는 생각을 하게 된다는 것이다. 시기심은 매우 불쾌할 뿐만 아니라 마음에 상처를 준다. 월처(Michel Walzer)가 제시한 내용은 다음과 같다.

> "평등을 반대하는 사람들은 평등주의를 열망하는 사람들 자신도 시기심과 분노로 가득 차 있으며, 이들이 평등주의를 열망하는 것은 하위계층에 있는 사람들 모두를 짓밟는 행위라고 주장하고 있다. 그러나 시기심과 분노는 불쾌한 감정이기에, 어느 누구도 그것을 즐기는 사람은 없을 것이다. 내 생각으로, 평등주의자들은 시기심과 분노를 만들어내는 조건을 의식적으로 피하려는 행동을 하지 않는다고 말하는 것이 정확한 것 같다."

어떤 점에서 하위계층에 있는 사람들은 특권층에 비해 매우 불리하다고 인식하기 때문에, 이들 사이에 불균형은 너무나도 크고 시기심 역시 매우 강해서 빵가루를 식탁 위에 던지면 흩어지듯이 이들이 사회에서 받는 혜택도 흩어진 빵가루처럼 보잘것없다고 생각할 것이다. 이러한 관점에서 불리한 처지에 놓인 하위계층 사람들은 불평등을 더 이상 받아들이지 않을 것이다. 이들은 물자 분배에 있어 재균형을 위한 어떠한 조치를 취할지도 모른다. 이러한 과정은 순조롭게 진행되지 않을 것이다. 어느 사회학자의 메모를 인용하면 다음과 같다.

> 사회적으로 받은 보상을 균등하게 분배하지 않아서 생기는 불평등은 언제라도 정치·사회적인 불안정 요소로 작용할 소지가 있다. 왜냐하면 보다 상류층이라고 하는 소위 특권층의 숫자는 하위계층에 비해 대체로 적기 때문에, 특권층은 사회적인 동요를 통제해야 하는 심각한 문제에 직면하게 된다. 이러한 문제를 해결할 한 가지 방법은 소외계층인 하위계층을 향하여 왜 그렇게 특권층에게 자주 반항하느냐고 묻는 것이 아니라, 왜 더 많이 반항하지 않느냐고 묻는 것이다.

더욱이, 거창한 개혁과 풍부한 물자 및 서비스를 약속하는 것이 중요한 것이 아니라, 문제는 우리 사회에서 이렇듯 편재해 있는 불평등을 너그럽게 봐주는 데에 있다는 것이다. 무엇보다도 가장 중요한 원인은 균등한 기회를 통해 공정한 분배가 이루어지고 있다는 사실을 어느 누구도 믿지 못하는데 있다. 다시 말해서 중요한 것은 자유민주주의 사회가 자본주의 사회에서 나타나는 불평등을 타파하기 위하여 해야 할 일은 평등의 기회를 주는 것이다. 얼마나 많은 이민자들의 자녀가 사업에 성공하고, 혹은 전문직업인으로서 자부심을 가지고 있는가? 얼마나 많은 가난한 부모들이 열심히 일함으로써 그들의 자녀들이 꿈을 이룰 수 있는 기회를 얻을 수 있는가? 사회 문제 조사에 의하면 "대부분의 미국인들은 미국 사회의 병폐인 불평등한 물자의 분배를 참고 견디고 있지만 개인의 출신 배경이 어떻든지 관계없이 누구에게나 균등한 기회를 보장해야 한다."고 주장하고 있다. 잔 슈아르(Jhon Schaar)의 생각처럼, 기회 균등을 믿도록 하는 것이 사회 질서를 유지하는데 매우 효과적일 것이다.

> 사회 질서가 유지되는 범위 내에서 누구에게나 공정하고, 자신의 위치를 찾는 데에도 똑같은 기회를 주기 위한 기회 균등의 방정식이야말로 미국의 사회 질서를 유지하기 위한 가치, 어떠한 정치적 공식보다도 공정하고 공평한 정책일 것이다.

유전형질이 매우 효과적으로 증진되면 상대적으로 기회 균등에 대한 믿음은 훼손된다. 유전적으로 형질이 매우 좋아진 사람들은 경쟁에서 유리할 것이고, 각종 재능 경연대회에서 우승을 차지할 것이다. 오스카상도 탈 수 있을 것이며, 일류대학교의 신입생 자리를 차지할 것이다. 또한 장래에 의사 혹은 변호사가 되거나, 정치에 출마하든지, 은행의 소유주가 될 것이며, 자신들이 꿈꾸어 온대로 근사한 배우자를 만나서 결혼도 할 것이다. 유전증진된 사람은 계속해서 자신이 차지한 자리를 지켜나갈 것이다. 유전형질이 증진되지 못한 낙오자들은 경쟁에서 질 것이며, 기회가 온다고 해도 지극히 제한되어 있어서, 그들의 자녀들마저 사회에서 실패할 것이다. 이들에게 기회균등은 유전증진 자체가 존재하지 않을 때 이루어질 것이다.

물질적인 부는 이렇게 치명적인 유전증진을 만들어낸다. 그것은 사회의 불평등을 떠받치고 있는 발판의 역할을 하고 있으며, 평등의 기회에 대한 우리의 믿음을 파괴하고 있다.

물질적인 부의 지지 없이는 자유 민주주의 사회는 쉽게 붕괴할 것이다. 그것도 갑자기 무너질 것이다. 유전적인 기술 개발의 발전은 유전적으로 하위에 있는 계층에게 물질적인 이익을 줄 것이고, 이에 보답하는 의미에서 하위계층은 유전적으로 우월한 상위계층에게 잠시나마 정권을 맡길 것이다. 하위계층을 구성하고 있는 사람들은 자신들의 계층에서 벗어나지 않는 범위 안에서 잠시나마 상류로 향한 움직임에 만족할 것이다. 유전증진된 사람들은 정치적, 사회적 평등을 유지하기 위하여 '높은 신분에는 의무가 뒤따른다'(*noblesse oblige*)는 원칙을 정하고, 그 원칙에 따라 국민들을 다스릴 것이다. 유전적으로 상위계층이거나 혹은 특권을 보장받은 사람 중 유전적으로 증진되지 않은 사람이 대표자인 민주주의 국가도 있을 수 있다. 일반적으로 더 많은 특권을 가지고 있는 사람이 대표자로 선출되기 때문에 어떠한 제도도 현행제도와 유사할 수 있다.

그러나 이러한 상황이 벌어진다면 극도로 불안정한 상태가 올지도 모른다. 어떤 면에서 유전적으로 상위에 있는 계층들은 자제심을 발휘하여 파국으로 치닫는 선을 넘지 않고 안정을 유지해 나갈 필요가 있다. 이들은 반사회적인 과다한 욕심을 미리 예방하기 위하여 서로를 감시하고 단속할 필요가 있다. 따라서 유사민주주의 체제는 유전증진을 누구에게나 공정하게 재분배할 것을 약속하여 정치적인 권력을 잡은 민중 지도자에 의해 붕괴될 가능성이 높다.

유전증진된 엘리트는 투표에서 자신이 배제되는 것을 수긍하지 못할 것이다. 대단한 재능을 획득한 특권층으로서는 자신의 신분을 보존하기 위해서라도 모든 재능을 사용할 것이다. 이들이 사용할 만한 기술로는 유전적으로 증진되지 못한 사람들이 유전증진제를 사용하는 것을 막을 것이며 민주주의 절차에서 명백한 간섭을 들 수 있다. 또한, 유전증진된 사람들은 대중매체를 조종하여, 비례대표제에 의한 민주주의 선거 결과까지도 지배할지도 모른다. 유전증진되지 않은 사람들이 정치세력을 유지시키기 위한 노력은, 특별한 문제에 대중의 힘이 모아지는 것을 막기 위해 정부가 조세법을 개정하려는 것처럼 실효를 거두지 못할 것이다.

궁극적으로 우리는 하위계층 선동자가 제정한 법률과, 유전적인 귀족계층에 의해 제정된 법률 사이에서 사회폭동과 같은 대혼란을 맞이하게 될 것이다. 종국에는 폭도들에 의한 무정부상태로 악화될 수도 있다. 하위계층 사람들은 하위계층 신분에서 벗어나기 위하여 유전혁명이 이룩한 과학적인 기초 자료까지도 파괴하고, 연구소의 장비를 철거하고, 유전자 지도와 염기순서 분석 자료들을 삭제할지도 모른다.

한편 유전자 혁명 이후의 사회는 유전증진된 사람들이 그들의 권력 유지와 증진되지 않은 사람들을 감시하기 위하여 각종 억압 기술을 행사하는 전체주의 체제로 넘어갈지도 모른다. 헉슬리(Aldous Huxley)는 '용감한 신세계'(*Brave New World*)에서 이러한 기술에 향정신제(psychopharmaceauticals)까지도 이용하게 될 것으로 예견하였다. 하위계층을 보다 더 잘 다루기 위해 유전적인 엘리트들은 유전자조작법을 사용하게 될지도 모른다.

이러한 악몽과도 같은 여행은 하룻밤 사이에 일어나지는 않을 것이다. 점진적으로 일어난다면 사회는 적응할 수 있을 것이다. 당연히 유전증진 개발 속도가 느릴수록 성공적인 적응의 기회가 올 것이다. 이것은 유전증진을 조절하기 위한 체제를 설계하는데 있어 매우 중요한 부분이다.

앞에서 우리가 너무 긍정적으로 보아 간과하였지만 유전증진이 기술적으로 성황을 이루든지 혹은 이것이 유전적 중류 계급의 존재에 의존하든지 간에 전형적인 시나리오는 우리 사회가 어떠한 유전증진에도 대처할 능력이 있다는 것이다. 유전증진을 받으려면 매우 돈이 많이 들지만, 아주 부유한 사람은 혜택받을 수 있을 것이다. 일부 유전증진을 받을 수 있는 중류 계급도 생겨날 것이다. 유전적인 귀족계층은 유전증진을 중간계층에게 나누어주거나 그들이 구매하도록 도와줄 것이다. 중간계층은 유전적으로 증진되지 못한 하위계층과 유전적인 귀족계층 사이에서 완충재 역할을 함으로써 민주주의 국가는 유지될 것이다.

민주주의를 잘 유지하기 위해서는 중간계층이 많아야 하며 이러한 개념은 민주주의의 역사만큼이나 오래된 것이다. 아리스토텔레스도 "통치가 잘 되는 도시는 중간계층의 수가 더 많다."라고 말하였으며, '다수를 차지하는 중간계층의 수가 독재정치에 참여하는 사람의 수보다 훨씬 더 많고, 총체적으로 볼 때 중간계층이 차지하는 명예를 합하면 무엇보다도 더 큰 몫의 명예를 차지하는 결과를 가져오기 때문에 민주주의는 소수 독재정치에 비하여 더 안정되고 더 오래 지속됨'을 관찰한 것으로 보아, 이 학설에 대해 잘 알고 있었다고 볼 수 있다. 많은 현대 정치이론가들은 미국과 여러 서구 민주주의 국가들에 있어서, 부유층과 빈곤층 사이의 거대한 불균형을 견뎌내는데 있어 강력한 중간계층이 중요한 역할을 해왔다고 주장하고 있다. 칼스트(Kenneth Karst)는 미국의 부유층과 빈곤층 사이에 불균형이 점차 커지는 것을 걱정하며 다음과 같이 적고 있다.

> 건전한 민주주의가 밑바탕에 깔려 있어야 한다는 전제 하에서 공공 질서가 합법적이라는 말은 개개인이 이러한 체제에 소위 자신의 위치가 확고하도록 말뚝을 박았다는 의미이다. 이는 경제와 사회 양쪽 분야에서 위치를 확고히 굳혔다는 말이며, 이미 상세히 열거한대로 사회 분열은 경제적 기회가 적어질수록 더 많은 영향을 받는다 …… 만일 다수의 사람들이 중간계층으로부터 추락한 사실을 인식한다면 우리는 이러한 사실을 그저 바라만보고 웃고 있을 수는 없다.

그러나 어쩌면 중간계층은 부에 기초한 유전증진에 참여함으로써 기회 균등의 상실을 가져와 민주주의를 구할 수 없게 될지도 모른다. 특별한 효과가 있는 유전증진의 대가는 여전히 너무 비싸기 때문에 대부분의 중간계층은 이를 이용할 경제적인 여유가 없을지도 모른다. 중간계층은 유전증진에 의해 유전적인 엘리트 그룹과 합쳐지는 중상류층과, 유전적인 하위계층과 한 팀이 되는 중하류층으로 나뉘어져 엄밀한 의미에서 중간계층은 사라지게 될 것이다.

비록 진정한 중간계층이 존재하더라도, 독재정치와 전체주의가 민주주의를 압도하는 것을 막을 수는 없을 것이다. 실제로 제2차 세계대전 직전에 독일은 독재사회주의의 상승세를 막지 못했다. 글라스만(Ronald Glassman)은 다음과 같이 진술하고 있다.

> 상업적인 중간계층은 비록 주류를 이루더라도 민주주의의 부각이나 민주주의의 존속을 보장하지 못한다. 강력한 독재자와 제왕의 역할을 하는 관료주의의 존재와 같은 구조적인 조건들이 중간계층이 행사할 수 있는 자유민주주의 선거의 친화력에 중요한 제한 요소가 될 수 있다. 역사적으로 볼 때 위기 상황에 처하게 된 중간계층들은 민주주의로부터 보수적 전제정치나 혹은 가장 현대적인 형태의 전제정치로 내몰리게 되었다. 일단 전제정치가 득세하게 되면 중간계층은 전제정치를 전복시킬 힘을 잃게 될 것이다. 결국 제2차세계대전을 통해 미국이 승리를 하고나서야 독일과 이태리에서 나치즘과 파시즘은 전복되었다.

다시 한 번 중간계층이 사회를 구할 수 있을지도 모르지만, 확실히 보장된 것은 아니다. 서구의 자유민주주의에 유전증진이 임박함에도 불구하고 우리는 아직도 이에 대해 심각하게 고려하지 않고 있다. 이것은 생식세포의 유전증진을 말하는 것이다. 상기하자면, 생식세포의 증진은 발생 초기에 유전형질을 변형시킴으로써 개인의 생식세포로 들어가서 합해지고 그들의 자녀에게 전달됨을 의미한다. 특출한 유전적인 장점을 출생부터 부여받은 아이들은 그들 부모보다 훨씬 더 많은 재산과 특권을 누리게 될 것이다.

생식세포의 증진 기술이 발달함에 따라 새로운 진보가 올 것이며, 이러한 혜택은 그들의 자녀들이 상속받게 되고 그러한 과정은 계속될 것이다. 생식세포의 증진은 새로운 독재자를 창조해낼 것이다. 이 특권을 가지고 있는 계층의 사람들은 경쟁 상대도 없고 공격의 대상도 안 되는 완전 독점의 상태에서 계속 다음 세대로 계승될 것이다. 이와 같은 불균형이 득세하는 사회에서 소수 독재정치가 출현하게 되고, 기회 균등이라는 신뢰의 문은 굳게 닫혀버릴 것이다.

우리는 이러한 종류의 사회를 경험한 바 있다. 세계의 역사는 이러한 사례로 가득하다. 중세 유럽의 사람들은 계급사회에서 태어나 죽을 때까지 그 테두리 안에서 모든 것을 참고 견디었으며, 약간의 예외가 있기는 하지만 여전히 세습된 계급에 평생을 머물러 있었다. 농부들 중 수도원에서 종교 교육을 받은 후 도제가 되거나, 때로는 기사가 되는 신분 상승은 극히 희귀하였다. 노예 제도 사회에서 강제 노역을 하도록 태어난 노예가 자유로워질 기회는 주인의 노리개 감이 되는 일이나, 혹은 붙잡히면 처형을 받을 것을 무릅쓰고 탈출하는 길 뿐이었다. 과장되거나 과거의 정체된 사회의 예가 아닌 것이 인도의 카스트 제도이다. 카스트 제도는 나라의 안정에 대한 끊임없는 위협이라고 볼 수 있다. 최근 인도 동북부 지역의 신분이 낮은 카스트 마을을 습격했던 총잡이들을 조사하여 확인한 결과, 이들은 상류층 카스트 민병대에 소속된 자들로 배후에는 부유한 지주들이 있었으며, 사망자 34명은 여자, 어린이 및 노인들이었다.

유전증진의 가장 큰 위협은 바로 서구 자유민주주의 전통과 가장 상반되는 유전귀족의 출현이다. 유전귀족은 출생 때부터 특권을 가지고 태어나, 결국 모든 것을 소유한 상태에서 자기 멋대로 규율을 정하고 정부를 독점하게 될 것이다. 1인 1투표제는 백일몽에 불과하다. 앞으로 유전증진의 시대를 맞이하여 바람직한 미래 사회를 계획하려면, 전형적인 유혈혁명에서 보듯이 귀족층이 붕괴하여 무너진 후에야 진정한 현대 민주주의가 출현하였음을 우리는 잊지 말아야 할 것이다.

11

하늘을 찌르는 인간의 오만

유전증진 기술은 아마도 부자들 밖에는 이용하지 못할 것이므로 미래 사회가 매우 삭막하게 될 것이라고 생각할 수 있다. 이 기술로 인해 엄청난 이익을 얻을 수 있는 사람은, 힘들게 노력해서 그 기술을 이용하게 된 사람들이라기보다는 결국 자신의 유전자를 가장 많이 증진시킬 수 있는 경제적 여유를 가진 사람들일 것이다. 고용주와 동료들로부터 끊임없이 압력과 경쟁에 시달리다가 마침내 유전자를 증진시킬 만큼의 여유가 생긴 사람은 선택의 여지없이 그렇게 할 것이고, 부유한 부모들도 자신의 자녀에게 성공적인 인생을 선물하기 위하여 틀림없이 유전자를 조작할 것이다. 유전증진된 사람은 그렇지 못한 사람들 위에서 특권을 누리기 위해 자신의 비범한 능력을 사용하게 될 것이다. 기회 균등의 법칙은 사라지고, 유전귀족이 지배하는 사회가 올 것이다. 한마디로 민주주의가 소멸하리라는 전망이다.

심지어 유전증진이 안전하고 효과적이라고 일반 대중을 확신시키기 위해서도 커다란 사회적 대가가 필요할 것이다. 결국 임상실험에 참여하여 누가 실험용 쥐 노릇을 하게 될까? 부자나 유명인은 결코 아닐 것이다. 가난하고 취약한 사람들이 표적이 될 것이다. 그들은 실제 있을지 없을지도 모르는 유전증진의 이득을 미끼로 위험천만한 실험에 참여하도록 유혹당할 사람들이다. 현재는 이런 일이 일어나지 않도록 방지하기 위한 온갖 법적 장치들이 마련되어 있다. 대부분의 경우에 인체 실험은 정부 당국의 승인을 받아야만 하며, 그 실험을 수행하는 기관의 심의위원회를 거쳐야만 한다. 정부 규제가 있기 때문에, 실험 대상자에게는 임상실험에 참여하는 대가로 거액의 돈을 제공할 수 없으며, 혹여 실험대상자가 수감된 죄수인 경우에도 감형을 약속할 수 없게 되어 있다. 이러한 규제는 나치시대에 있었던 인종학대와 미국 남부의 터스키기(Tuskegee) 실험에서 일어난 인종학대의 경험을 토대로 확립된 것이다. 터스키기 실험에서는 매독을 앓고 있던 가난하고 교육받지 못한 흑인들을 그 병의 경과를 관찰하는 데 이용하려고 고의적으로 치료를 수행하지 않았다.[1)] 하지만 규제란 폐지되거나 무시될 수도 있는 것이다. 그러므로 다음과 같은 상황이 생길 수 있다. 즉 유전증진 실험에 자원한 가난한 사람들은 이처럼 놀라운 '유전자 혁명'(wonder genes)에 접근할 수 있는 자기 평생에 유일한 기회를 갖게 된다는 점이다.

아직도 우리는 유전증진이 미래 사회에 미칠 가장 중대한 위협에 대해 규명하지 못했다. 앞서 말한 시나리오가 냉혹하고 포악하기는 하지만, 인간 사회의 기본적인 구조는 그대로 유지되고 있

---

1) 터스키기는 미국 앨라배마주 중동부에 있는 도시 이름으로, 인디언 마을에서 지명이 유래하였다. 목화와 옥수수 재배 및 낙농업이 주업인 전형적인 미국 남부 흑인 도시이다. 1932년 미국 정부 산하 질병예방센터가 매독의 경과를 연구하기 위해 터스키기 주민 가운데 200명의 가난한 흑인을 상대로 실험을 하고, 이를 은폐하였다가 수십 년 뒤에 악행의 진실이 밝혀져 클린턴 대통령이 사과한 사건이 있었다.

다. 설령 공포와 절망을 불러일으키는 상황일지라도 우리 인간은 전에도 그런 상황과 비슷한 것을 경험한 적이 있다.

그러나 유전증진의 궁극적인 결과는 우리가 전에 경험한 심각한 상황을 훨씬 능가한다. 단지 키를 몇 cm 늘리는 대신 유전자를 향상시켜 몇 십 cm 크게 하면 어떨까? 사람이 몇 십 kg이 아니라 몇 백 kg을 들어 올릴 수 있는 힘을 갖게 할 수 있다면 어떨까? 지능지수를 높이려는 노력 대신에, 엄청나게 빠른 컴퓨터의 처리속도를 능가할 정도로 지력을 향상시킨다면 더욱 신나지 않을까? 유전암호의 해독과 유전자를 조절하는 기술의 발전이 결합되면, 장차 유전병을 완벽하게 예방하고 인간의 형질을 변경하는 데까지 확장될 것이다. 그렇게 되면 우리는 *Homo sapiens*의 한계를 뛰어넘는 형질과 능력을 지닌 신종을 만들어낼 가능성이 있다. 요컨대, 우리가 더 이상 인간이 아닌 피조물을 만들어낸다면 어떻게 될까?

유전공학의 이와 같은 잠재적 위험성 때문에 많은 사람들은 소위 인간의 오만한 '하느님 놀이'(playing God)에 반대한다. 경제동향재단(Foundation for Economic Trends) 대표이자 유전자조작에 대해 오랫동안 비판적 태도를 보였던 리프킨(Jeremy Rifkin)은 다음과 같이 경고한다. "생물학자들의 관점은 너무나 편협하다.... 그들은 주변 사항을 살펴서 종합적으로 사고할 능력이 모자란다. 그들은 기본적으로 기계론적 사고에 치우쳐 있다. 우리 일반 대중은 과학기술이 이성적으로 사용되는지를 검증할 필요가 있다. 인간은 선한 목적이라는 미명 아래 '하느님 놀이'를 시도하나 꼭 말썽이 생기고 만다."

미국 남침례교총회의 기독교생명위원회 집행국장 랜드(Richard Land) 역시 비슷한 의견이다. "우리 인류는 인간 생명의 본질에 대한 복잡한 논란의 문턱에 들어섰다. 생명의 형태를 변화하여 새로운 생명체를 창조하는 행위는 하느님의 주권에 반항하는 짓이요,

스스로 하느님이 되려는 시도이다." 미국 동물애호협회 소속 생명윤리학자인 폭스(Michael Fox)는 이렇게 덧붙인다. "우리는 너무나 영리한 작은 원숭이다. 그렇지 않은가? 생명의 기초를 조작하고, 스스로 작은 신이라 생각하고 있으니...." 그는 유전자 연구가 "생명 존엄성을 침해하는 것이며, 따라서 폭력 행위로 간주할 수 있다."고 말하였으며, 또한 "유전공학을 이용한 기술 중 쓸만한 것은 산아제한 정도일 것이다."라고 피력하였다

물론 반론의 여지는 있다. 유전증진의 결과는 지극히 유익할 수도 있다. 유전자가 증진된 사람들은 서론에 언급한 구조원을 훨씬 능가하는 능력을 가질 수도 있다. 그들은 물속에서도 숨 쉴 수 있고, 우주 공간에서도 생존할 수 있으며, 하늘을 날아다닐 수도 있는 신기한 인간이 될 수 있다. 만약 이런 것이 '하느님 놀이'라면 그건 어쩔 수 없는 일이다. 여하간 우리가 하느님을 믿는다면, 우리에게 유전암호를 풀고 유전체를 조작할 기술을 개발하도록 능력을 부여해준 이도 또한 하느님이지 않은가?

오래전부터 전해지는 우스갯 소리를 예로 들어보자. 어느 곳에 아주 고지식한 기독교인 한 사람이 있었는데, 마침 그의 마을이 홍수에 휩쓸려나갈 위기에 처하게 되었다. 경찰차가 마을 주민 모두에게 대피하라고 알리면서 거리 곳곳을 순찰했다. 그런데 그 믿음이 돈독한 기독교인은 자기 집을 떠나지 않겠다고 버티는 것이었다. 그는 오히려 경찰더러 "하느님이 나를 구원하실 것이다!" 라고 안심시켰다. 드디어 물이 차올라오기 시작하였다. 구명보트가 다가와서 "빨리 타!" 라고 소리쳤지만 그는 또 다시 거절했다. "하느님이 나를 살리실 것이다!"며 고함으로 응수했다. 마침내 그가 넘실거리는 물 위로 유일하게 남아있는 굴뚝 꼭대기에 불안하게 매달려 있을 즈음, 군 헬리콥터가 날아와서 그의 머리 위로 공중을 맴돌며 밧줄을 늘어뜨렸다. 그러나 하느님만 의지한 그는 끝내

밧줄 잡기를 거절하였고, 결국 물에 빠져죽고 말았다. 화가 치밀어 오른 그는 하늘나라에 도착하자마자 쏜살같이 베드로에게 달려가 불평을 털어놓았다. "하느님을 믿는 내가 물에 빠져죽었소! 이게 말이나 되오? 내가 죽을 때 하느님께서는 아무 것도 하지 않으셨단 말이오!" 놀란 얼굴로 베드로가 대꾸했다. "천만에! 당연히 하느님은 일을 행하셨지요. 경찰차를 보내고, 구명보트를 보내고, 헬리콥터까지 보낸 이가 그럼 누구라고 생각했단 말이요?"

다시 말하자면 인간이 하느님의 성스러운 계획의 일부라고 믿는다면, 우리의 유전학적 미래를 설계할 도구를 준 이 역시 하느님이라고 믿어야 할 것이며, 아무도 이 사실을 부정할 순 없다. 하느님은 인간에게 창조의 횃불을 넘겨주신 것이 아닌가?

유신론을 그다지 신봉하지 않는 목적론자에게 유전증진은 초월저 진화의 단계를 의미할 수 있다. 인류는 궁극적으로 자신의 분자적 주인인 유전자로부터 생물학적 운명의 열쇠를 넘겨받게 된다. 지금까지 인류는 대부분의 다른 생명체들과 마찬가지로 유전자가 기생하는 숙주가 되어왔다. 기생하는 이기적 유전자는 세포핵에 거주하면서 그들의 번식 즉 복제를 위해 숙주를 이용한다. 수명에 관여하는 말단소체가 짧아져 퇴화하도록 미리 프로그램된 이 유전자는 좀 더 유용한 후손을 숙주로 이용하기 위해 숙주인 부모를 버린다. 즉 먼저 존재했던 것을 죽여 순환하도록 하는 것이다. 그러므로 유전증진은 우리 숙주들에게 구원의 밧줄이 될 수도 있다. 숙주로 하여금 통제권을 장악하게 하고 마침내 스스로를 유전자의 횡포로부터 해방되도록 하는 것이다.

사실상 우리는 이미 이기적 유전자에 대항하는 일을 하기 시작했다. 우리는 이전에 결코 존재한 적이 없는 생명체를 만들어내고 있다. 바다에 유출된 기름을 먹고 생물학적으로 분해하도록 설계된 박테리아가 있다. 반은 염소이고, 반은 양인 '양염소'(geep)라는 이름의 키메라도 만들어냈다. 생쥐의 등에서 사람의 귀가 자라게 할 수도 있고, 야광을 발하는 개구리나 토끼를 만들 수도 있게 되었다. 그렇지만 유전증진공학의 궁극적인 결실은 말 못하는 단세포 생물체나 이상한 생김새의 작은 동물만이 아닐 것이다. 그것은 고도의 환상적인 지능을 자랑하는 생명체로서 또렷하게 말도 할 수 있고 자의식도 있는 정신을 지닌 생명체일 것이다.

그런 생명체는 우리와 동일하지는 않을 것이다. 그러나 모든 사람이 유전증진을 이루지는 못할 것이기 때문에, '우리' 중 누군가는 여전히 주변에 남을 것이다. 그렇다면 만약 우리가 어느 날 눈을 떴을 때, 지구상에 의식을 지닌 종이 하나 이상 거주한다는 사실을 발견한다면 어떻게 될까? 엄청나게 골치 아픈 일이 발생할 것이다.

우수한 종에 속하는 사람들이 증진되지 못한 종을 얕잡아 본다면, 그들은 증진되지 못한 사람들이 비록 똑똑한 창조물이기는 하나 자기들과 똑같이 시민으로서의 권리 및 정치적 권리를 누려서는 안 된다고 결정할지도 모른다. 자신들의 조상, 곧 증진되지 못한 조상을 무시하거나 경멸하게 된다면, 우수한 종은 결국 비정한 지배자가 될 것이다. 그들은 심지어 유전증진되지 못한 사람들이 더 이상 필요 없다고 결정할지도 모른다. 가지고 놀 장난감으로서의 몇 명을 제외하고는 말이다. 한마디로 어느 날 눈을 떴을 때, 우리는 스스로 괴물 종족을 창조한 것을 깨달을 수도 있다.

고대 그리스인에는 이것에 딱 맞는 용어가 있었다. 우리의 이해력을 넘어서는 행위, 우리가 올림프스산의 신들을 흉내낼 수 있다고 생각하는 것, 그것을 그들은 '오만'(*hubris*)이라 불렀다. 그리스의 극작가 아이스킬로스(Aeschylus)는 '페르시아인'(*The Persians*)이라는 책에서 페르시아의 장군 크세르크세스(Xerxes)의 오만에 대해 서술한다. 크세르크세스 장군은 자신의 군대가 유럽과 아시아대륙을 잇는 헬레스폰트(Hellespont) 해협을 가로질러 진군하도록 보트를 연결하여 다리를 세웠는데, 그만 조수가 밀어 닥쳐 교량이 파괴되자 군인들이 모두 익사했던 것이다. 그리스인들에 따르면, 오만 즉 신이나 보유할만한 것을 인간도 쟁취할 수 있다는 망상은 판단 '실수'(*hamartia*) 또는 계산 착오를 불러일으킨다. 그리고 이것은 차례로 '인과응보'(*nemesis*)에 따라 파국을 낳는다.

분명히 고도의 지능을 가진 종족, 곧 유전증진된 괴물을 창조한다는 것은 매우 어리석은 짓이 될 것이다. 우리의 자녀들에게서 '자연스러운' 유전적 운명을 박탈한다거나, 생식세포의 조작을 통해 어떤 집단 내에 안정적으로 유지되는 유전자풀을 어지럽혀서 인간이 너무나 동질화된 결과 새로운 환경 변화를 이겨내지 못할 것이라는, 즉 멸종할 것이라는 우려를 도저히 씻을 수가 없기 때문이다 하지만 그렇다고 해서 그것이 세상에서 제일 어리석은 짓이라고 할 수는 없다. 뿐만 아니라 완전히 낯선 것도 아니다. 어쨌든 유태인 대학살은 나치가 스스로는 우수한 종족이고, 유태인들은 열등한 인간이라는 믿음에서 생겨난 것이다. 40억년 간의 생명의 역사에서 자연적으로 동질화되어 멸종한 종이 수천만 종에 이르지 않는가?

유전증진의 가장 두려운 공포는 우리가 괴물을 창조할 수 있다는 것이 아니다. 정말로 무서운 것은 우리가 신을 창조하기를 바란다는 사실이다.

12

해결 방안

이번 장에서는 유전증진에 의해 개인 간의 차이가 깊어져 유전적으로 우세한 집단으로 구성된 유전자 귀족계층이 형성됨으로써 기회 균등에 대한 믿음이 무력화되는 미래의 모습에 대해 알아보자. 생식세포 유전증진은 다음 세대에도 유전되기 때문에 우수 유전자 집단의 특권 지위는 강건해지고 민주주의라는 개념은 과거의 유물이 된다. 우수 유전자 집단이 지배권을 잡으려고 투쟁하고 열등 유전자 집단은 지배자를 물리치려고 할 때, 사회는 폭정이나 혼란에 빠진다. 유전증진에 의해 인간의 한계를 초월한 새로운 독재자, 즉 과학적으로 새로운 인종이 창조된다면 상상만으로도 끔찍하다. 이러한 미래의 모습이 현실로 되지 않게 하려면 어떻게 해야할까?

한 가지 방법은 유전증진을 여유 있는 사람뿐만 아니라 모든 대중에게 분배하는 것이다. 그러나 제10장에서 살펴본 것처럼 그 비용은 매우 비싸다. 유전증진 비용이 1만달러라 치고 산술적으로 계산을 해보면 모든 사람에게 적용되는 유전증진 비용은 2.5조달러 정도 된다. 이 비용은 미연방정부 예산의 2배이다.

이는 단지 미국만의 경우이고 유전증진의 부정적인 영향은 전 세계적으로 나타날 수 있다. 세계 여러 나라들이 유전증진된 인재를 유치하려고 경쟁하면 '유전자유출'(gene drain)이 발생하여 가난한 나라의 보통 시민들의 복지는 더 퇴보하게 된다. 미국 및 여러 다른 선진국에서 유전증진이 고르게 분배된다 하더라도 지구의 다른 편에 있는 개발도상국의 평화와 안전은 위협받을 것이다. 즉 선진국의 시민이 유전증진됨에 따라 가난한 국가의 시민은 기회의 균등을 누릴 수 있는 가능성이 줄어든다는 것을 알고 자기보다 풍족한 나라를 침략할 가능성이 크다. 2001년 9월 11일의 테러 사태와는 비교도 안 되는 끔찍한 일이 일어날지 모른다.

유전증진으로 기대되는 미래의 모습이 이렇게 암담하다면 분명한 해결책은 유전자조작으로 인간의 능력을 증진시키는 것을 막거나 금지하면 된다. 유전증진 상품을 제조하는 사람, 유전증진 서비스를 제공하는 전문가, 자기 자신과 자녀를 위해 유전증진 상품과 서비스를 구매, 소유, 사용하는 소비자를 겨냥하여 이러한 행위들을 금지하는 법을 입법하면 된다. 국회 입법 과정을 통해 유전자증진을 매매, 분배, 공급, 구매하는 행위를 범법 행위로 지정하는 것이다.

이는 인간 복제를 금지했던 법과 유사하다. 2002년 켄사스 출신 공화당 의원 브라운백(Sam Brownback)의 발의로 입안된 '인간복제금지법' (S. 1899)에 따르면 어느 누구도 인간복제를 하거나 시도하는 것조차 안 되고, 또 그런 행위에 참여하거나 복제세포를 주고받는 것도 금지하고 있다. 이를 위반할 때의 처벌은 가혹하여 최대 10년 징역, 100만 달러 이하의 벌금을 내야 한다. 캘리포니아주 민주당 의원 피스타인(Dianne Feinstein)이 발의한 S.1758과 아이오와주 민주당 의원 할킨(Tom Harkin)이 발의한 S.1893의 두 법안은 복제한 인간 태아를 이식하거나 출생시키는 것을 금하지만,

연구와 다른 목적을 위한 복제는 허용한다.

이런 규제를 강화하기 위해서 다양한 방법을 사용할 수 있다. FDA는 유전증진 결과물에 대해 사법권을 행사해왔다. 예를 들어 FDA는 사용 허가를 받은 제조업자만이 얼굴 근육을 마비시키는 보톨리누스를 주름 방지의 미용 목적으로 사용하도록 규제하고 있다. 제6장에서 언급했듯이 FDA는 이미 지방 흡입 기계, 의사의 처방이 필요 없는 콘택트 렌즈, 미용 목적의 가슴 이식술을 규제하고 있다. 체세포 증진은 의약품의 정의에 맞는 개념이고, 유전증진 목적을 위한 유전자조작은 유전자치료와 유사하기 때문에 FDA가 연방정부의 식품, 의약, 화장품에 관한 법령에 준하여 유전증진을 규제하는 것은 법원의 지지를 받을 것이다. 만약 그렇지 않다면 국회법에 의해 다른 기관이 이를 통제해야 한다.

하지만 제6장에서 언급했듯이 FDA는 생산물 이외의 건강 관리 서비스를 통제할 힘이 없다. 그러나 그 구분은 항상 명확한 것은 아니다. 예를 들면 FDA는 유전자치료에 사용하는 유전자(생산물)를 주입한 결과물과 생체에 유전자를 주입하는 행위(서비스), 이 모두를 규제한다. 또한 FDA는 종종 생산물을 환자에게 제공할 수 있는 보건 전문가에게만 그 생산물에 대한 사용을 허가한다. 예를 들어 요실금을 치료하는데 사용되는 콜라겐 임플란트는 비뇨기과 과정 중 요실금을 전공한 의사만이 쓸 수 있다. 유전증진을 감독하기 위해서 국회가 식품의약법을 고쳐서 의약 업무를 규제할 수 있는 분명한 권한을 FDA에게 줄 필요가 있다. 미국의학협회의 반대에 부딪힐지 모르지만 유전증진이 우리 사회에 미칠 파장을 고려해 보면 이 반대는 감수할 만하다.

유전증진을 사용하거나 소유하는 행위에 대해 FDA가 더 강력하게 규제하는 방법도 생각할 수 있다. FDA는 물품의 소비자나 사용자 보다 공급자에게 통제의 초점을 두었다. 법의 테두리 안에서 위법 행위에 대한 처벌을 하고 임상연구원 같은 보건 전문가가 새로운 의약품에 대한 허가 여부를 판단하기 위해 실험하는 자격을 박탈할 수 있는 권한도 있지만 FDA는 우선적으로 비합법적인 물건을 압수하게 된다.

비합법적인 유전증진을 수행했거나 구매할 사람을 마약단속국(Drug Enforcement Agent: DEA)이 통제하게 하는 것이 가장 적절하다. 마약단속국은 물질 규제 조례의 세부 사항에 의거하여 물질의 남용 가능성을 추정하여 의약품을 분류한 목록을 토대로 약물 남용을 단속한다. 이런 규제 장치는 유전증진의 규제에 가장 적합한 규제 장치이다. 왜냐하면 FDA는 연방식품, 의약, 미용 조례에 근거하여 사용자에게 위험한 생산물에 대해 규제를 하는 반면, 물질 규제 조례는 사회 전체를 위협하는 의약품을 다루는 모든 과정을 단속할 수 있기 때문이다. 또한 마약단속국에는 생산물의 조제를 법 테두리 안에서 관리하고 비합법적인 거래를 저지할 수 있는 많은 전문가들이 있다. 마약단속국은 생산과 분배의 전 과정을 관리하여 통제 물질의 생산뿐만 아니라 제조과정에 필요한 기초 화학물질의 생산에도 제한을 가한다. 유전증진은 마약단속국의 1급 항목, 즉 오용될 가능성이 높고 현재 의학적 용도로 인정되지 않은 물질로 분류될 수 있다. 마약단속국은 이 1급 항목의 물질에 대한 제조를 전혀 허용하지 않는다.

사실상 유전증진을 규제하는 접근 방법은 이미 시도되었다. 1990년에 국회는 운동 선수가 근육 강화를 위해 남용하였던 스테로이드를 마약단속국 규제품 목록의 3급 항목에 포함시켰다. 3급 항목에는 1급과 2급에 비해 남용의 소지는 적고 현재 의료용으로 사용되지만 만약 남용한다면 육체나 정신에 중독을 유발하는 물질들이 포함된다. 3급 항목에 대한 마약단속국의 규제는 1급 항목에 대한 규제만큼 강력하지는 않지만 스테로이드를 규제 항목에 포함시켰다는 사실로부터 유전증진 물질에 대한 엄격한 규제를 하려는 정부의 입장을 알 수 있다.

더 강력한 예로서 사람생장호르몬과 관련된 입법을 들 수 있다. 1991년에 국회는 연방 식품, 의약 및 미용 조례를 개정하여 유전자재조합기술로 만들어진 사람생장호르몬을 합법적으로 인정된 의료 행위나 질병 치료 이외의 목적으로 판매하거나 소지하는 것을 범법 행위로 규정했다. 이 법은 특히 증진 목적을 위한 치료용 유전공학 산물의 관리에 초점을 두고 있다. 사실상 이 법은 유전증진에 대한 정부의 첫 번째 금지인 셈이다.

여기서 문제가 생긴다. 과연 국회가 이런 법을 제정할 힘이 있는가 하는 부분이다. 다시 말해 합법적인가? 유전증진을 위한 생장호르몬의 사용 금지 법안이 개인의 자유에 대한 침해라고 누군가 이의를 제기한다면 상급법원인 대법원의 입장은 무엇일까? 아직까지 이의 제기는 없었지만, 만약 정부가 유전증진에 대한 금지를 좀 더 확대시킨다면 앞으로는 많은 이의가 제기될 수 있을 것이다. 자신을 유전증진시키고 싶은 개인이나, 자녀를 유전증진시키고 싶은 부모, 증진 서비스를 판매해서 돈을 벌기를 바라는 전문가나 기관들, 또는 증진 상품이나 장비의 제조업자, 판매자들이 이의를 제기할 수 있다.

이런 소송의 성공 여부는 고소인 측에서 제조하거나 사용하려는 유전증진 기술의 특성과 깊은 관계가 있다. 대법원은 치료 목적의 약을 사용하는 개인의 선택을 합법적으로 통제하는 것을 승인해 왔다. 예를 들어 대법원은 FDA가 살구 씨로 만든 항암제 성분 래트릴(laetril)의 사용을 금지하는 쪽의 손을 들어주었다. 이에 대해 환자와 의사들은 FDA가 치료 방법 선택의 자유를 박탈했다고 불평했다. 또한 다른 모든 치료 방법이 실패했을 때 환자에게 이 약을 허용해야 한다는 주장도 법원은 무시했다. 특히 이 약 때문에 사용자 개인의 건강과 사회에 위험이 초래된다고 정부가 주장하게 되면 법원은 계속 정부의 손을 들어줄 것이다.

부모가 자녀들의 유전증진을 시도할 경우에는 더 까다로운 문제가 생길 수 있다. 법원은 부모가 원하는 대로 자녀를 키울 수 있는 권리가 헌법적으로 보장된다고 인정해왔다. 클리블랜드 교육청과 플레어(La Fleur)의 소송에서 대법원은 "가족 문제에 대한 개인의 선택 권리는 헌법에 의해 보장되는 자유 중의 하나이다."라고 결론지었다.

'무어'(*Moore*)와 '이스트 클리블랜드'시의 소송에서 "가족제도는 미국의 역사와 전통에 깊게 뿌리박혀 있기 때문에 헌법은 가족의 신성함을 보호 한다."라고 대법원은 주장했다. 이 외에 여러 다른 사건에서 연방항소법원의 판사들은 "헌법은 일반적인 가족 문제에 관한 결정에서 부모의 권위를 보호하지는 않을지라도 이를 존중해줄 법적인 의무를 가진다."라고 말했다. 특별히 자녀를 위한 부모의 결정 권리에 대해 대법원은 "자녀를 양육, 교육하는 부모의 선택을 우리 사회는 아주 존중한다."고 판결했다. 또한 부모는 헌법의 적합한 절차 아래에서 '자녀의 양육, 교육을 지시할' 권리를 가지며, 그 권리는 '정부의 특정 목적과 관계가 없는 법안에 의해 박탈될 수 없다'라고 대법원은 결론 내렸다.

하지만 자녀에게 해를 끼칠 수 있는 부모의 결정에는 국가가 개입해야 한다는 정부의 주장을 법원도 강력하게 옹호하고 있다. 부모가 고의적으로 자녀를 위험에 빠뜨릴 수 있느냐 하는 문제와 관련된 '파함'(*Parham*)과 '제이 알'(*J.R.*)의 사건에서 대법원은 "부모의 판단에 의해 자녀의 육체적 정신적 건강이 위협받을 때, 국가가 법적으로 통제할 수 있다."고 결정했다. 따라서 부모가 자녀에게 신체적 체벌을 가하는 경우에도 국가가 개입할 수 있다. 플로리다의 주법에 따르면 부모가 아이를 훈육시킬 목적으로 체벌을 가하면 아동학대 중범죄가 성립되지 않지만, 자녀를 구타해서 자녀가 병원에 입원한 경우에는 아동학대죄로 처벌받는다.

만약 유전증진이 신체적으로 위험하다면 법원은 자녀에게 가해질 위험을 막기 위해 자녀의 유전증진 금지를 지지할 것이다. 부모들은 유전증진의 장점이 위험을 감수할 만큼 크다고 주장하기 때문에 법원은 앞에서 언급한 전통적인 부모의 권리에 대해 장점과 단점을 서로 비교해야할 필요가 있다. 이러한 상황에서 법원이 취할 수 있는 선택은 다음과 같은 것이다. 부모가 고의적으로 자녀를 주 정부의 공공시설로 보낼 수 있는가 하는 사건을 다룬 알디져트(Aldisert) 판사의 입장을 살펴보자.

> 부모는 가족의 가장으로서 미성년 자녀의 양육과 교육에 대한 방향 설정과 통제를 할 수 있는 실제적인 헌법상의 권리를 가지고 있다. 만약 부모가 미성년자 자녀를 학대, 방치하면 부모로서의 권리는 헌법적으로 보호받지 못하고 정부가 어린이의 보호에 관여한다. 만약 학대와 방치가 입증되지 않는다면 부모의 권리는 유효하고 국가의 이익에 필요하다고 인정되는 경우에만 정부가 개입을 한다.

위에서 살펴본 내용에 의하면, 부모가 자녀에게 유전증진을 시킬 권리가 있느냐 없느냐의 문제에 대한 대답은, 법원이 유전증진이 자녀에게 해를 끼친다고 판단할 것이냐의 여부에 달려 있다. 만약 그렇다고 한다면 유전증진의 폐해가 학대나 방치처럼 간주될 정도로 심각한 것이라고 법원은 판결할 것이다.

출산 과정에서 유전증진을 사용하는 것에 대한 금지는 특히 지지받기 힘들 것이다. 대법원은 자녀 출산에 대한 부모의 헌법상의 권리를 인정하고 국가의 중요한 이익에 반하는 경우에만 정부의 규제를 허용하여 왔다. '스키너'*(Skinner)*와 '오클라호마'의 사건에 대한 판례는 다음과 같다. "범죄자의 강제 불임을 규정한 법규는 인간의 기본적 인권 중의 하나를 무시한 것이다. 왜냐하면 결혼과 자손 생산은 인간의 존재와 생존에 가장 근본적인 것이기 때문이다." 최근에 법원은 '자녀의 잉태, 출산에 관한 결정처럼 기본적인 문제에 대한 국가의 부당한 개입으로부터 자유로울 수 있는 개인의 권리'에 대해 강조하였다.

하지만 정부도 유전증진에 대한 금지는 자녀 출산의 권리를 제한하는 게 아니라 유전증진된 자녀를 갖는 권리를 제한하는 것이라고 주장할 수 있다. 그렇다면 이 문제는 앞에서 논의된 질문 즉 정부가 합법적으로 부모가 자신의 자녀에게 유전증진을 시도하려는 노력을 막을 수 있는가 하는 부분으로 되돌아오게 된다.

자녀의 유전증진에 대한 금지는 자녀 출산의 기본 권리를 침해하지만 '국가의 중요한 이익'을 위해서라면 이러한 금지조항도 합법적으로 지지받을 수 있다. '국가의 중요한 이익'은 최우선권을 가지는 이익이고, 다른 방법으로는 성취될 수 없는 것이라고 대법원은 설명하지만 구체적으로 유전증진에 대한 금지가 '국가의 중요한 이익'을 위해서라는 뚜렷한 명분을 제시하지 않았다. 스튜어트 판사의 유명한 말을 빌리자면, 포르노처럼 직접 경험하게 되면 법원은 판결을 내릴 수 있다. 즉 강도를 잡거나 위조 방지를 위해 화폐의 특정 표시에 대한 사전 발표를 금지하거나, 선거자금 모금을 제한할 때 법원은 각 금지조항에 대한 합법성 여부를 '국가의 중요한 이익' 차원에서 판단해왔다. 그러나 국가 공동체의 이익을 위해서라고 결론지울 수는 없지만, 유전증진, 특히 배아세포 수준에서의 유전증진 때문에 야기되는 위험을 피하거나 줄이는 것은 너무나 중요한 문제이다. 인간 종족 전체의 운명 혹은 민주주의 제도를 지키는 것 보다 더 중요한 문제가 있는가?

유전증진에 대한 금지를 주장할 때 고려해 보아야 할 문제는 유전증진으로 인한 위험이 얼마나 분명하게 드러나느냐 하는 점이다. 먼 미래에 있을지도 모르는 위험에 대한 가능성 때문에 법원은 유전증진을 금지하는 않을 것이다. 그러나 현재 위험이 이미 존재하거나, 위험이 완연히 드러난 뒤 국가 차원의 금지는 때가 너무 늦은 것이다.

정부에 의한 유전증진의 금지가 법적인 논쟁을 피하려면 체외수정과 같은 비전통적인 생식 방법을 겨냥하여 금지하면 된다. 체외수정은 유전증진의 기초가 되는 기술이기 때문에 배아세포 계열에서의 유전증진뿐만 아니라 가장 효과적인 유전증진 방법 중 하나가 될 것이다. 국회는 의료 전문가가 체외수정 과정에서 유전증진을 꾀하는 것을 금지할 수 있다. 체외수정과 같은 인공적인 생식은 자연적인 출신 방법이 아니기 때문에 헌법상의 보호를 받을 권리가 없을 수도 있다.

그러나 법원 판례 중 극소수는 체외수정과 같이 성행위를 수반하지 않은 생식에 의한 출산도 자연 출산과 거의 유사하게 주의 규제 조치로부터 합법적인 보호를 받을 권리가 있는 것으로 판결하였다. 예를 들면, 일리노이주의 법원은 체외수정 과정에서 일어날 수 있는 여성의 선택을 방해하는 것은 여성의 사적 권리를 침해하는 것과 동일하다는 근거 아래, 태아 연구에 관한 주정부 규제를 기각하였다. 법원의 설명은 "피임용구의 사용에 대한 개인의 선택권처럼 임신 억제가 아닌 임신 유도를 위한 의료 과정을 수행할 권리도 합법적으로 보호되어야 한다는 것은 논리의 비약이 아니다."라고 설명하고 있다. 오하이오주 연방법원에서 벌어진 '카메론'*(Cameron)*과 '교육위원회' 간의 재판에서 "여성은 자신의 생식 기능을 관리할 합법적인 권리를 가진다. 따라서 여성은 체외수정에 의해 임신할 권리를 가진다."라고 판결하였다.

예를 들어 체외수정 과정 중 어떤 배아를 착상시킬 것인지에 대한 부모의 결정과 같은 소극적 형태의 유전증진에 대한 국회가 내린 금지령을 대법원이 지지하리라고는 예상되지 않는다. 체외수정이 합법적으로 이루어지고 있는 한, 질병에 대한 유전자검사 결과에 근거하여 부모가 수정란을 선택하는 것을 막는 법이 제정된다면, 정부가 태어날 아이의 유전자형까지 직접 관리하는 것처럼 보일 수 있다. 정부가 부모의 임신에 대한 자유를 직접적으로 간섭하게 되는 것인지도 모른다. 부모가 어떤 수정란을 포기하고 버리는 것을 제한하는 조치는 마치 임신 초기에 낙태를 금지하는 것과 유사하다고 할 수 있다. 하지만 대법원의 결정권이 정부의 법적 권리보다 상위에 있다.

유전증진을 목적으로 한 배아 선별이 태아에게 손상을 주는 행위라는 관점에서 정부에 의한 규제 조치는 허용될 가능성도 있다. 그러나 모든 부모는 자연적으로 나타나는 배아 형질 중 가장 좋은 것을 선택하기 때문에, 유전증진을 위한 선별인지의 여부를 판별하기는 어려울 것이다. 또한, 소극적 형태의 배아 선별에 의한 유전증진은 금지하면서 체외수정 그 자체는 허용한다는 것도 어려운 문제이다. 왜냐하면 배아에게 미치는 가장 잔인한 손상은 버려지는 것인데, 이미 체외수정 과정 자체에 배아 폐기 과정이 포함되기 때문이다.

물론 유전증진을 금지하는 정부의 시도를 합법화하려면 헌법 개정이 가장 확실한 방법이다. 그러나 이것은 어려운 절차로, 국회의원의 3분의 2가 법안에 찬성하고, 일정 기간 내에 전체 주 중 4분의 3의 비준이 뒤따라야 한다. 그러나 정말로 유전증진이 사회에 심각한 영향을 끼칠 것으로 예상된다면, 정부는 해결책을 찾아야만 할 것이다. 유전증진 금지법안을 통과시키려면 법 조항을 상당히 면밀하게 검토하여야 할 것이다. 국회는 부모의 출산 자율권을 보장하면서 동시에 유전증진을 금지할 수 있어야 할 것이다. 예를 들어, 법률 개정안은 유전증진 목적과 치료 목적을 위한 유전자치료를 구분할 수 있어야 할 것이며, 부모는 결함을 가진 아이를 포기할 권리를 가져야 할 것이고, 여성의 합법적인 낙태 권리도 인정해야 할 것이다.

유전증진 금지안이 합법화된다 하더라도 실행에 있어 상당히 많은 실제적인 어려움이 있을 것이다. 일단 유전증진 약품들의 유통과 판매를 감시하고 통제해야 할 것이다. 체외수정 시술이 이루어지는 동안 유전증진을 규제하기 위해, 정부는 부모와 의료전문가 간의 의견 교환에 관여해야 할 것이다.

정부와 종교 기관, 관련 전문가 단체, 시민단체들은 대중들에게 자신 혹은 자손에게 유전증진 조작을 하지 않도록 하기 위해 캠페인을 시작할 것이다. 이런 캠페인들은 유전증진이 안전하거나 혹은 효과적인 것이 아닐지 모른다는 두려움을 일으킬 것이다. 정부는 유전증진 금지안의 하나로서 유전증진을 위한 상품 판매를 허용하지 않을 것이며, 이런 종류의 상품의 안전성과 유효성에 대해 과학적으로 믿을만한 정보가 거의 없다고 발표할 것이다. 정부는 유전증진의 위험성을 사회와 개개인에게 명백히 밝힐 것이다. 사람들은 '무조건 NO'(just say NO ; 미국에서 TV 공익광고 등을 통해 홍보하는 마약반대 캠페인)라는 캠페인을 기억하게 될 것이다. 그리고 사람들은 종교적, 윤리적, 혹은 정치적 이유로 유전증진을 반대하는 시민들의 대변인처럼 행동을 취할 것이다. 또한 유전증진 시도의 실패로 끔찍한 희생자가 나온다는 이야기를 덧붙이기도 할 것이다.

유전증진 금지를 관리하기 위해 의료 및 보건 전문가의 도움을 의뢰하는 것도 한 방법이다. 여러 가지 유전증진은, 예를 들어 비공식적인 유전증진을 위해 승인된 약품을 처방하거나, 유전자검사를 시행하거나, 혹은 착상 전 배아의 유전자조작을 위해 체외수정을 시행함에 있어 의료전문가들의 도움이 필요하다. 의료 및 보건 전문가들은 그들의 윤리 강령을 제시하는 조직에 소속되어 있다. 예를 들면, 미국의학협회에서는 윤리 및 법적 문제에 대한 윤리 규범을 제시하고 있다. 유사한 규범이 미국의사협회, 미국 산부인과협회, 유전학 전문가들로 구성된 조직에서도 만들어질 수 있다. 의료 및 보건 전문가들이 이러한 규범을 어기게 되면 소속된 관련 협회에서 비난을 받고 심지어 제적되거나 의료 과오 소송처럼 법원의 심판대에 오를 수 있다. 권위 있는 의료 전문 잡지에 게재된 대가들의 윤리적 견해가 이러한 의료 전문가들에게 큰 영향을 미칠 것이다.

미국의사협회는 이미 유전증진에 관한 입장을 분명히 하고 있다. 1994년 협회의 윤리 및 법 조항 관련 위원회는 부모의 유전자검사에 대한 보고서에서 그들의 견해를 밝혔다. 위원회는 유전자 주입을 통해 '바람직한' 형질을 증진하려는 노력 혹은 인간의 형질을 '개량'하려는 노력은 전통적인 의료 윤리뿐 아니라 사회의 평등주의 가치관에도 위배된다고 주장하였다. 보고서에는 또한 다음과 같이 기술하고 있다. "형질을 바꾸기 위한 유전자조작은 상당히 제한된 상황에서만 허용해야 하며, 다음의 세 조건 모두를 만족시켜야 한다."

(1) 태아 혹은 아이에게 명백한 혜택이 되는 경우
(2) 서로 다른 형질과 맞바꾸는 형태가 아닐 경우
(3) 수입이나 다른 사회적 신분에 관계없이 평등하게 이용할 수 있는 경우

두 번째 사항은 무척 황당한 이야기처럼 들린다. 예를 들면,

부모는 아이의 체력을 매우 증진시키는 대신 영리함을 약간 감소시키는 결정을 할 수 없다는 것인가? 그러나 이 보고서는 전문가들의 자율성에 기초한 규제가 유전증진을 제한하는 대표적 규범에 해당함을 보여준다.

의사는 전문가들의 규제 조항을 따르기 위해 환자가 요구하는 유전증진을 과연 거절할 수 있을 것인가? 일부 의사들은 전문가 협회의 윤리적 관점에 동의하지 않을 수도 있다. 유전증진은 공익을 위해서만 제공되어야 한다는 입장에 미국의학협회의 모든 회원이 찬성하지는 않을 것이다. 또한 의사의 수입은 조직화된 관리와 증가하는 의료 사고에 의한 보험료로 위협받고 있다. 확실히 유전증진은 의사들의 수입을 높일 수 있는 항목이기는 하다. 보험회사는 정책상 유전증진에 대한 치료비를 보장하지는 않을 것이기 때문에, 의사들은 보험료 지급 청구서와 관련한 쟁이나 의료행위에 대한 비판을 모면할 수 있다. 성형수술처럼 유전증진 서비스는 보험회사를 배제한 채 의사와의 직거래로 이루어질 것이다. 이러한 상황에서 의료 전문가들은 유전증진 관련 사업의 경제적 매력에서 벗어나기는 힘들 것이다.

요약하면, 사회가 유전증진 금지를 효과적으로 시행하고자 한다면, 개개인과 의료인 모두에게 정부의 규제 법령을 따르게 해야만 할 것이다. 국회는 유전증진 관련 제품을 소유, 사용 혹은 제공하는 일체를 비합법적인 것으로 간주해야 할 것이다. 주 및 지역 경찰 조직과 마약단속국은 체외수정 및 기타 보조 생식술 과정의 일부로 유전증진을 제공하는 의료인을 포함하여 금지 조항을 어기는 사람들을 처벌할 수 있어야 할 것이다. 법을 어기는 의료 및 보건 전문인들은 벌금형 혹은 징역형에 처해질 것이며, 이들의 자격을 보류하거나 박탈할 것이다. 유전증진을 시행한 병원이나 기관은 의료 시행 자격과 연방정부로부터 의료 보장 상환을 받을 특권을 잃게 될 것이다.

다른 규제 조항은, 유전증진을 목적으로 한 유전자검사를 대상으로 하게 되며, 현재의 유전자검사 규정 체계에 대한 철저한 조사가 선행될 것이다. 현재 유전자검사를 관리하는 책임 기관은 FDA, 의료 및 의료기구 서비스센터(Centers for Medicare and Medicaid Services; CMS) 및 질병예방센터 세 군데이다. FDA는 정확성과 신뢰성에 대한 검사를 승인하며, 실험실에서 쉽게 결과를 볼 수 있는 '키트'로 제공되는 것에 한정하여 검사를 수행한다. CMS는 실험실을 조사·감독하며, 질병예방센터는 비영리성 실험실에서 수행하는 검사 서비스를 관리한다. 관리의 큰 허점은 영리성 실험기관에서 제공하는 유전자검사는 종종 그 실험실에서 발견하여 특허화한 유전자 염기순서에 근거한 실험실 고유의 검사 과정을 사용한다는 점이다. 그 실험실은 CMS의 인증을 받는다 하더라도, 정부기관이 검사 자체의 정확성과 신뢰도를 평가할 책임을 갖고 있지는 않다. 또한 소규모의 유전자검사 수행으로 연방정부의 관리를 받지 않는 병원 연구실이 있다는 사실도 관리 허점 중의 하나이다. 유전증진을 목적으로 하는 유전자검사를 효과적으로 통제하려면 이러한 관리 허점들을 개선해야 할 것이며 정부 단독기관에게 유전자검사를 규제하게 하는 권리를 주어야 할 것이다.

FDA는 유전증진 금지령을 집행하는데 주요 역할을 담당할 것이다. FDA는 유전증진 목적의 상품을 허가하지 않을 것이다. FDA는 유방 확대물질, 지방 제거기, 보톡스 등의 미용 목적의 물품을 승인하는 기관이므로, 허용 가능한 혹은 금지 조항의 유전증진 상품을 구분할 필요가 있다. FDA가 유전증진과 무관한 미용 개발품을 승인하는 한, 유전증진 금지를 위해 FDA는 유전성과 비유전성 상품을 구분해야 할 것이다. 이러한 구분은 쉽지만은 않을 것이다. 재조합DNA기술을 이용한 약품처럼 유전공학기술을 이용한 상품은 비교적 쉽게 확인할 수 있을 것이지만, 전통적인 제조 기술을 이용하면서 유전자 정보에 관한 지식을 이용하여 개발한 유전증진 상품은 구분해내기 어려울 것이다. 어느 정도의 유전정보를 이용하여 개발한 상품이 FDA의 금지 항목이 될 것이며, 상품 개발을 위해 현재까지 어느 정도의 유전학적 지식을 이용하였는지를 결정하는 것도 어려울 것이다. 대안은 FDA가 100% 유전공학 기술을 이용한 유전증진 상품만을 승인하지 않는 대신 다른 상품은 법적으로 판매하도록 허용하는 것인데, 이렇게 되면 금지령을 효율적으로 실행하기 어려울 것이다.

앞서 제시한 문제점 중 하나는 역사적으로 볼 때 의료인이 사용하는 상품과는 달리 FDA가 의료 행위 자체에 대한 통제권을 갖고 있지 않다는 점이다. 이러한 사실은 좋은 형질을 지닌 수정란을 찾아 착상시키는 행위, 유전증진을 목적으로 유전자검사 후 원하지 않는 태아를 낙태하는 행위 등의 유전증진을 위해 시행하는 의료 행위를 규제하려는 FDA의 노력을 복잡하게 만들 수 있다. 국회는 FDA의 권리를 강화시키기 위해 의료 행위도 규제할 수 있는 법적 근거를 마련해 주어야 할 것이다.

훨씬 더 심각한 문제는 의료인이 승인되지 않은 다른 목적에 약물이나 기구를 합법적으로 사용할 수도 있다는 점이다. 일반적으로 '승인되지 않은' 의료 행위가 상당 수 이루어지고 있다. 예를 들면, 최근까지 FDA는 보톡스 사용을 눈 근육의 경련 증상에만 사용하도록 승인하였지만, 광범위하게 주름 제거에 이용하고 있다는 점이다. 다시 말해 여성과 아이들에게 처방하는 많은 약품이 FDA의 승인을 받지 못했으나 제공되고 있다는 것이다. 왜냐하면 처방한 약품은 성인 남자를 대상으로 시험하였으며, FDA는 여성 혹은 소아를 대상으로 한 안전성 및 효능 자료를 가지고 있지 않기 때문이다.

유전증진을 규제하는데 있어 또 다른 문제점은 식품에 대한 FDA의 권리가 미약하다는 점이다. FDA는 건강보조식품 및 교육 실행령(Dietary Supplement Health and Education Act; DSHEA)에 근거하여 의사 처방 없이 판매할 수 있는 상품의 제조자들에게 FDA 승인을 거부함으로써 상품 생산을 포기하게 하여, 질병 치료에 확실한 효과가 있다고 주장하는 제품을 어느 정도 관리 할 수 있다. 그러나 제조업자는 이들 상품을 정부 허가 없이 시장에 판매하기도 한다.

국회는 치료 목적으로 승인한 상품을 유전증진 목적으로 이용하는 것을 막기 위해 의사의 라벨이 붙어있지 않은 유전증진 상품의 사용 금지 및 식이성 물품의 규제 강화를 위해 FDA의 권리를 법적으로 확장시켜야 할 것이다. FDA는 상품을 규제 관리하는데 있어 그 상품의 안전성 및 효능 측면보다 사회적 영향력 때문에 관리의 어려움을 겪을 것이다. FDA는 국회의 권리 위임과 사회 및 윤리 분야 전문가들의 지지를 동시에 얻어야 할 것이다.

두 가지 지지를 모두 얻게 되더라도, FDA는 강력하게 유전증진 금지령을 실행하지는 못할 것이다. 대부분의 실질적인 책임은 경찰기관인 마약단속국에 있으며, 지방법 실행에 의해 보충될 것이다. 만일 유전증진의 위험성을 치명적인 것으로 인식한다면, 마약에 대한 전쟁처럼 '유전자에 대한 전쟁 선포'가 일어날 것이다.

그러나 유전자 전쟁은 약물 전쟁에 사용한 정부 지침과 유사한 방법론만을 사용한다면 역시 실패로 돌아갈 것이다. 유전증진이 사람들의 관심을 끌게 될수록 법적으로 완전히 금지하는 것은 더욱 어려워질 것이다. 또한 유전증진을 비합법적인 것으로 만들려는 시도를 하면 할수록 암시장이 출현하는 것은 당연한 일이다.

이미 우리는 불법적인 환각성 약물 사용 금지와 스포츠 선수들의 근육강화약품 사용의 근절이 불가능함을 알고 있다. 제8장에서 말한 것처럼, 운동 선수들의 약물 문제는 스포츠 협회의 골칫거리이다. 1997년에 샌디에이고 유니온 트리뷰트 신문의 기자는 "주입성 스테로이드가 혈류에 흡수되는 것처럼 약물이 스포츠계를 잠식하고 있다."라고 말한 바 있다. 그 기사에 따르면, 발각된 선수만이 '불쌍하거나 어리석다'는 것이다. 최근의 올림픽에서 약물검사에 걸린 선수들은 경기 마지막 날임에도 획득한 메달을 박탈당해야 했다. 그러나 국제적 및 정부 노력에도 불구하고 운동선수들은 여전히 불법적인 근육강화물질을 사용하고 있다. 왜냐하면 우승에의 집착과 이로부터 얻는 명예와 부 때문에…….

물론 모든 형태의 유전증진이 알약을 복용하거나 주사를 맞는 행위를 수반하는 것은 아니다. 가장 멋진 유전증진은 첨단 의료장비와 숙련자들에 의해 기존과는 다른 방법으로 시행할 것이며, 낙태 금지 후 미국에서 일어난 것과 유사한 임시장이 번성할 것이다. 웨이드(Roe v. Wade)가 무조건적인 낙태금지는 비합법이라고 주장함으로써 미국에서의 낙태를 합법화하였는데, 합법화 이전에 사람들은 멕시코로 가서 낙태 시술을 받았거나 혹은 '적당한 중개인'을 알기만 하면 미국 내에서의 시술도 가능한 상황이었다. 실제로 1960년 초반의 통계에 의하면, 미국 내에서 낙태가 불법임에도 불구하고 다섯 명의 임산부 중 한 명이 낙태를 한 것으로 추정된다. 1962년에만 1백만 건의 낙태가 이루어졌고, 이 중 절반은 의사가 시행하였다. 명백하게도 시술의 질에는 차이가 있었다. 많은 여성들이 서투른 낙태 시술로 목숨을 잃었던 것이다. 그러나 결국 낙태가 허용되었다는 점은 체외수정을 이용한 소극적 유전증진과 유전자검사와 같은, 기술적으로 필요한 과정에 대한 금지령을 실행하기가 얼마나 어려울 것인지를 보여준다.

금지된 사항을 위반하는 나쁜 짓을 예사로 해대는 전문직종의 사람들은 고사하고, 정직한 의사들도 증진제의 합법적인 사용과 불법 사용을 구별하는데 어려움이 있다. 사람생장호르몬 사용에 관한 법적 금지 사항을 보면, 앞서 말한 바와 같이 '질병 치료 혹은 그 외의 임상적 목적'을 위한 보급 외에는 식품, 의약품 및 화장품에 관한 법령에 따라 중벌에 처하도록 하고 있다. 하지만 신장이라는 측면에서 보면 무엇이 질환 혹은 임상적 목적인가가 분명하지 않다. 법령에는 이것에 대한 정의가 없다. 부모가 자기 자식이 장래에 미국프로농구팀(NBA) 선수가 되기를 희망하여 이미 키가 큰 아이에게 증진제를 사용하기를 원하는 경우와 같은 극적인 예는 분명하게 구별할 수 있으나, 정상에 속하기는 하지만 그 또래에서 작은 쪽에 속하는 아이들은 어떠한가? 제5장에서 다룬 내용이지만, 정상이란 평균에서 표준편차의 2배의 범위 내의 경우를 말한다. 부모들이 생각하기에 조금만 더 크다면 자기 자식이 인생에서 성공할 확률이 더 높아질 것이라고 믿고 있는 정상 범위의 아래쪽에 속하는 아이들은 또 어떠한가?

이러한 문제점은 마약 단속에서도 마찬가지다. 규제 약물에 관한 법령을 집행하는데, 마약단속국은 조항 II에서부터 V에 명기된 근육 증진제인 스테로이드계 약물과 같은 규제 약물의 사용이 합법적인 것이지 불법인지를 구별해야만 한다. 왜냐하면 이 경우에도 합법적인 사용이 있기 때문이다. 이러한 판단은 결코 쉬운 일이 아니다. 주정부 및 연방정부 약물단속반은 의사의 처방이 있어야 하는 약물의 불법 거래와 유통을 막는데 거의 실패했다. 미국 내에서 사용되는 불법 약물의 27% 정도가 의사의 처방을 요하는 약물들이다.

증진제의 위험성을 매우 심각하다고 인식하고, 증진제의 사용 금지를 강화하는데 어려움이 있다면, 정부는 치료 목적으로 허용하였던 것이라도 이러한 약물 생산 자체를 허용하지 않을 수도 있다. 증진제 사용뿐 아니라 치료를 포함한 어떠한 목적으로도 유통 자체를 불법으로 할 수도 있다. 이렇게 하는 것은 사실 매우 비정상적인 방법이다. 알츠하이머병과 같은 치명적인 질환 치료용 의약품을 건강한 사람들이 인지 증진제(cognitive enhancer)로 사용할 위험성이 있다고 해서 FDA에서 사용 허가를 하지 않는 것은 실제로 무척 어려운 일이다. 증진제로 사용했을 때 매우 위험하거나 혹은 치료 가치가 상대적으로 적은 의약품에 대해서는 이런 방법으로 규제할 수 있을 수도 있다.

또 다른 극단적인 조치로는 유전증진제 및 증진제 생성 과정에 관한 연구를 금지시킬 수 있다. 이러한 연구에 대한 정부기금의 지원을 중단하는 것이다. 개인 자금을 이용한 셀레라 회사의 업적에도 불구하고 NIH의 연구 지원이 사람유전체 지도작성 및 염기순서 분석을 가속화한 것은 사실이다. 증진제에 관한 연구에 연방정부의 연구 지원을 막으면 증진제 개발은 급격하게 감소할 것이다. 전례를 보면, NIH 내의 재조합DNA 조정위원회는 체세포 유전자치료 실험을 하겠다고 하는 연구 계획서를 받지 않았으며, 생식세포를 변형해야 하는 연구계획에 대해서도 아직 연구비를 지원하지 않는다. 마찬가지로, NIH 연구비로 태아 조직 혹은 배아를 이용한 연구를 지원하지 못하게 정부가 규제하고 있다.

그러나 정부 연구기금 규제는 정부가 지원하는 연구에 한해서만 적용된다. 셀레라 기업의 예와 같이 개인회사에서도 중대한 연구 성과를 낼 수 있으며, 유전증진에 대한 사람들의 요구는 기업에서의 연구에 대폭적인 투자를 유인해 거대한 재정 자원이 기업으로 유입될 수 있다. 연구 규제는 이런 개인회사의 활동까지에도 적용되어야 할 것이다. FDA가 증진제 생산을 허락하지 않으면 생산자들은 비용이 많이 드는 효능 및 안전성 연구에 자체적인 재정을 투입하는데 부담을 느낄 것이다. 의회에서는 더 나아가 증진제에 관한 개인적인 연구를 불법화하기 위해 연방정부 기금 금지를 더욱 강화할 수도 있다. 정부는 과학계 인사들에게 도움을 청하여 제6장에서 언급했듯이 1970년대 초에 있었던 재조합DNA 연구의 일시적 중지와 같이 증진제 연구의 자발적인 중단을 요구할 수도 있다.

증진제 연구를 금지하는데 중요한 수단은 연구 결과에 대한 특허권을 박탈하는 것이다. 증진제 개발에 대한 특허를 금지하기 위해 의회에서 특허법을 수정할 수도 있다. 특허를 낼 수 없는 발명에는 질환과 관련이 없는 유전자의 특성 규명, 분리 및 정제, 재조합DNA기술을 포함한 유전자조작을 이용해 생산한 증진제, 그리고 증진제 생산을 목적으로 하는 유전자검사 등 특허 가능한 것들도 포함된다. 결과적으로 발명을 하였어도 특허품처럼 팔고 또 그것을 이용하여 특허 가능한 새로운 증진제 기술을 개발하는데 이용하는 권리가 개발회사나 개인사업자에게 없게 된다. 이와 같이 특허 보호법이 없으면 회사는 증진제 연구에 막대한 돈을 투자하지 않을 것이다.

그러나 특허 보호법만으로 개발자들이 자신들의 특허를 보호할 수 있는 것은 아니다. 개발자들이 특허를 신청하면 자신들의 발명을 세상에 알리게 되는 것이고, 이에 따라 다른 사람들이 그 지식을 이용하여 그 분야를 더 발전시키게 될 수 있다. 대신에 개발자들은 옛날 방식대로 개인적으로 자신들의 연구 결과를 발표하지 않고 간직하여 경쟁자의 눈을 피할 수도 있다. 돈벌이가 되는 많은 발명들, 예를 들어 코카콜라 제조법이 이런 식으로 보호되고 있다. 하지만 거래상 비밀 유지는 절대적으로 유지되는 것은 아니다. 경쟁자가 독자적으로 같은 것을 개발할 수도 있고 생산품을 '역추적'하여 어떻게 만들었는지, 조성 성분이 무엇인지를 알아낼 수도 있다. 앞서 말한바와 같이, 개인회사는 증진제 생산과 사용을 위한 연구를 할 필요가 없이 FDA에서 치료 목적으로 허용한 의약품 판매만 할 수도 있다. 정부가 규정한 항목 이외의 사용을 아무리 금했다 해도 이러한 약품과 서비스는 단속의 눈을 피한 뒷거래가 언제나 가능할 것이다.

그러나 유전증진제 사용에 대한 정부의 규제에도 불구하고 더 큰 문제가 있다. 지금까지 우리는 미국 정부가 제안한 규제에 대해서 이야기 했다. 해외에서 구입할 수 있는 유전증진제를 찾는 사람들을 어떻게 막을 것인가? 미국에서 인공 유산이 불법이었을 때 임산부들은 멕시코로 여행을 갔다. 유전증진제를 사기 위해 사람들이 멕시코로 여행가지 않을까? 실제 이런 일이 일어나기도 전에 벌써 이를 일컬어 '유전증진 여행'(genetic tourism)이라고 부르고 있다.

국외에서 얻은 유전증진의 형태는 증진 방식에 따라 몇 가지 유형이 있다. 첫 번째로 국외에서 생산하는 불법 증진제를 밀수입하는 경우이다. 과거에 이와 유사한 예로 미국에서 실험 단계였으나 다른 나라에서는 사용했던 에이즈치료제가 있었다. 환자들은 '구매자클럽'(buyers club)이라는 지하 조직까지 만들어 이 치료제의 공급을 안정화하려고 했다. 외국에서 생산한 증진제 구입이 인터넷 사용으로 용이하게 되었다. 세계적인 웹 망을 이용한 일반 검색으로 여러 인터넷 사이트를 알 수 있는데, 이들은 대다수가 해외에 있으며 세계 어디에나 배달이 가능하다. '국제온라인약품클럽'(International On-Line Pharmacy Club)과 같은 사이트는 의사 처방만으로 판매가 가능한 약품을 '의사 처방 없이 70% 싸게' 사는 비결까지 알려준다고 선전하며, '다이어트 닥'(Diet Doc)은 약품 배달비에 온라인 의사 진료비를 첨부하고 있고, '월드팜사'(World Pharmacies.com)는 '스포츠 증진제'(sports enhancement) 같이 미국에서 살 수 없는 약품을 4달러 정도에 살 수 있다고 선전하고 있다. 한 기자는 인터넷을 통해 약품을 구입하려고 2달간 노력한 결과

'제니칼(Xenical) 30정, 프로작(Prozac) 30정, 울트램(Ultrans) 100정, 페니실린 100정 및 피임약 4알과 주사용 사일로케인(Xylocain) 5병이 들어 있는 프레벤(Preven)'을 살 수 있었다고 보고한 바 있다.

해외에서 증진제를 배달시키는 대신에 직접 그곳으로 여행을 가서 사 올 수도 있다. 미국 세관 규정은 본래의 약통에 들어 있기만 하다면 미국 처방이 없어도 규제된 약물의 50회 사용량을 개인 사용 목적으로 단지 신고만으로 미국 내로 가져올 수 있도록 되어 있다. 하지만 이러한 규정은 FDA에서 미국 내 판매를 허용한 약품에 한해서만 적용되고 있다. 이에 따르면 유전증진제는 수출입 금지 제품이다.

불법의약품의 미국 내 반입금지는 마약과의 전쟁에서 가장 기본적인 방침이었으며 아마도 마약단속국, 세관 요원, 우체국 요원들이 국경을 봉쇄하기 위해 사용했던 똑같은 방법이 유전자전쟁에도 적용될 것이다. 그러나 어떤 유전증진제는 복용 후 일정 기간 동안 효과가 지속적으로 오래 유지된다. 해외로 가서 증진제를 복용하고 돌아온 사람을 구별하기가 매우 어려워 운동 선수가 해외로 가서 근육증진제를 복용한 후 일시 복용을 멈추고 있다가 다시 미국으로 돌아와 경기에 임했다 해도 불법 약물 소지에 걸릴 위험이 전혀 없다. 불법 약물을 해외에서 복용한 예는 수도 없이 많다. 잘 알려진 한 예로 레이어트릴(laetrile)이 있다. 이것은 암 치료제로 살구 씨로 만든 물질이다. FDA에서 허용하지 않는 약물로, 미국 내 공급을 중단하자 배우인 맥퀸(Steve Mcqueen)을 비롯한 환자들이 멕시코로 갔다. 유전증진제의 경우도 같은 일이 일어날 것이라 예상된다. 예를 들어, 미국시민이 해외로 여행을 가서 몸속에 유전자조작된 세포를 주입할 수도 있는 일이다. 디실바의 몸속에 주입했던 세포와 같이 체내에서 사라지기 전까지 일정 기간 동안은 주입된 세포가 증진제 단백질을 지속적으로 생성할 것이다. 유전자조작의 또 다른 묘미는 주입한 세포가 분열할 수 있어, 영구적으로 증진제 효과를 낼 수 있도록까지 발전할 수 있다는 것이다. 궁극적으로는 해외로 가서 배아나 초기 태아의 DNA를 조작하여 증진된 변형 생식세포를 만들 수도 있을 것이다. 유전자조작된 태아를 임신한 여자는 미국으로 돌아와 출산을 하거나 아니면 해외에서 출산을 하고 유전증진되어 태어난 자식과 함께 미국으로 돌아올 수도 있을 것이다.

유전자 단속과 마약 단속 사이의 중요한 차이점은 외국정부의 태도일 것이다. 외국정부들은 마약 단속을 지지하기도 하지만 공식적으로 불만을 토로하기도 한다. 부패한 공무원들이 불법 약물과의 투쟁 노력을 방해한다 해도 그들 정부의 공식 입장에 따라 외국 공무원들은 미국에 협조할 의무가 있으며, 적어도 협조하는 척이라도 해야 한다.

의심의 여지없이 많은 국가들은 유전증진제의 금지를 수용하고 집행하는데 미국과 동참하고 있다. 유럽 국가들은 생식세포 치료와 같은 생명공학기술의 일부를 규제하는데 미국보다 훨씬 앞서가고 있다. 유럽공동의회는 1996년에 인간 생식세포 변형을 금지하는 결의안을 통과시켰다. 다른 선진 국가들도 같은 추세이다. 그러나 후진 개발도상국들은 유전증진제 산업이 생명공학기술에 모이는 외자를 끌어들일 수 있고, 자기 나라에서는 금지된 증진제를 구매하기 위해 국경을 넘나드는 사람들의 자본을 유입시킬 수 있는 잠재력 있는 금광으로 볼 것이다. 이러한 국가들은 국내에서 증진제를 금지하거나, 해외에서 증진제를 접할 기회를 제한하는 미국이나 다른 나라의 노력에 협조할 의사가 없을 것이다. 개발도상국들은 증진제 생산과 공급 기반을 정립하는 것을 환영하고, 심지어는 국가적인 차원에서 지원까지 할 것이다. 이들은 자국민들의 유전증진이 선진 국가들과의 경쟁을 더 효과적으로 할 수 있게 하는 이점을 주기 때문에 국가 빈곤 회복의 해결책으로 여길 것이다.

물론 유전증진은 부유한 국가라도 널리 이용하기에는 너무 비싸며, 가난한 국가의 보통 시민도 쉽게 접할 수는 없을 것이다. 그러나 부유한 국가의 소수 부유층은 자신들의 부와 권력을 강화하기 위한 손쉬운 수단으로 유전증진을 택할 수도 있다. 유전증진은 그들의 자국 동포뿐 아니라 유전증진을 금지하는 다른 국가의 엘리트들과도 크게 차별화시키는 것을 가능하게 할 것이다.

유전증진 기술을 완성하는 데에는 일정 수준의 기술적인 정교함이 필요할 것이다. 개발도상국들은 유전증진 산업을 창출하는 데 필요한 과학적, 의학적 전문성을 어떻게 확보할 것인가? 이 국가들은 자국민들을 해외의 연구소나 바이오텍 회사에 보내 연수하게 할 가능성이 있다. 그러므로 기술적으로 앞서가는 국가들은 외국인이 유전증진 기술을 습득한 후 모국으로 돌아가는 것을 막기 위한 어떠한 조치를 수립해야할지도 모른다. 그러나 필요한 기술을 획득하는 것은 어렵지 않을 것이다. 기술선진국들이 유전증진을 금지한다면, 결과적으로 유전증진 기술의 연구와 개발을 원하는 과학자들은 그들의 연구를 허용하는 국가들로 이주할 것이다. 예를 들어 제6장에서 언급한 것처럼, 클라인은 미국에서 실험 수행의 승인을 기다리는 동안 이탈리아와 이스라엘에서 유전자치료를 시도하였다. 2001년 1월에는 미국 불임시술 전문가 자보스(Panayiotis Zavos)가 이탈리아의 공동연구자 안티노리(Severino Antinori)와 함께 인간복제를 시도할 회사를 비밀리에 지중해 지역에 설립하고 있다고 발표하였다. 안티노리는 체외수정으로 62세 여성의 출산을 성공시킨 것으로 유명하다. 비슷한 맥락으로 캐나다의 복제 회사 라엘린스(Raelins)도 외국에서 인간 복제를 시도할 것이라고 발표하였다.

유전증진 연구의 특성화 혹은 활성화 지역을 설립하는 것은 이런 연구를 금지하는 국가들에게 여러 가지 문제점을 야기할 것이다. 연구를 금지하는 국가들의 재능 있는 유전학자들은 연구하기에 더 좋은 곳으로 이주할 것이므로, 이주해 가는 과학자들이 유전증진 연구에 관심을 가지고 있는 한, 우수한 유전학 두뇌의 고갈에 처할 수 있다. 유능한 과학자들의 손실은 유전자치료와 같은 자국의 다른 분야의 발전을 저해할 것이다. 또 자국민들이 유전증진되는 것을 허용하는 국가들은 다른 국가의 국민들에게 경쟁에 따른 불이익을 줄 수 있다. 이 국가들은 심지어 전쟁을 더 효율적으로 치를 수도 있을 것이다. 일례로 사담 후세인은 이라크의 화학무기, 핵무기 및 생화학무기 개발에 외국 과학자들을 고용한 것으로 알려졌다. 사담 후세인은 캐나다 무기 개발 전문가의 도움으로 이스라엘에 포격할 수 있는 수퍼건(supergun)의 개발에 거의 성공했었다. 유전증진된 테러리스트나 군대는 퇴치하기가 더 힘들 것이다. 또한 유전증진을 금지하는 국가의 국민들이 유전증진을 받은 후 자국으로 돌아가 자국의 법을 따르는 다른 국민들에 비해 부당한 이익을 누릴 수 있다. 만약 그들이 생식세포를 유전증진하였다면, 이들의 우위는 자녀들에게 물려질 것이며, 이 책의 앞부분에서 설명한 바 있는 사회적인 혼란을 초래할 것이다.

그렇다면 미국과 유전증진 퇴치를 위해 협력하는 동맹국들은 유전자 여행에 어떻게 대처할 것인가? 미국은 현재 불법 약물의 퇴치를 위해 연간 400억 달러를 지출하고 있다. 이중 약 200억 달러가 연방정부에서 지출되며, 마약단속국 한 곳에서만도 19억 달러의 예산을 가지고 있다. 불법 유전증진 상품의 밀반입을 막자면 더 많은 비용이 들 것이다. 테러와의 전쟁은 미국의 국경과 입국경로에 대한 경계를 상당히 증가시켰으며, 만약 많은 사람들이 영구적으로 지속될 것으로 믿고 있는 것처럼 테러와의 전쟁이 계속

된다면 테러리스트와 테러리스트들의 무기 반입 금지와 더불어 불법 유전증진 상품의 반입을 막을 인력과 전자감시 장비들이 가동될 것이다. 그러나 불법 유전증진 상품의 식별이 쉽지 않을 수 있다. 약물을 소지하고 있는지, 그리고 약물이 실제 무엇으로 만들어졌는지를 확인하고, 합법적인 약물이라도 불법적인 용도에 사용할 의도가 있는지를 판단하기 위해 모든 여행자의 소지품을 검사하는 것을 상상해 본다면 그 어려움을 이해할 수 있을 것이다.

해외에서 유전증진을 받고 몸에 조작된 DNA를 지니고 돌아오는 여행자를 식별하는 것은 더욱 어려울 것이다. 세관원이 "신고할 DNA가 있습니까?"라고 질문하게 될 것이며, 입국자들은 검사를 위해 DNA 샘플을 제출해야 할지도 모른다. 현행법으로는 불법 행위를 했을 것이라는 의심이 가면 세관원은 영장이나 적절한 사유 없이도 입국자들을 수색할 수 있다. 현재 전염성이 있는 질병의 확산을 막기 위해 법적으로 개인을 격리시킬 수 있는 것처럼, 유전증진을 받았을 것으로 의심되는 사람을 검사가 끝날 때까지 격리시키는 법이 통과될 수도 있다. 모든 여행자를 조사하는 대신에 유전증진을 받을 수 있는 국가를 여행한 사람들만을 조사할 수도 있을 것이다. 문제는 조작된 DNA를 가지고 있는가를 판정하는 것이 가능하냐는 것이다. 만약 조작된 DNA가 자연 상태의 DNA와 다르다면, 가까운 미래에 개발될 것으로 생각되는 고속식별장치(fast scanning machine)로 쉽게 탐지할 수 있을 것이다. 그러나 이런 경우가 아니라면 여행 이전과 이후의 개인 DNA를 비교할 방법이 있어야 한다.

해외에서 체외수정 과정 또는 임신된 상태에서 유전증진을 받은 후 태어난 아이들의 경우 불법 DNA를 감지하는 것이 특히 어려울 것이다. 체외수정 과정에서 가장 이상적인 배아를 사용하기 위한 유전자검사를 통하여 수동적인 유전증진으로 태어난 아이들을 식별하는 것은 거의 불가능할 것이다. 비교할 DNA가 없기 때문에 조작된 DNA를 식별하는 것조차도 힘들 것이다.

극복할 수 있는 한 가지 방법은 국민들이 유전증진을 받기 위해 외국으로 여행하는 것을 금지하는 것이다. 미국 정부는 적국을 여행하는 것을 제한하는 조치를 취하고 있다. 중국과 알바니아가 한때 적국 목록에 포함되었으며, 현재까지도 몇 가지 경우를 제외하고 쿠바를 여행하는 것이 금지되어 있다. 위반자는 여권을 압수당하며 여권 없이 여행하는 자는 벌금형을 받거나 감금된다.

정부는 외국에서 유전증진을 받은 사람을 감금시키는 것 이외에도, 외국에서 유전증진을 시술하는 사람을, 적어도 자국인이라면 처벌할 수 있을 것이다. 사법부는 해외에서 범법활동을 한 시민을 처벌하는 법을 의회가 공포할 수 있다는 것을 인지하고 있다. 그런 사람은 해외 활동 관련법을 확대하지 않더라도 현재의 법으로도 처벌 가능하다. 예로 '미국정부 대 하비'(State vs. Harvey) 판례의 경우, 대법원은 필리핀에서 일어난 미성년자를 이용한 음란비디오 촬영을 처벌한 원심을 확정하였다. 비슷한 맥락으로, 외국에서 유전증진을 시술하는 미국의사들을 처벌할 수 있을 것이다. 이들은 의사 면허를 잃게 되고, 형사 처벌의 대상이 될 수 있다. 그렇다면 이들을 체포할 수 있는지가 관건이다. 미국으로 돌아오는 의사들은 해외에서의 불법 행위에 대해 처벌할 수 있겠지만, 해외에 남아 있는 의사들을 처벌할 효과적인 방법은 없고, 미국 요원들이 외국 공무원들의 협조 없이 해외에서 증거를 수집하는 것은 더욱 어렵다.

정부는 또한 외국의 유전학자들과 기업에 의해 사용될 가능성이 있는 유전증진 기술의 해외 이전을 막을 수도 있다. 미국 정부는 과거에 해외의 적들에게 도움이 될 만한, 그리고 핵무기 또는 다른 대량살상무기의 확산을 가속화시킬 가능성이 있는 기술의 이전을 제한해 왔다. 기술 이전의 제한은 정부간 계약에서 쉽게 찾을 수 있다. 하지만 유전증진의 혁신을 도모할 대부분의 과학적인 연구, 특히 정부가 유전증진 연구에 대한 공공자본의 지원을 금지하는 경우에는 민간자본으로 이루어 질 것이다. 미국 정부는 미국 과학자들이 외국인들이 참석하는 학술발표회에 연구 결과를 발표하거나 민감한 정보를 포함하는 연구 결과를 출판하는 것을 금지하려고 시도해 왔다.

그러나 이러한 방법은 유전증진 기술의 경우에는 실효성이 적을 것이다. 실질적으로 질병을 퇴치하기 위해 사용하는 동일한 기술이 유전증진 기술 개발에 사용되는 점을 상기해 보자. 유전증진 논의를 중지시키기 위해서는, 정부는 질병 치료기술의 진보를 널리 알리는 것을 제한해야 할 것이다. 또한 인터넷의 발달로 전세계적인 정보의 흐름을 제한하는 것도 매우 어렵다. 그리고 어떤 정부이든 언론의 자유를 침해하는 것은 학계와 경우에 따라 사법부에서도 비난받을 것이다.

더 나은 방법은 해외의 유전증진 행위를 지원하기 위한 자금의 해외 유출을 막는 방법일 것이다. 정부는 유전증진을 받기 위해 사용하는 자금, 유전증진 연구를 지원하기 위한 자금 및 유전증진 시설 설립을 지원하기 위한 자금을 대상으로 정할 수 있을 것이다. 통화(通貨) 제한은 돈 세탁, 마약 밀매, 테러를 지원하는 자금 등의 유통을 막기 위해 오래전부터 사용되어왔다. 1만 달러 이상의 금액을 미국으로 반입하거나 해외로 반출하는 사람은 누구나 재무부(Treasury Department)에 신고하여야 한다. 해외 은행에서 받은 이자는 연방세금정산(Federal Tax Return) 시에 신고하여야 한다. 이 의무 조항은 니카라과 반군에게 불법으로 무기를 조달한 피고인들을 처벌하는데 사용된 바 있다. 불법 기업으로부터 받은 자금을 해외로 송금하는 행위에 대해서는 특정한 처벌이 정해져 있으며, 이 법은 유전증진 기술을 지원하는 기업을 포함하도록 개정할 수 있을 것이다. 그러나 불법적인 자금 유출을 식별하는 방법이 여전히 문제이다. 그리고 불법자금의 식별 또한 마지막으로 송금되는 국가나 자금이 거쳐 가는 국가들의 도움 없이는 매우 어려울 것이다.

지금까지 논의한 것처럼 정부가 일방적으로 국제적인 유전증진 산업을 차단하는 것은 어려울 것이다. 테러와의 전쟁의 결과를 보면 잘 알 수 있다. 그러므로 효율적인 퇴치를 위해서는 국제적인 협력이 필요하다. 정부는 유엔이나 다른 다국적 기관이 인권보장과 청소년학대와 같은 문제에 대해 그랬던 것처럼 유전증진에 대한 범국제적인 반대 의견을 지지하도록 유도해야 할 것이다.

이런 방향의 운동은 미국 내에서 이미 진행되고 있다. 2001년 9월 일단의 변호사들과 생명윤리학자들이 보스턴에 모여 인간복제와 생식세포 유전자조작을 금지하는 국제조약을 제안하였다. 이들은 이 조약을 '인류보존을 위한 협정'(Convention on the Preservation of the Human Species)이라고 명명하였다. 이들은 선언문의 서론에서 '발달한 유전과학'은 '대물림이 가능한 유전자조작을 의도적으로 만들어' '인류를 근본적으로 타락시킬 수 있는' 힘을 가지고 있다는 것과, '새로운 인종이나 아종을 탄생시킬 정도로 인간의 특성을 근본적으로 바꾸는 것은' 개인이 '불평등하게 취급되거나 또는 인권이 침해되는' 것이나 혹은 '인종 학살 또는 노예제도의 발발'을 초래할 수 있다는 염려에 대해 특별히 언급하였다. 이 협정은 생식 목적을 위한 인간복제와 의도적인 생식세포 유전자변형을 금지시킬 것이다.

그러나 효과적인 통제를 위해서는 단순한 국제협정 이상의 무엇이 필요하다. 개별 국가들이 협정을 인준하여야 하고 협정을 집행하기 위한 국내법을 제정하여야 할 것이다. 협정을 준수하지 않는 국가에 대해서는 국제적인 압력이 가해져야 하며, 미국 정부는 협정체결을 거부하는 국가들에게 막강한 경쟁력과 정치적인 힘을 발휘하여 협정에 동의하도록 하여야 한다. 국제비상경제법(International Emergency Economic Powers Act)에 의하면 의회는 대통령에게 '미국의 국가 안보, 외교 정책 또는 경제에 현저한 위협'을 주는 국가에 경제 제재 조치를 취할 수 있는 권한을 부여하였다. 이 조례는 대통령이 국가 비상사태를 선포할 경우, 해외로의 자금 유통을 '조사, 통제 및 금지'할 수 있도록 하였다. 역대 대통령들은 이 권한을 지속적으로 사용하여 왔으며, 1998년에는 경제 제재에 의해 29개국의 최소한 30억의 인구가 미국과 교역하는 것이 금지되었다. 또한 정부는 처벌 대신 유전증진 정책에 협조하는 국가들에 경제 원조를 제공하는 것도 가능할 것이다. 미국 정부는 유전증진 금지조치의 범세계적 시행을 위해 국제통상기구(World Trade Organization)가 미국의 의견을 채택하도록 할 수 있을 것이다.

국민에게 불법 유전증진 시술을 제공하는 국가에 대한 정부의 최후 대응은 군사력을 이용하는 것이다. 최근의 국제무역센터(World Trade Center) 공격 이후에 그러했던 것처럼, 정식 전쟁 선포보다 약한 경우에도 의회는 대통령이 적국에 대해 군사력을 행사하는 것을 승인할 수도 있다. 더 나아가 대통령은 미국에 대한 공격으로 국가 비상사태가 발생하였다고 선포하면, 의회의 승인 없이도 여러 가지 방법으로 전쟁을 수행할 수 있는 권한을 가지고 있다. 미국 국민에 의한 불법적인 유전증진에 대응하기 위해 사용할 수는 없겠지만, 잠재적으로 미국에 위협적인 국가가 군사력을 증강시키거나 미국을 공격하기 위해 유전증진을 실행한다면 대통령이 전쟁 수행 권한을 사용할 것임을 추측할 수 있다.

이러한 위협에 대한 정부의 대응이 어떠할지는 테러와의 전쟁의 예로 알 수 있다. 2001년 10월 26일 부시대통령은 2001년 애

국법(USA Patriot Act of 2001)을 승인하였다. 이 법률은 대테러 조치의 지출을 증가시키고, 특정 소환장의 발부 범위를 확대하고, 부가적인 경제 제재를 가하고, 해외로의 자금 유통을 한층 제한하고, 돈세탁의 처벌을 강화하고, 국경수비대와 세관요원 인력을 세 배로 증가시켰으며, FBI의 DNA 데이터베이스를 확장시켰다.

국가비상사태를 선포하는 것은 대통령에게 타 국가와의 전쟁을 수행하는 데 더 큰 권한을 부여하는 것 이외에도 정부의 유전증진과의 전쟁에 대해 간접적인 영향을 미친다. 헌법에 따르면, 국가 비상사태 시에 정부는 언론의 자유를 포함한 권리법안(Bill of Rights)에 명시된 거의 모든 자유를 정지시키는 등 미국 국민에 대해 막강한 권한을 가지게 된다. 더 나아가 사법부가 유전증진과의 전쟁을 '간과할 수 없는 국가 이익'으로 인정하여, 공식적인 비상사태 선포 없이도 정부가 개인의 자유를 침해하는 것을 허용할 수도 있다. 만약 유전증진이 이 책의 앞부분에서 기술한 것 같은 민주주의와 자유에 미칠 위협이 현실로 나타난다면, 사법부는 헌법 수호에 필요하다는 이유로 정부에 여러 가지 형태의 부가적인 권한을 부여하는 것을 정당화할 것이다.

어찌되었던 유전증진과의 전쟁은 큰 비용을 지불하게 될 것이다. 막대한 자원이 필요할 뿐만 아니라, 헌법이 보장한 권리를 국민들에게서 박탈하는 것은 큰 대가를 치르게 될 것이다. 투쟁을 효율적으로 수행하기 위해서는 정부가 개인 및 전문적인 활동, 부모의 특권과 임신 출산에 대한 결정 등에 대해 전례가 없을 만큼 큰 범위로 통제하여야 할 것이다. 가장 심각한 위협만이 이런 극단적인 조치를 정당화할 것으로 여겨진다. 이 책에서 나열한 경고에도 불구하고, 대중과 이들이 선출한 정치인들이 유전증진을 위협으로 간주하지 않을 수도 있다. 위협으로 여긴다고 하더라도 유전증진에 대한 전쟁은 자멸에 이를 수도 있다. 아군이 한 부락을 구하기 위해 그 마을을 파괴해야만 했다는 베트남전쟁의 금언을 상기해 볼 때, 민주주의의 잠식을 막기 위해 전제주의 권력을 추구한다는 것은 큰 의미가 없을 것이다. 유전증진은 이전까지의 적과는 달리 미국이 어떠한 조치를 취하더라도 완전히 괴멸되지는 않을 것이다. 유전증진이 가져다줄 중대한 이점을 생각할 때, 이에 대한 수요와 이를 충족시키고자 하는 노력은 계속될 것이다. 이런 위협에 대응하기 위해 민주주의 정부가 한번 붕괴되면 다시 회복하기가 매우 힘들 것이다.

그러나 유전증진을 완전 금지하는 것이 잘못된 선택이 될 수 있는 더 근본적인 이유가 있다. 이제껏 우리는 유전증진이 가져다줄 이점이 이 혜택을 누릴 수 없는 사람들로부터 개인적인 이득을 얻고자 하는 특정인들에 의해 이용될 것으로 가정하였다. 그러나 유전증진 기술이 사회 전체에 이득을 줄 수도 있다. 서론에서 이야기했던 구조대원을 되새겨보자. 우리들 모두 구조대원들이 더 강인하고 최상의 체력을 가지는 것을 바라지 않겠는가? 만약 소방대원이 위험 상황을 더 잘 견딜 수 있고, 건물더미 아래에서 사람들을 구조하는 일을 더 잘 할 수 있다면 국제무역센터에서 얼마나 많은 인명을 구할 수 있었을 것인가? 만약 유전증진이 인간을 더 영리하게 만든다면, 암과 같은 치명적인 질병의 치료법을 더 빨리 개발할 수 있지 않겠는가? 만약 유전증진이 시각 및 정신적인 예민성과 정교한 조작 능력을 증진시킨다면, 당신이 타고 있는 비행기의 조종사나 당신 아이의 스쿨버스 운전사가 유전증진을 받는 것을 원하지 않겠는가? 군인들을 전장으로 내보낼 때 더 뛰어난 전사로 만들어 그들의 생명을 지킬 수 있다면 이를 바라지 않을까?

모든 형태의 유전증진을 금지시키는 것은 커다란 사회적인 이득을 박탈하는 일이 될 수도 있다. 미래의 상황을 추측해 보자.

유전증진된 사람들이 광활한 해저를 탐사하고 다른 행성에 정착하는 것을 상상해 보라. 지구 전체에 큰 재앙이 일어났을 때에 유전증진이 인류의 생존을 위한 수단으로 사용될 수도 있을 것이다. 유전증진으로 큰 혜택을 창출해 내고 수많은 생명을 구할 수 있을지도 모른다.

그렇다면 문제의 핵심은 해악을 최소화하면서 이득을 얻어내는 것이다.

13

보다 나은 해결책

유전증진을 완전히 봉쇄하기는 아마도 불가능할 것이다. 연구사들은 비록 연방정부의 연구비 지원이 법으로 금지된다고 해도 증진기술을 완성할 것이다. 아마도 가까운 미래는 아니겠지만 결국 사람들은 그 자신과 자녀들을 불법으로 유전증진시킬 것이다. 모두는 아니라고 해도, 그리고 누구나 자유롭게 유전증진을 구매할 수 있는 상황만큼 많지는 않겠지만, 불법으로 유전증진시키는 사람의 숫자가 많아져 정부의 규제는 강력한 금지령으로 바뀌게 될 것이다.

그러나 전면 금지령의 실질적인 더 큰 문제는 그것의 집행이 불가능하다는 것보다는 법을 거스르는 위험을 감수하는 사람들이 자신들의 이익을 위해 범법 행위를 할 것이라는 점이다. 증진된 사람들의 대부분은 올바른 일반 시민이 아니라 범죄자들일 것이다. 확실히 더 부유한 범죄자들, 사회 대부분의 사람들이 그 위험이 너무 극심하다고 생각해도, 돈으로 자신과 자녀들을 위해 최상의 유전형질을 살 수 있다고 생각하는 이기적인 사람들이 범법 행위를 할 것이다. 결국 만일 당신이 법을 어기고 처벌의 위험을 감수하려 한다면, 당신은 다른 사람들을 도우려 하겠는가? 그들은 자신들만의 이익을 위할 뿐이다.

그래서 범법 행위를 완전히 근절하려는 시도는 법을 지키는 대부분의 사람들에게는 불이익을 주고, 사회의 범죄적 요소에 유전증진의 이익을 복합시키는 그릇된 효과를 낳을 것이다.

이것을 피할 방법, 적어도 덜 드러나게 할 방법이 있다. 유전증진을 금지시키는 대신에 사용할 만하다고 사회가 인정하는 사람들에게는 도덕적인 목적으로 사용할 수 있도록 허용을 하는 것이다. 즉 유전증진을 금지하지 말고 사용을 통제하자. 유전증진이 사회의 이익이 되도록 하자. 이것을 어떻게 성취할 수 있을까?

면허의 강화

특정 조건에서 특정 인물에게 큰 권력과 특권을 부여하는 경우가 많다. 의사를 보자. 그들은 위험할 정도로 강력한 약을 처방할 수 있다. 그들은 신체의 가장 은밀한 부분까지 침범할 수 있다. 주사기로 당신의 몸에 구멍을 내기도 하고 수술 중에는 메스로 배를 가른다. 오리건주의 경우, 의사의 도움을 받을 수 있는 자살법에 따라 표면상으로는 허락 하에 의사는 당신을 죽일 수도 있다. 완곡한 표현으로 '두 배 효과의 안락사'와 '최후의 결정' 과정에서 때로는 동의 없이도 치명적인 양의 모르핀을 투여할 수도 있다. 그들은 이런 일을 행하고도 가스실에서 처형되지 않음은 물론 감옥에도 가지 않는다. 왜냐하면 그들은 면허가 있기 때문이다.

그러나 개업에 대한 면허는 조건이 따른다. 의사는 그들의 능력을 상해를 주는 것이 아니라 치료 목적으로 사용하여야 한다. 진료 시에는 전문적인 치료 기준을 따라야 한다. 환자에게 성적인 호감을 느껴서는 안 되며 환자의 개인적인 비밀을 지켜야 한다. 마약이나 다른 위험한 약물을 무단으로 사용해서도 안 된다. 만약 의사가 면허의 조건을 어기면, 면허와 함께 그들의 특권도 잃게 된다. 감옥에 갈 수도 있고 가스실에서 처형될 수도 있다.

똑같은 경우가 다른 전문직에도 적용된다. 예를 들면 변호사는 법정에서 피고를 대표할 수 있는 유일한 사람이다. 피고인, 배심원, 증인과 방청석을 갈라놓은 빗장을 넘나들 수 있고 판사석에 다가갈 수 있는 권리를 가진 유일한 사람이다. 변호사만이 주택을 매각할 때나 기업 인수시 수 십 억 달러의 이익이나 손해를 낼 수 있는 법률적 의견을 제시할 수 있다. 그들은 고객이 범죄를 저질렀다고 해도 고객의 비밀을 공개해서는 안 된다. 그러나 의사와 마찬가지로 그들의 이러한 특권도 공공의 이익을 위해 사용할 때만 유지될 수 있다. 민일 범죄 사건을 위임받아 범죄자를 돕거나, 신뢰할 수 있는 자료가 없음을 알고도 소송을 제기하거나, 거짓말을 하거나, 속이거나, 절도를 하게 되면 그들은 면허를 박탈당하게 된다.

면허는 전문직 업무를 통제하는 일 외에도 다른 여러 가지 상황에 이용된다. 면허는 특정인이 총을 소유하거나 소지하는 것을 허용하고, 승용차, 택시, 상업용 자동차를 운전하는 것을 허용한다. 사업에도 면허가 필요하다. 술 가게 또한 면허가 필요하다. 면허는 특정 행위나 교역을 수행하는 독점적인 권리인 독과점으로 발전하기도 한다. 때로는 그것이 낚시 면허처럼 정부의 재정을 늘리는 수단이기도 하다. 그러나 모든 경우에 면허는 특정한 규칙을 따르도록 규정한다. 택시는 요금 체계와 안전 기준을 지켜야 하고, 어부는 포획 기준을 지켜야 한다.

똑같은 논리를 유전증진에 적용할 수 있다. 먼저 증진 상품과 서비스의 제조업자와 공급자는 면허가 있어야 한다. 그들이 공급하는 증진 상품을 면허로 규정하고, 허락된 구매자에게만 공급하도록 제한하며, 공급 상황을 보고하도록 하여 판매 상황을 정부가 추적할 수 있도록 하여야 한다. 의료 전문가도 면허가 있어야만 유전증진을 제공하고 증진 서비스를 공급할 수 있도록 하여야 한다. 마찬가지로 특별한 증진 기술에 대하여 면허를 갖고, 허락된 구매자에게만 판해하며, 납품업자는 판매량을 엄격하게 기록하고 보고 사항을 지켜야 한다. 이것은 마약단속국이 통제된 물질의 생산과 분배를 조절하기 위해 사용하는 체제와 비슷하다. 면허 조건을 어길 경우 면허를 박탈하고, 다시 면허를 획득할 수 없게 하며 형사처벌을 해야 한다.

그러나 면허 프로그램의 가장 중요한 부분은 유전증진을 받기 원하는 사람들에게도 허가를 부여하는 것이다. 그들은 유전증진되는 것이 타당하면서도 사회적으로 유익한 목적을 포함하는 특정한 기준을 충족시킬 수 있어야 한다. 면허 부여의 목적은 정부나 국회, 대개는 면허 프로그램을 관리하는 면허국의 규정에 따라 만들어야 한다. 이것은 FDA나 마약단속국이 될 수도 있고 윤리, 공공 정책, 그리고 증진 기술에 전문적 지식을 갖고 있는 독립적 기관일 수도 있다. 유전증진 면허의 실행 목적을 위해 도움이 된다면 미래의 면허 소지자는 어떤 직종이라도 무방하다. 예를 들어 의학 분야 연구자는 계획된 연구를 수행하기 위해 교육을 받을 수 있다. 지원서는 정부 연구비를 받기 위해 거치는 과정과 비슷한 과정으로 면허국에 제출하여야 하고, 전문가들이 검토하여야 한다. 정부 연구비 검토 과정처럼, 면허 계획서의 주제에 따라 해당 분야의 외부 전문가들로 구성된 특별 '검토 팀'에서 면허국에 추천을 하게 될 것이다. 면허국은 면허가 의도한 대로 적절하게 사용되는지 감시할 것이다. 감시는 정부 연구비의 경우 정기적인 보고서 제출, 의학 분야 연구자의 경우 계획된 실험 결과 및 장비 검사로 이루어진다. 정부 감시는 적절한 자체 통제 그룹의 도움을 받을 수도 있다. 의학 분야 연구자는 면허국의 감시를 받을 뿐만 아니라 미국과학진흥협회나 의학연구소와 같은 과학 단체의 감시를 받게 될 것이다. 소방관의 감독은 전문 소방관협회에서 할 수 있다.

면허는 그 소지자에게 면허에 명시된 목적에 부합하는 유전증진된 상품이나 서비스를 획득할 자격을 부여한다. 면허 규정을 지키지 않으면 면허 박탈과 함께 처벌을 해야 한다. 남은 증진제를 압수하고, 더 이상 증진 면허를 취득하지 못하게 하며, 벌금을 물고, 형사처벌을 해야 한다.

면허제도가 유전증진의 암시장을 완전히 없애지는 못할 것이다. 면허 기준에 만족하지 못하는 사람들이나 유전증진 면허를 잃은 사람들은 불법으로 유전증진을 꾀할 것이다. 이들은 외국으로 유전증진 여행을 떠날 수도 있다. 그러나 면허 체계의 도입은 이러한 비합법적인 사업을 감소시킬 것이다. 의료 전문가들은 암거래에 의존하지 않고 면허 체계 안에서 증진을 합법적으로 공급함으로써 암거래를 줄일 수 있다. 적어도 상당수의 유전증진된 사람들이 그들의 우수한 능력을 단지 자신의 이익이 아니라 공공의 복지를 위해 사용할 것이다.

유전증진 복권

생활에 여유가 있는 사람들만이 비싼 유전증진을 이용할 수 있다는 것이 자유 시장 체제의 단점 중 하나로서 이것이 평등을 해치게 된다. 제10장에 설명한 것처럼 유전증진의 위협은 단지 유전증진된 자와 그렇지 못한 자의 불평등을 악화시키는 데서 발생하는 것이 아니라, 그 장점이 주는 정도와 범위가 기회 균등의 밑음을 침식한다는 데 있다.

분명한 대응책은 시장이 아니라 정부가 유전증진을 분배하는 것이다. 제12장에서 알아보았듯이, 정부가 유전증진을 모든 사람들에게 공급하는 것은 너무나 비용이 많이 든다. 그렇지만 단순히 논쟁 차원에서, 정부가 문제 해결을 위해 모든 것을 담당한다고 가정 해보자. 정부는 유전증진을 개인적으로 구매하는 것을 금지하고, 유전증진을 공정하게 국민들에게 분배하는 체계를 연구하게 될 것이다.

모든 사람이 치료를 받을 수 있게 되기 전까지 정부는 유전증진을 제공하는 제대로 된 체계를 마련하지 못했다고 비난받을 수도 있다. 어떤 사람들은 정부의 체계와 상관없이 병들거나 건강하지 않게 되더라도 특정 형질의 유전증진을 원할 수 있다. 더욱이 유전증진은 자본에 의해 지배를 받으므로 정부가 개입하여 증진을 공평하게 분배하는 것에 대해 의문을 제기할 수도 있다. 그러나 이런 상황을 가정해 보자. 모든 사람이 필요한 모든 의학적 치료와 예방을 받을 수 있는 의료 체계가 설립되었고, 정부는 어떻게 하면 공정하게 유전증진을 분배할 것인지를 숙고한다고 가정해보자. 공정성의 기준은 무엇이겠는가?

'평등 기반'은 어떨까? 매력적으로 보인다. 서구의 철학은 평등이야말로 우리 사회가 추구해야 할 목표라는 데 동의한다. 미국 독립선언서에서 "모든 사람은 평등하게 태어난다."는 것이 자명한 진리임을 천명하였다. 유엔은 이것을 좀 더 정치적으로 수정하여 세계인권선언에서 "모든 인간은 자유롭게 창조되었고 똑같은 존엄성과 권리를 가진다."고 선포하였다. 평등의 가치를 부정한 몇 안 되는 잘 알려진 철학자 중 한 사람인 노직의 인용문에 따르면, 위대한 베를린(Isaiah Berlin)은 평등 원칙의 본질을 다음과 같이 표현하였다.

이익의 균등한 분배는 그것이 자연적이고 스스로 정당화되며 자명한 권리이고 공정하기 때문에 또 다시 정당화될 필요가 없다. 말하자면, 평등은 이유가 필요 없고 단지 불평등만이 이유가 필요한 것이다. 동일성, 규칙성, 유사성, 균형 등등은 특별히 설명할 필요가 없다. 차이점, 비체계적인 행동, 행위의 변화는 설명이 필요하며 대개는 정당화가 필요하다. 만일 내가 한 개의 케이크를 10명과 나누고자 해서 각각에게 1/10씩 주었다면 이것은 정당화가 필요 없다. 하지만 균등 분배의 원칙을 벗어나면 그 이유를 설명하여야 한다. 평등이 절대 이상한 것이 아니라는 것도 이와 비슷한 이유이다.

노직과 같은 소수의 예외가 있기는 하지만 철학자들은 이에 동의한다. 하지만 이익의 균등한 분배가 어떤 것인지에 대하여는 의견이 분분하다. 어떤 사람은 균등 분배로 모든 사람이 똑같은 부를 누리게 되어야 한다고 말한다. 모든 사람이 유전증진을 받아서 똑같이 행복하고, 똑같이 성공적이고, 추구했던 바가 무엇이든간에 공평해야 한다. 사람들마다 행복을 느끼거나 성공의 판단 기준이 다르기 때문에 평등한 성취를 위한 분배는 사람마다 다른 재원을 나누어 주어야 한다는 결론에 도달한다. 유전증진을 어떻게 균등하게 분배하느냐를 고려할 때 이러한 '복지 평등주의'(welfare egalitarianism)는, 어떤 사람은 행복이나 성공의 개념에 도달하는데 더 많은 재원을 요구하기 때문에 그는 다른 사람보다 더 많은 증진을 받는 결과를 초래할 수 있다.

이러한 견해를 비판하는 사람들을 위해 '비싼 미각의 문제'(the problem of expensive taste)를 들어보자. 식도락가는 송로버섯(truffle)과 샴페인을 즐겨야 하는 반면, 훨씬 수준 낮은 미각을 가진 일반 사람들은 참치 샌드위치만 있어도 된다. 복지평등주의를 비판하는 사람들은 이런 상황을 비판하는 것이다. '재원평등주의자'(resource egalitarians)로 알려진 철학자들은 비록 결과적으로 어떤 사람이 다른 사람보다 복지 면에서 더 나아지는 결과가 발생하더라도 모든 사람이 같은 정도의 유전증진을 받아야 한다고 주장한다. 이번엔 자신의 잘못이 아님에도 불구하고 식도락가에게 불공평하다고 복지평등주의자가 이의를 제기할 수 있다. 순수한 복지와 재원의 평등주의에서 발생할 수 있는 문제를 염두에 둔 다른 철학자는 모든 사람이 똑같은 양의 재원을 받거나 또는 고급 미각을 만족시키기 위해 더 많은 양의 재원을 받기보다는 적당한 최소한의 재원과 복지를 받아야함을 주장한다.

이 시점에서 많은 저명한 사상가들이 재원, 즉 물질이라 불리는 것의 주관적 성질에 실망한 나머지 분배 과정에 집중하게 된다. 이 관점의 중심은 사람이 무엇을 얻게 되느냐가 아니고 분배의 과정이 어떻게 이루어지느냐 하는 것이다. 이 사상가들이 고안한 방법은 분배를 받는 대상이 누구인지 묻지 말고, 분배가 이루어진 후 분배받은 자들이 어떻게 느낄 것 인지를 전혀 모르는 상태에서 우리가 가진 재원을 분배하라는 것이다. 이런 생각을 가진 사람들 중 한 명인 드워킨(Ronald Dworkin)은 그들을 '흙 퍼올리는 버킷'(clamshell)에 비유했다. 우리는 고급 미각을 가질 수도 있고, 운이 나쁠 수도 있고, 아닐 수도 있다. 이런 분배 방법을 주장하는 대표적인 철학자인 라울(John Rawls)은 이러한 상상 속의 분배 상황을 '원래의 상태'(the original position)라 불렀고, 의사 결정자를 '무지의 장막 뒤'(behind a veil of ignorance)에 있는 사람으로 묘사하였다.

이러한 요소로 인해 정부에서 어떤 정책을 제시해야 '유전증진'의 공평한 분배가 이루어질 수 있을지 말하기 어렵다. 재원평등주의자의 주장에 따르면, 정부에서 모두에게 동일하게 '증진'을 제공하고, 개인 재산을 통해 허용된 양보다 더 많은 양의 '증진'을 구매하지 못하도록 하는 방법이 있다. 그러나 '유전증진'의 종류가 다양하게 존재하는데, 모든 종류의 '유전증진'을 모두에게 제공할 수 있는 여건이 되지 않는다면 개개인마다 어떤 종류의 '유전증진'을 적용할지 결정하기 위한 방법 또한 필요할 것이다. 한 예로 정부에선 지능지수를 중요하게 여겨서 '인지력 증진'을 배포하고자 하는데, 다른 종류의 증진을 원하는 사람이 있을 수도 있는 것이다.

한 가지 해결책은 모두에게 동일 가치의 '유전증진 배급권'을 제공하고, '증진'의 종류는 개개인이 선택하도록 하는 것이다. 그러나 복지평등주의자가 지적하듯이 이 방식은 모든 사람들에게 동등한 이득을 제공하지는 못한다. 선천적으로 보다 유리한 형질을 가지고 태어난 사람, 자연의 유전형질 추첨에서 운이 좋았던 사람은 시작점에서 우위를 차지하기 때문에 계속 상대적인 우위를 유지하게 될 것이다. 예를 들어 모든 사람들이 추가로 지능지수 20점을 얻는다고 했을 때, 이미 지능지수가 높은 사람은 여전히 다른 사람들 보다 지능지수가 더 높게 되는 것이다. 만약 '유전증진'이 동일한 지능지수의 평준화된 상태로 이루어지게 한다면, 모든 사람이 같은 지능지수를 갖게 될 수 있을 것이다. 그러나 역시 이러한 방식은 지능 대신에 체력, 민첩성, 아름다움 등의 다른 특성의 증진을 원하는 사람을 만족시킬 수는 없다.

개개인의 완벽한 평등을 이루기 위한 적절한 방법이 없다면, 정부는 그 대신 모두에게 적정량의 최소한의 이득을 제공하는 것을 목표로 삼을 수 있다. 이 경우, 정부에서는 '유전증진'을 극빈층에 분배하는 역할을 하고, 나머지 계층은 '유전증진'을 원하는 만큼 자유롭게 매매할 수 있도록 할 수 있다. 예를 들어, 간단히 정부에서 빈곤층이 유전증진을 구매하도록 보조금을 지급하는 방식을 고려할 수 있다. 특정 액수에 해당하는 '유전증진 배급권'을 각 극빈층에게 제공하는 것이다. 가난한 사람들이 실질적으로 그들의 장래에 도움이 될 만한 증진을 제공받도록, 증진의 양은 증진의 시장 가격에 따라 배급되는 양이 결정되어야 할 것이다. 이 정책은 모두에게 배급권을 제공하는 것보다는 훨씬 더 비용이 적게 들기는 하나, 여전히 실행에 옮기기에는 경제적 부담이 크다. '유전증진'의 비용을 1인당 1만 달러로 터무니없이 낮게 잡아도, 연방정부의 최저생활수준(4인 가족 기준으로 약 1만7천 달러) 이하로 살아가는 3천5백만 명에 드는 비용이 전체 의료 예산을 능가하게 될 것이다.

설령 정부에서 그런 사치스러운 정책을 실행하기 위한 예산을 마련한다 하더라도, 비용의 문제를 떠나 극빈층만을 대상으로 하는 보조금은 새로운 문제를 야기할 수 있다. 즉 보조금을 받을 수 있는 기준보다는 약간 소득이 높으나 유전증진을 할 만한 여유 자금이 없는 사람은 보조금을 받는 사람에 비해 불리하게 되므로, 이들도 대상에 포함되어야 하는 것이다. 보조금을 받는 대상의 바로 상위 계층이 지급 대상으로 확대되는 목말 타기 현상이 반복된다면 결과적으로 전부가 보조금을 받게 되는, 꼬리에 꼬리를 무는 현상이 일어나게 된다. 대법원에서는 이러한 문제를 소수민족 학생에게 특혜를 주었던 캘리포니아대학교의 제도를 파기한 베키(Bakke) 소송 사건에서 인정하였다.

> 사회적으로 받는 불이익이 임의적인 허용치를 넘는다고 생각된다면 그 사람은 특혜 계급으로 분류될 수 있으나, 이때 다른 계급의 사람에게 불리를 줄 수 있다. 그러한 분류는 법정의 엄격한 기준이 개입되어 있지 않다. 특혜 정책이 의도했던 효과를 거두고 있고, 과거 차별 정책의 결과가 보상받고 있기 때문에, 새

로운 법적인 분류 기준이 필요하다.

이러한 역행 현상을 피하기 위한 유일한 방법은 특혜나 보조금을 받는 개인이나 집단의 특성을 정확하게 규정지어 명시하는 것이다. 예를 들면, 비록 최고재판소가 베키 소송 사건에서 이 선언을 하는 것을 거절했지만, 미국의 독특한 노예제도의 역사 때문에 아프리카계 미국인에 대한 우선 혜택은 정확하게 규정되어 수혜할 수 있게 되었다. 이 조건에 따르면 아프리카계 미국인만 특혜의 대상이 되고, 다른 약소 계층에는 적용되지 않는다. 그러나 특정 계층에만 유전증진을 보조하기 위해, 특정 소수 계층을 다른 소수 계층과 다르다고 명시하기 어렵다.

이러한 문제점을 피하는 한 가지 방법은 증진 자격을 소득이나 부에 따라 정하는 것이 아니라, 최소한의 삶의 질이라는 개념에 따라 정하는 것이다. 예를 들면 정부는 '유전증진'을 선천적으로 장애를 지닌 사람들에게만 배급할 수 있다. 도덕적 관점에서 이는 라울 등이 주장하는 분배 정의의 자유 이론과 부합하는데, 그는 '출생과 선천적인 자질에 있어서 불평등함은 부당하므로, 이에 대해 어떤 식으로든 보상이 이루어져야 한다'는 '보상의 원리'(principle of redress)를 주장한다.

그러나 누구를 선천적으로 불리하다고 할 수 있는가? 아니, 이것보다 어떤 형태의 결함을 불리함으로 간주할 수 있는가? 우리는 다시 주관성의 문제, 개개인의 관점 차이에 대한 문제에 부닥치게 된다. 어떤 사람은 불리함의 기준이 중요한 기동성, 인지력, 생식작용, 일할 수 있는 능력과 같은 기능성의 관점에서 적용되어야 한다고 생각할지도 모른다. 그러나 어떤 사람은 노래하는 것을 좋아함에도 불구하고 절대음감을 갖고 있지 않기 때문에 스스로를 매우 불리하다고 여길 수 있는 것이다. 우리는 모든 자격을 갖춘 개인에게 배급권을 주고, 각자 원하는 어떤 특성이든 향상할 수 있도록 함으로써 문제의 일부를 해결할 수는 있다. 그러나 여전히 배급을 받는데 있어 무엇이 불리함으로 간주되는지 결정해야만 한다.

분명한 해답은 사람들을 정상 상태라는 통상의 관념으로 비교해보는 것이다. 비정상적인 사람들은 불리한 것으로 간주되어 증진의 자격이 부여된다. 그러나 그렇다면 무엇이 '정상'인가? 우리는 이 문제를 이미 5장에서 사람들의 건강을 '정상' 상태로 회복시키는 것을 목표로 하는 '유전자치료법'과, 보통의 경계선을 넘어 증진시키는 것을 목표로 하는 '유전증진'의 개념을 구분할 때 살펴보았다. 그 논의에서, 정상이라는 개념은 무척 임의적이며, 보통은 인구 평균치에서 미리 정한 수치의 통계상의 편차로 계산할 수밖에 없는 문제라는 것을 지적했다. 비정상의 기준으로 보조금을 지급할 때의 문제는, 제공하는 증진 보조금으로 인한 인구 평균치의 변화이다. 가령 인구 전체 키 분포에서 하위 10%에 해당하는 사람들의 키를 유전증진해야 한다는 명제를 받아들인다고 할 때, 그들의 키는 얼마나 증가시켜야 하는가? 전체 인구에서 키의 평균값은 어떻게 되는가? 평균치가 증가하면서 새로운 최저 10%의 집단이 생겨나고, 이들을 다시 유전증진시켜야 한다는, 끝없는 반복의 문제가 여기서 다시 발생한다.

또 다른 문제점은 어느 정도 평균치에서 벗어나야 불리함으로 간주할 수 있을지 결정하는 것이다. 신장의 경우 통상 분포도에서 최장신에서 인구의 5%, 최단신으로부터 5% 정도를 비정상으로 여긴다. 하지만 20% 또는 2%를 비정상으로 여기지 않을 이유가 어디 있는가?

국회는 신체장애인에 대해 차별대우를 금지하는 법을 제정했을 때 동일한 문제와 마주쳤다. 어떤 형태의 결함이 신체장애로 생각되며, 차별 대우로부터 보호받는 수준의 결함은 어느 정도여야 하는가? 차별 대우를 한 사람들이 장애라고 생각한 요인에 의해 차별했다는 것을 입증할 수 있도록, 차별 대우를 받은 사람들을 구제 대상으로 명시하는 방법을 택할 수도 있었으나, 국회에서는 '주요한 생명 활동'이라 부르는 '자신을 돌보고, 육체적인 작업을 행하고, 걷고, 보고, 말하고, 숨쉬고, 배우고, 일하는 것'으로 정의한 요소에 이상이 있는 등의 확실한 신체장애만을 명시했다. 더구나 이런 신체장애의 수준이 '상당할' 경우에만 장애라고 규정했다. 어쩌면 이 같은 정의가 장애인을 대상으로 한 유전증진 정책의 대상 결정에 유용할 수 있을지도 모른다.

그러나 이 논의는 이미 정부가 모두에게 필요한 의료 지원을 하고 있다는 전제에서 시작함을 잊지 말아야 할 것이다. 어떤 사람에게 장애가 있으며 우리가 그 장애를 고칠 수 있는 한 이것은 치료의 범주에 속하며, 그 사람은 이미 치료를 받을 자격이 있다. 지금 우리가 말하고 있는 것은 진정한 증진을 받을 기회를 배분하는 방법이다. 바꿔 말하면, 아프거나 기형이거나 장애가 있지 않다는 측면에선 '정상'이거나, 정상은 아니더라도 현존하는 어떤 치료법을 쓰더라도 도움을 받을 수 없는 사람을 가려내어, 그들에게 '증진제'를 주는 것이 지금까지 그들이 감수했던 불리함을 보상할 수 있는 수단이 되도록 하는 것이다. 통상적인 장애 차별에 대응하는 방식은 이 경우 적용하기에 무리가 있다.

더구나 유전증진을 통해 선천적으로 장애가 있는 사람을 교정하려는 정부의 시도는 반감을 살 수도 있다. 장애인들이 그들의 생명의 존엄성을 침해당했다고 여길 소지가 있기 때문이다.

예를 들면 실버즈(Anita Silvers)는 모든 사람을 '정상'으로 하는 치료에 대해 반대하고 있다.

보통 무의식적으로 우리가 정상이라고 여기는 외형이나 기능성의 수준은 독립적인 생물학상의 사실 보다는 사회적인 관념에 기초한다. 비정상적인 개인이 보다 행복할 수 있도록 환경을 조정하는 것은 그들을 평준화하여 정상화하는 것만큼이나 보상적이라 할 수 있다. 더구나 개인이나 단체가 남보다 잘할 수 있는 영역에 대한 능력을 증진시키는 것은 다른 분야의 장애를 보상할 수 있다. 개인에게 허용된 기회의 양의 균형을 이루는 것이 기회의 종류의 균형을 이루는 것에 비해 더 실현 가능성이 있으므로, 비정상적인 개인을 정상의 수준으로 복구시키는 것이 그들의 비정상적인 상태의 유리한 면을 증진시키는 것에 비해 더 정의를 구현한다고 볼 수는 없다.

한 예로 이러한 견해의 극단적인 제안자는, 선천적으로 귀가 먹은 사람들은 '언어 소수집단'(language minority)으로 고려해야 한다고 역설하며, 인공 귀와 같은 장치를 설치하여 치료하려는 시도는 이 언어 소수집단이 고유의 생활방식을 추구하고자 하는 것을 조직적으로 막는 결과를 초래한다고 주장한다. 청각장애를 지니고 있는 어떤 학자는 인공 귀 이식을 '최종적 해결'이라고까지 부른다.

유태인 대학살은 부끄러운 역사를 환기시킨다. 제4장에서 연대순으로 살펴보았듯이, 나치가 열악한 유전형질을 지녔다는 미명하에 인종 학살을 저지른 천인공노할 죄악의 발단은 미국이나 다른 곳에서 광범위하게 전개된 우생학 운동이 극단적으로 나타난 예라 볼 수 있다. 우리가 논의하고 있는 정부의 정책은 바람직하지 못한 유전자를 지닌 사람들이 아이를 낳지 못하도록 강요하지는 않는다는 점에서 '음성 우생학'이라고는 할 수 없지만, 엄밀히 말해서 '좋은' 유전자를 가진 사람들의 출산을 장려하는 '양성 우생학'이라고 할 수도 없는 한편, 유전적으로 불리한 사람들을 정부가 가려내고 그들에게 치료 또는 보상의 의미로서 '유전증진'을 제공한다는 점에 있어서, 국가에서 주도하는 우생학이라 불릴만한 문제의 소지가 있다.

여기서 '역 반복'의 문제가 어김없이 다시 발생한다. 불리한 사람들에게 유전증진을 제공할 때, 그들의 증진으로 인해, 이외의 다른 누군가가 상대적으로 불리하게 되고 그들은 다시금 유전증진의 대상이 될 자격을 갖게 된다.

이 모든 난제에 직면하여 우리는 모든 사람을 동등하게 하거나 혹은 그들에게 동등한 양의 유전증진을 제공하는 것을 포기하고, 단지 그들에게 유전증진에 대한 동일한 기회를 제공하는 것으로 만족할 수 밖에 없다. 결국 얘기가 원점으로 돌아오는 셈이지만, 기회를 균등하게 제공받는다는 사회적 합의를 유지하는 것이 중요한 문제인 것이다.

기회의 균등을 위한 흥미로운 방법 중 하나는 정부가 '유전증진 복권' 제도를 만드는 것이다. 무작위로 복권 당첨자를 뽑아, 이들에게 법적으로 허용된 범위 내에서 어떠한 '유전증진'이든 원하는 대로 이용할 수 있도록 하는 방식이다. 복권을 구입할 기회는 자발적이면서 공개적이어야 한다. 도덕성이나 종교적인 이유로 '유전증진'에 반대하는 개인일 경우 이들은 당첨을 거부할 수 있다. 누구에게나 당첨의 기회는 자동적으로 한 번 제공되며, 누구도 당첨을 매매할 수는 없다. 누구든지 유전증진을 받을 기회를 공평하게 제공받는다는 느낌을 받을 수 있도록, 당첨 확률은 상향 또는 하향 조절할 수 있으며, 추첨을 다양한 간격으로 행할 수 있다.

국가는 복권을 통해 교육과 다른 공공의 목적을 위한 자금을 모은다. 그러나 복권은 또 다른 기능을 가지고 있다. 부유하지 못한 사람들은 복권을 '빈곤의 악순환을 없앨 수 있는 유일한 탈출구'로 여긴다.

요컨대, 복권은 극적이며 순간적으로 인생역전 신분 상승의 가능성을 제공하는 한편, 무작위로 추첨함으로써 기회 균등의 합리성을 유지한다. 물론 현재의 복권들은 일부 얼마간의 이유에서 비난받을 만하다. 연구 보고서에 따르면 복권을 사는 계층은 주로 빈곤층인데, 사실 그들에겐 그럴 만한 여유가 별로 없다. 메릴랜드주에서는 복권의 절반을 전체 인구 중 가난한 1/3이 사고, 전국적으로는 연소득이 1만 달러가 되지 않는 가정의 1/3이 복권을 사는데 소득의 20%를 쓴다고 한다. 복권은 도박의 일종이며, 다른 종류의 도박과 마찬가지로, 일부 사람들에게는 고도로 중독성이 있다. 우승의 승산은 매우 낮기 때문에 복권은 실제로는 '환상의 판매'(the sale of illusion)이다. 결국 주 정부의 수입을 올리는 수단으로서 복권은 지극히 유감스러운 것이다.

그렇지만 유전증진 복권은 이 문제를 피할 수 있다. 아무 비용도 들지 않으므로 어떠한 금전적 부담을 요구하지 않는다. 부자에게나 가난한 사람에게나 복권을 판매하지 않고, 모든 사람에게 동등한 한 번의 기회를 갖게 하는 것이다.

복권의 역사는 유구하다. 고대 그리스에서도 추첨제가 있었고, 로마 시대에는 행정 관청을 배치하기 위해서 추첨을 했으며, 로마 황제는 축제일에 제비뽑기로 선물을 주었다. 영국의 엘리자베스 1세 여왕은 항구를 건설하기 위한 돈을 마련하기 위해 서기 1566년에 복권을 만들었으며, 영국 정부는 19세기 말까지 세입을 올리기 위해 복권 판매를 계속했고, 1992년에 복권 판매를 재개했다. 미국에서는 1964년 뉴햄프셔주에서 제일 먼저 복권이 시작되었다.

미국에서의 복권은 부족한 자원의 공정한 분배 수단으로도 사용되었다. 연방법원은 부족한 공영 주택과 주류 면허를 배정하는 합법적인 수단으로 복권 사용을 지지했다. 또한 복권은 부족한 약품의 배분에 쓰였다. 1990년 펜실베이니아주는 주립정신병원에서 정신분열증환자의 치료용 클로자파인(clozapine)을 배분하는데 복권을 발행했다. 버렉스 연구소(Berlex Lab)는 1993년에 유전학적으로 제조한 베타세론(인터페론 1b)을 도입하고, 1995년 생산 설비가 수요를 만족하게 되기 전까지는 어느 환자가 그 약을 공급받을지를 결정하기 위해 제비뽑기를 이용했다. AIDS 치료에 사용하는 단백질분해효소 억제제인 인비라제(invirase)와 근위축성측색경화증인 루게릭병 환자를 치료하는 약인 마이오트로핀(myotropin) 사용에도 유사한 절차를 이용하였다.

복권은 가장 극적인 상황에서 적절한 선택 방법으로 인식되어 왔다. 1842년의 법정에서는 수용 인원을 넘은 구명보트에서 누가 살아남고, 누가 배 밖으로 던져질 것인가를 정하는데 어떤 방법이 가장 적절한지에 대한 판결이 진행되었다. 법정은 제비뽑기를 지지하면서 "우리는 자비심과 공정성을 모두 만족시킬 만한 어떠한 행동 양식이나 방안을 생각할 수 없었다."라고 판결을 내렸다.

유전증진 복권은 불필요할 수도 있다. 복권은 앞서 기술한 면허 제도를 대체할 수 없고, 정부는 복권 대신 공익을 위하여 유전증진을 하고 싶어 하는 사람에게 무상으로 제공할 수도 있다. 그러나 정부가 공익 정신을 가진 모든 시민에게 유전증진을 제공하기에 비용이 너무 많이 든다면, 그리고 부유층이 면허 조건을 준수하는 한에서 사적으로 유전증진을 구입할 수 있도록 제한을 둔다면 결국 자금력에 따라 유전증진을 구매할 수 있게 된다면 모든 사람이 기회를 균등하게 제공받는다는 통념은 지지를 잃게 될 것이다. 비록 공익을 위해서만 유전증진을 사용하도록 제한을 둔다 하더라도, 유전증진된 개인의 이점은 다른 종류의 활동에도 활용될 수 있다는 점에서 평등의 원리가 제대로 구현되지 않는다는 인식이 더욱 널리 퍼질 것이다. 본 장의 후반부에서는 이로 인해 야기될 가능성이 있는 불공정성에 대처하는 방안을 알아볼 것이다. 그러나 지금 당장은 면허를 통한 제한에도 불구하고, 유전증진의 비용을 댈만한 여유를 지닌 사람들이 사회적인 이득을 불균등하게 차지할 수 있다는 가능성을 고려하는 것만으로도 충분하다. 어떤 방향으로든 기회 균등의 원리가 위협받을 수 있기 때문에 유전증진 복권 도입은 매우 현명한 판단일 수 있다.

수동적 생식 유전증진

제5장에서 체세포용 약물로부터 유전자의 삽입과 제거까지의 유전증진 기술들을 살펴보았다. 유전증진에 대한 능동적인 한 가지 대안은 DNA를 변형하지 않고 약물이나 유전자 융합과 같은 체세포적인 개선도 사용하지 않는 기술이다. 그러한 접근법 중의 하나는 가장 좋은 유전체를 지니고 있는 배아를 분별하기 위해 유전자검사를 하고, 유리한 유전자를 가진 것을 착상시키고, 나머지는 버리는 것이다. 다른 기술은 결혼 전에 아이가 가질 수 있는 유전형질을 확인하기 위해 미래의 배우자들이 유전자검사를 하고, 유전적 결함이 있는지의 여부를 바탕으로 아이를 가질지를 결정할 수 있게 하는 것이다. 또 다른 접근법은 유전병이 아닌 형질에 대해서 임신 상태에서 검사를 하여 결과가 좋지 않은 태아를 유산시키는 방법이다. 마지막으로, 부부는 유전자검사 결과 우수한 사람에게서 정자나 난자를 제공받을 수 있도록 하는 것이다. 이러한 기술들은 형질 개선용 약을 쓰거나 DNA조작을 하지 않고, 치료 목적이 아닌 유전자검사에서 얻은 정보를 생식 과정 중에 이

용하는 방법이다. 그래서 이 방법을 수동적 유전증진이라 불린다.

수동적 유전증진법은 앞에서 언급한 여러가지 우려할 점들을 야기시킨다. 그것이 수반하는 위험들 중의 하나로 실험실 조사에서 오류가 생겨 엉뚱한 배아가 착상되거나 엉뚱한 태아의 유산이 일어날 수 있다. 최근 연구는 체외수정 과정 자체가 출생시 기형이나 저체중아를 출산할 수 있다고 한다. 더구나 제6장에서 언급된 것처럼, 현재로서는 체외수정 시술의 안정성을 정부에서 효과적으로 감독하지 않고 있다. 체외수정을 이용하는 수동적 유전증진에서는 부모가 수정된 배아 중에서 원하는 유전 형질을 갖는 아이만을 선택하므로, 이렇게 태어난 아이들은 자연적으로 태어난 아이들에 비해 유전적으로 선택권이 없는 셈이다. 이것은 유전증진된 아이들의 자율성을 침해한다는 비난을 받을 수 있다. 수동적으로 유전증진된 배아 또는 제공된 난사와 정자가 인위적으로 선택되거나 또는 바람직한 유전형질 때문에 유전증진용 유산 결정이 허용되기 때문에, 수동적으로 유전증진된 아이들은 다른 아이들보다 유전적으로 유리할 가능성이 더 높다. 출생 시의 인위적인 선택 때문에 그들이 가진 유전적 유리함은 일반 아이들이 자연적으로 얻은 유리함보다 덜 가치가 있는 것처럼 생각할 수 있어서, 이후에 수동적 유전증진 아동이 이루는 업적은 자연적으로 이룬 일이 아닌 것처럼 보일 수도 있다.

체외수정 시술과 이상적인 난자나 정자를 얻는 비용 또한 비싸다. 제9장에서 언급한 대로, 체외수정은 약 3만7천 달러가 든다. 이것은 유전증진용 유전자검사 등의 비용은 포함하지 않은 가격이다. 체외수정과 난자나 정자의 제공과 같은 인위적 생식기술은 의료보험 혜택을 받을 수 없다. 그러므로 수동적 유전증진은 일차적으로 비교적 부유한 사람들에게 가능하여 수혜자가 비용을 지불하게 될 전망이다. 이러한 사실은 수동적 유전증진이 평등과 동등 기회의 개념에 위협이 될 수도 있다는 것을 뜻한다. 치료용 유산이 아닌 경우도 250달러에서 500달러 정도의 비용이 들어서 가난한 사람의 지불 능력의 한계를 초과한다. 수동적 유전증진으로 태어난 아이들은 자연 출생한 아이들보다 뛰어난 능력을 갖게 될 것이다. 이것은 아이들 간의 경쟁에서 불공평성을 발생시킨다. 윤리적, 법적 그리고 정책적인 관점에서 이 모든 이유들로 인해, 수동적 유전증진은 다른 형태의 유전증진과 동일한 취급을 받아야 할 것이다. 일반적으로 능동적 유전증진이 금지된다면 수동적 유전증진도 금지되어야 할 것이다. 만일 능동적 유전증진 면허를 얻어야 한다면 수동적 유전증진을 위해서도 면허를 얻어야 할 것이다.

그러나 여러 가지 중요한 면에서 볼 때 수동적 유전증진은 다른 형태의 유전증진 방법과 다르다. 첫째로 그것은 자연적으로 일어나는 유전적 가능성 중에서 단지 특정한 형질을 선택할 뿐이다. 그 결과로 얻은 자손의 형질은 일정한 범위를 벗어나지 않을 것이다. 때때로 자연 발생적인 돌연변이로 생기는 거인증을 제외하고는 갑작스럽고 극적인 지능 또는 체력의 증진, 키가 매우 커지는 현상은 일어나지 않는다. 따라서 수동적 유전증진은 가장 우수할 가능성이 있는 배아를 착상시켜 다음 세대를 위한 일종의 관리 프로그램으로 운영해나가게 될 것이므로, 시간이 지나면서 인간의 형질은 점차 개선되어 갈 것이다. 이러한 변화는 천천히 조금씩 진행될 것이다. 그 결과 수동적 유전증진에 의해 얻어지는 유리함들은 능동적 유전증진으로 얻어진 형질에 비하면 그 파급효과가 적을 것이다.

더구나 수동적 유전증진은 부모의 결정으로 이루어진다. 아이를 낳을 것인지의 여부, 또는 체외수정된 난자 중 어느 것을 착상시킬 것인가의 결정은 의학적이고 유전적인 조사로 얻어지는 정보에 따라 결정한다 하더라도, 개인적인 자율성에 의존하게 된다. 따라서 만약에 정부가 개입한다면 많은 논란이 있을 것이다.

현재 정부는 국민이 어떤 아이를 가질 것인지에 대한 결정에 개입하지는 않는다. 단지 근친결혼과 일부다처제를 법으로 금할 뿐이다. 물론 정부가 더 심한 규제를 한 적도 있다. 제4장에서 언급한 것처럼, 강제로 불임수술을 시행하여 바람직하지 않은 자녀를 낳지 못하도록 한 사건이 있었다. 그리고 몇 주가 다른 민족간에 자녀를 낳지 못하도록 하는 결혼법을 입안하여 집행한 적이 있었다. 그러나 이 모든 법은 폐지되거나 대법원에서 위헌 판정을 받았다. 1974년에 연방법원 판사는 본인이 불임수술을 동의하지 않을 때, 복지 급여를 상실한다고 위협하는 것은 위법이라고 판결했다. 이 재판에서 게젤(Gerhard Gesell) 판사는 다음과 같은 경고의 판결문을 남겼다.

> 가족계획이 점차 보편화되면서, 의과학은 점차 출생 예방과 조절 기술을 개선하고 다양해졌다. 또한 체외수정과 유전적인 특성에 대한 이해의 진보는 아이를 가질지에 대한 결정에도 영향을 미치고 있다. 자식의 성을 부모가 결정할 수 있는 시기가 도래하였다 …… 확실히 연방정부는 이 분야에서, 헌법에 부합되고 사회적 파장을 충분히 고려한 후 의회에서 결정한 정책에 입각하여, 조심스러운 결정을 해야 한다. 가족계획과 우생학간의 경계가 애매하다.

여러 주에서 입법가들은 노플랜트(Norplant) 경우처럼 피임약을 오랜 기간 사용할 때 복지 급여 자격을 부여할 것을 제안하였으나, 그런 요구 사항이 입안된 적은 없다. 일부 주의 법은 결혼 증서를 주기 전에 혈액 검사를 받도록 요구하여, 결혼하려는 예비

부부들이 호환성 있는 혈액형을 갖는지를 조사하도록 하였으나, 검사 결과에 따라 결혼 증서 부여가 거부되지는 않았다. 일리노이주는 한때 결혼증서를 받으려는 사람들에게 HIV감염 여부를 조사받도록 했으나, 양성 결과에도 불구하고 결혼증서는 부여되었다.

다른 형태의 수동적 유전증진을 제한하려는 정부의 시도, 즉 질병 이외의 특성에 대한 유전자검사 결과에 근거한 유산은 임신중절 합법 지지 그룹으로부터 강력한 정치적 저항을 받을 것이다. 적어도 현재로서 연방대법원은 유산 결정 이유에 관계 없이, 임신 첫 3개월간 자의적 유산을 금지하는 위헌적인 법을 고수하고 있는 것 같다. 자궁 밖에서 생존할 수 있을 것으로 여겨지는 시기보다 훨씬 이전에 조기 유산 시킨 경우에도, 법원은 임산부의 선택자유에 대한 의견 일치가 매우 확고해서 임신 말기 동안 유산시킬 수 있는 권리와 심각하게 대치되는 주법만을 지지한다.

체외수정을 이용한 수동적 유전증진은 또한 생식의 자유라는 근거에 의해 보호받을 수 있다. 보수적인 대통령 생명윤리자문위원회의 의장인 카스(Leon Kass)가 배아 연구, 유전자치료, 생식 목적의 인간 클로닝과 같이 매우 논란이 심각한 기술의 대부분이 체외수정 기술 없이는 가능하지 않음을 인정하였으나 체외수정 시술 자체를 반대하지는 않았다. 임신중절 합법화 반대그룹은 수정되고도 착상되지 않는 배아의 폐기에 반대한다. 그러나 이들은 배아 시술을 금지하는 것보다는 이러한 배아를 살려두는 것에 초점을 맞추고 있다. 제6장에서 언급한 것과 같이 체외수정으로 태어난 아기들은 저체중으로부터 야기되는 건강상의 위험성에 대한 우려가 증가하고 있고, 체외수정으로 태어난 아기들이 자연분만한 아이들보다 기형 확률이 높다는 증거가 있다.

이러한 사실 때문에 불임 치료와 체외수정에 사용하는 배아 개수에 대해 정부 차원에서 규제할 필요가 있다. 영국은 배아의 개수를 3개로 제한하고 있고, 벨기에는 2개로 국한한다. 그러나 체외수정 이후 여러 개의 배아를 동시에 시술하는 이유는 얼마나 많은 배아가 살아남을지를 알기가 어렵기 때문이다. 결과적으로 체외수정에 의해 적지 않은 수의 배아가 사멸하게 되는데, 이는 임신중절 합법화 반대그룹의 주장과 배치되는 것이다. 헌팅턴무도병과 알츠하이머병과 같이 성인이 되어서 발생하는 질병의 경우, 착상전 진단술의 윤리성에 대해 의문이 제기되고 있으나, 시술을 금지하지는 않고 있다. 착상전 성감별 시술은 심각한 윤리적 논란을 촉발하고 있으나 아무도 그것을 금지하려는 시도는 하지 않고 있다. 누구도 원치 않는 정자와 배아를 버리는 것이 비윤리적이라는 의견을 제기하지 않는다면, 성감별 시술과 착상전 유전진단에 대한 규제를 지지하기란 매우 어렵다. 태어날 아이들의 유전적 유해성을 없애기 위한 체외수정 반대는 별로 지지를 받시 못할 것이다.

제12장에서의 토론은 정부에 의한 수동적 유전증진을 제한하려는 시도가 위헌일 수 있다는 것을 보여주었다. 유산에 대한 권리와 누구의 아이를 가질 것인가를 결정하는 권리를 보호하겠다고 확고하게 약속한 법원들도 체외수정에 의존한 수동적 유전증진에 대한 정부의 규제를 지지할 것으로 보인다. 왜냐하면 판사들은 헌법이 전통적인 형태의 생식법에 대한 보호를 더 지지하고 있다고 느끼기 때문이다. 그러나 체외수정을 통한 유전증진을 위한 배아 선택이 DNA를 실제로 조작하는 능동적 유전증진 방법보다는 법정에서 상대적으로 지지를 더 받을 것이라는 것은 의심의 여지가 없다.

마지막으로, 정부가 수동적 유전증진을 금지시키기로 결정한다 할지라도, 그리고 헌법이 개정되어 그런 권리를 부여하였더라도 그러한 금지 조치는 실효를 거두기 어려울 것이다. 결혼 예정부부들이 유전증진을 위하여 어떤 일을 하는지 정부가 일일이 조사하기는 거의 불가능하다. 치료 목적과 유전증진을 위한 시술의 차이를 구분하기가 어렵기 때문에 정부가 유전증진 목적의 유산을 금지시키는 것은 실질적으로 불가능하다. 부모들은 유산이 유전증진보다는 치료 목적이라고 변명하기 위해 폐기된 태아에서 어떤 신체적 또는 정신적 결함을 찾으려면 얼마든지 찾을 수 있다. 이러한 상황은 체외수정 과정 중 유전증진 목적을 위한 배아 선별을 금지하려는 시도에서도 동일하게 발생한다.

아마도 유전증진을 위한 유산과 배아 선별을 예방하는 유일한 길은 비질병성 형질에 대한 유전자검사를 금지시키는 것이다. 이러한 금지는 건강관리 시설, 건강관리 인력과 병원 실험실들에까지 확장될 수 있다. 그러나 이것은 우리가 제12장에서 받아들이지 않기로 한 모든 유전증진을 금지하는 것과 동일한 것이다. 나중에 또 언급하겠지만, 전면적인 금지에 대한 대안은 공익적 유전증진만 허가를 하는 것이다. 그러나 허가제는 태어날 아이들에 대한 허가 조건을 부여할 수 없다는 단순한 이유로 수동적 유전증진에 대해서는 적용되지 않을 것이다. 아이들이 성년이 되어서 허가를 받아야 한다면, 그 상황에서 만일 유전증진 허가를 받지 않을 경우 어떻게 하겠는가? 감옥에 가두겠는가? 그렇게 하는 것은 사실상 부모의 죄를 아이들에게 부과하는 꼴이 된다. 능동적 유전증진으로 관련 법규를 위반한 사람의 유전증진 과정을 되돌려 놓아야 하나? 그러나 논점이 되는 수동적 유전증진은 자연발생적으로 생기는 형질 중에서 부모가 단순히 선택만 한 것이므로 생물학적으로 그것을 되돌릴 방법은 없다. 유일한 구제책은 어떤 형태로든 그러한 아이들에게 불이익을 주는 것이다. 그러나 그들은 자신들이 태어나는 상황에 관여한 것이 아니므로 이러한 조치는 부당한 처사일 것이고, 성인이 된 후에 이 조치를 취하는 것은 그들이 어린시절에 얻은 유전적 유리함을 빼앗기에는 너무 늦은 조치이다.

요약하면, 가장 현명한 길은 수동적 유전증진을 허용하는 것이다. 하지만 유전증진을 위한 배아 선별도 대부분 경제적으로 감당하기 힘들다. 민간 의료보험 회사가 체외수정과 질병 이외의 특성을 알아보기 위한 배아의 유전자검사 비용을 지불한다 할지라도, 보험이 없거나 정부에서 보조받는 사람들은 어떻게 할 것인가? 정부가 가난한 사람들을 위해 배아 선별 비용을 지불할 것인가? 그 비용 때문에라도 그런 일은 일어나지 않을 것이다. 그러나 배아 선별을 유전자 복권 당첨자에게 주는 상품에 일괄적으로 포함시킬 수도 있을 것이다. 그러나 배아 선별을 행하게 되면 충분히 '우수한' 배아가 아닌 배아를 폐기해야 한다는 사실을 상기해야 한다. 비록 그것이 유전증진 목적으로 생식세포를 능동적으로 조작하는 것만큼 미래 세대에 극적인 영향을 주지는 않는다 할지라도, 복권 상품에 배아 선별을 포함시키는 것은 정부에서 후원하는 명백한 우생학적 조치로 비춰질 수 있다. 이러한 측면 때문에 유전증진 복권은 윤리적 그리고 정치적 관점에서 너무 큰 손실을 유발한다. 단지 수동적 유전증진이 평등에 대한 심각한 위협으로 간주되는 경우에만 그것을 복권 상품에 일괄적으로 끼워넣을 수 있다.

불공정성을 극복하는 제방법

만약 정부가 유전증진의 위협 요소를 감소시킬만한 금지 조항이나 또는 효과적인 허가 제도를 만들지 못한다면, 우리는 유전증진을 자유로이 구입할 수 있을 것이다. 이미 제10장에서 살펴보았듯이 유전증진을 구입할 수 있는 사람들은 그렇지 못하는 사람들에 비해 엄청난 이점을 얻을 수 있을 것이다. 설령 유전증진 복권 제도가 시행된다고 하더라도 모든 사람에게 유전증진 혜택을 줄 수는 없을 것이다. 유전증진으로 우위를 선점한 사람들은 한정된 사회적 자원을 두고 경쟁하게 되며 다른 사람들이 따라갈 수가 없을 정도로 현저히 앞서게 될 것이다. 또한 허가 제도가 있다 해도 이러한 불평등의 문제를 완전히 해결할 수는 없을 것이다. 허가받은 사람들은 그들이 획득한 유전증진을 공익을 위해 이용해야 하는데, 이러한 유전증진이 장기간 지속된다면 앞서 언급한 바와 같이 허가받은 이들이 그렇지 않은 이들과의 경쟁에서 계속 유전증진의 수혜를 받은 상태로 공평하지 못한 경쟁을 할 것이다. 이 모든 경우에서 보듯이 유전증진을 통해 혜택을 받은 자들과 그렇지 못한 자 간의 경쟁 또는 경쟁을 통한 결과가 불공정하게 된다. 이러한 현상을 막기 위해 우리는 모두에게 평등하도록 공정한 방법을 모색해야 한다.

전통적으로 사회는 '상향 조정'(leveling up)이라는 방법을 통해 이러한 목적을 달성해왔다. 예를 들어, 인종적으로 차별받을 수 있는 사람들에게는 '차별 철폐 조치'(affirmative action)를 통해 우선권이 주어진다. 뿐만 아니라 장애인의 경우 특별 조치를 한다. 즉 법으로 고용인에게 장애인이 일할 수 있는 근무 환경을 만들도록 요구한다. 흥미롭게도 우리는 직장이나 대학 교육 같은 제한된 자원에 대한 기회 부여에서 다음의 두 경우에만 '상향 조정'을 하려는 경향이 있다. 그 두 경우란 첫째는, 예를 들어 신체나 정신적 장애인과 같이 일반적인 기준에 현저히 못 미치는 경우이며, 둘째는 각 개인의 능력이나 성과에 근거하지 않고 인종적 편견에 의한 경우 뿐이다. 물론 이러한 인종에 관한 견해는 남북전쟁 이후에도 항상 미국사회에 널리 존재했던 것은 아니다. 그 예로 남북전쟁 때 '스트라우더 대 버지니아'(*Strauder v Virginia*) 판례에서 보듯이, 대법원은 남북전쟁 이후의 헌법 수정안의 목적은 '최근에 해방된 종족에게 상위 인종이 누리는 모든 시민 권리를 보장하기 위해서'라고 명시하고 있다. 하지만 유전증진에 의해서 생긴 불공정한 이점을 바로 잡기 위한 상향 조정은 접근 방식이 달라야 한다. 이론적으론, 유전증진의 혜택을 받지 못한 이들은 사회의 평균 이하로 떨어지지 않는다. 왜냐하면 우리가 일컫는 유전증진은 사실 구제의 성격이 강해서 유전증진 혜택을 받지 못한 이들로 하여금 혜택을 받도록 해서 결과적으로 혜택받고 있는 이들이 그냥 '정상적'인 것처럼 되게 하기 때문이다. 인종적 차이 때문에 혜택을 받는 사람과는 달리, 유전증진의 혜택을 받지 못해 상향 조정을 당연히 받을 권리를 부여받은 자들은 실제로는 이러한 상향 조정이 큰 도움이 되지 않는 경우가 있을 수 있다.

유전증진에 관한 한 상향 조성이 유선증진의 문제에 대한 궁극적인 해답이 되지 못하는 중요한 이유가 있다. 상향 조정 방법은 모든 이에게 유전증진의 기회를 보장해주어야 하거나, 그렇지 못하다면 적어도 유전적으로 불이익을 받은 이들에게 이러한 기회를 보장해주어야 할 것이다. 전자의 경우는 너무 비용이 많이 들고 후자는 정부로 하여금 누가 유전적으로 열등한지 사회적 낙인을 찍는 어려운 일에 관여하도록 한다. 더욱이 모든 이에게 같은 또는 상응하는 능력을 부여하는 것은 불가능하기 때문에 두 경우 모두 문제를 해결할 수는 없다. 상향 조정이 답이 아니라면 이러한 불공정함을 방지하는 유일한 방법은 '하향 조정'(level down) 밖에는 없다. 특이하게도 평균치의 능력을 가진 구성원이 그 보다 우위에 있는 사람과의 경쟁이라는 불공평성을 조정해 보려고 하는 경우는 흔하지 않다. 엘리트 그룹에 속하는 개인은 하향 조정되는 것에 크게 매력을 느끼지 못한다. 물론 부유층은 누진세 적용같이 하향조정을 요구받기는 하지만 말이다. 부를 제외한 대부분의 경우 어떤 한 개인이 타인보다 더 우월하고, 얼마나 우월한지를 정하는 것이 어렵기 때문이다. 혹은 엘리트가 사회에 제공하는 득이 더 많기 때문이 아닌가 한다. 한편 엘리트가 사회를 통제한다면 그들은 그들에게만 유익하게 하려고 들 것이다.

하지만 불공정성을 없애기 위해 하향 조정하는 경우가 있다. 결과가 불공정하게 될 것이라고 예측될 때 경쟁을 막는 기술이다. 스포츠에서 약물 복용을 금하는 경우가 그렇고, 복싱이나 레슬링에서 체급을 나누어 경기하는 경우도 그렇다. 모든 예가 스포츠에만 있는 것은 아니다. 증권거래위원회가 일반인에게 알려지지 않은 정보에 근거한 '내부거래'를 금하는 것도 비슷한 예이다.

또 다른 하향 조정의 예는 이점을 가진 자가 다른 경쟁자와 이것을 공유하도록 하는 것이다. 예를 들어 어떤 계약이 법적으로 유효하기 위해서는 특정 정보를 미리 알려야만 한다. 계약자가 단순히 추측만 하는 데서 생길 수 있는 불이익을 막기 위해 관련된 정보를 주는 것이다. 예를 들어, 주택지 밑에 숨겨진 지하 호수를 구매자는 미리 알 수 없기 때문이다.

또 다른 방법은 더 가진 자를 제약하는 방법이다. 경마 규칙 중에 다른 기수보다 몸무게가 덜 나가는 사람은 안장에 무게를 더 추가해야 하는 규칙이 있다. 골프를 잘 못 치는 사람과 골프를 할 때 공을 친 횟수를 줄여주는 경우도 있다. 또 다른 제약 방법은 강자가 약자의 허락을 받게 하는 것이다. 그런 허락을 받는 과정이 강자에게 불이익을 줄 경우에도 말이다. 이렇게 하면 강자는 약자 모르게 약자를 공격할 수 없기 때문이다. 예를 들어, 변호사는 고객에게 그 고객의 상대자나 그 고객의 이익과 상반되는 사람을 변호하는지 혹은 안 하는지를 알려줄 의무가 있다. 변호사는 고객의 허락 없이 고객의 이익에 상반되는 다른 사람을 변호할 수 없다. 임상 실험 참가자들을 모집하기 전에 연구 책임자는 자신이 의약품을 상품화할 회사에서 주식을 받았다는 사실을 실험 참가 예정자들에게 알려주어야만 한다. 하향 조정을 위한 정보 공유와 같이 이 예들은 상대방이 정보를 제공하지 않으면 알 방법이 없는 경우들이다. 그러나 그 목적은 약간 다르다. 정보를 알려줌으로써 두 경쟁자를 똑 같은 위치에 서게 하는 것이 아니라 상대자가 어떤 행동을 취해야 하는 지를 알려주기 위한 정보 공유이다. 의약품 실험 참가자가 좀 더 세심하게 실험 참가의 위험과 이득을 따져볼 기회를 갖게 하자는데 그 뜻이 있다고 본다. 고객은 자신의 이익에 상반되는 상대자를 자신의 변호사가 변호하지 못하도록 다른 변호사를 요청할 수 있다.

공정성을 추구하는데 있어서 생각해 볼만한 방법 중의 하나는 서로가 상대자와 대결하게 하면서 상위 그룹이 약자의 이익을 도모하는 것이다. 이것을 법률 용어로 '피신탁의무'(fiduciary responsibility)라고 한다. 변호사는 고객의 권한을 위임받은 사람(피신탁자)이다. 신탁 수익자와의 관계에서 볼 때 이사회의 이사도 피신탁자이다. 한 기업의 관리자도 주식 투자자와의 관계로 볼 때 또한 피신탁자이다. 의사는 환자에게, 부모는 자식에게 피신탁의 의무가 있다. 이런 관계는 이윤의 극대화라는 경영과는 거리가 멀다. 피신탁 관계에서 피신탁자는 상대에게 유용한 정보를 알리지 않거나 자기 자신의 이득을 위해 상대의 이득을 희생시켜서는 안 된다. 변호사는 어떤 특정 고객이 아무리 많은 돈을 준다고 해도 그 특정 고객을 위해 다른 고객의 이익에 상반되는 행동을 하면 안 된다. 이사나 기업 관리자들은 자신들의 이익 추구를 위해 회사 자본을 조작하거나 오용해서는 안 된다. 의사는 보험회사가 보너스를 많이 준다고 해서 환자가 의학적으로 받아야 할 치료를 기피해서는 안 된다. 부모는 자식의 건강과 안전을 위해, 그것이 부모의 이득과 상반된다 할지라도 최선의 조치를 취해야만 한다.

이와 같이 신탁의 의무를 지게 하는 것은 양측이 평등하지 않기 때문이다. 피신탁자는 훨씬 더 많은 정보를 알고 있거나 쉽게 정보를 얻을 수 있는 위치에 있다. 예를 들어 의사는 의대를 졸업했지만 환자는 그렇지 않다. 신탁 관계는 한쪽이 다른 한쪽에게 위험이나 손해를 끼칠 가능성이 있을 때 발생한다. 개인의 사생활이나 사업 관계를 잘 알게 되는 경우가 있을 때처럼 말이다. 사실 신탁 관계에 관한 가장 잘 알려진 이론에 의하면, 신탁 의무의 목적은 상대방을 믿을 수 있게 하자는 데 있다. 그러므로 환자는 의사가 환자의 최대 이익을 위해 일한다고 믿을 수 있는 것이다. 환자는 의사가 자신에게 진실을 얘기하는지 아니면 더 많은 돈을 벌기 위해 거짓을 얘기하는지 확인하는데 돈을 쓰는 대신에 자신의 의료비에 더 많이 투자하게 하자는 데 있는 것이다.

신탁 관계는 일반적으로 관례법에 해당한다. 변호사와 고객 간의 신탁 관계가 관례법을 만들어낸 것이다. 미국의 증권거래소는 행동 규칙을 만들었는데, 그 규칙에 따르면 증권 브로커는 고객에게 상품을 사라고 권유할 때, 그렇게 생각하는 이유를 고객의 경제 상황이나 필요에 근거하여 제시하게끔 되어 있다.

위에서 언급한 모든 평준화 기법은 유전증진된 한 개인이 그렇지 않은 사람과 경쟁할 때 적용할 수 있다. 만약 사회에 전혀 이득이 없거나, 유전증진되지 않은 일반인을 해칠 염려가 있을 때는, 일반인과 상향 조정된 사람과의 스포츠 경기나 다른 경쟁은 금지되어야 한다. 유전증진된 사람은 정보를 공유하거나 유전증진되지 않은 사람을 도와주는 방법으로 유전적으로 얻은 이득을 그렇지 못한 사람들과 공유해야 한다. 유전증진을 받은 자는 경쟁할 때 한 수 접고 경기를 하거나, 시험에서 더 어려운 문제를 푸는 등으로 일반인들과 평등한 기회를 가져야 한다. 역차별이라 할지라도 유전증진된 자들은 직장이나 대학 입학 등에서 제약을 받아야 할 것이다. 최소한 자신들이 유전증진 되었다는 사실을 밝혀야 할 것이다. 유전증진된 자와 그렇지 않은 자와의 관계는 신탁 관계로 맺어져야 할 것이다. 유전증진된 자는 그렇지 못한 자의 이익을 위해 일하거나, 아니면 유전증진 되지 못한 사람들의 복지를 책임지는 일종의 유전적 윤리의무(noblesse oblige)를 져야 할 것이다.

유전증진 면허를 얻기 위해서는 하향 조정이 필요할 수도 있다. 예를 들어 허가를 받은 사람은 허가 조건으로 상향 조정되었다는 사실을 표방(標榜)해야만 한다. 유전증진 받기를 원하는 사람에게 허가 조건으로 신탁 관계를 의무화하는 것은 당연한 것이다. 변호사, 의사, 회계사, 심리학자 혹은 특별한 특권이나 특혜를 갖는 허가를 받아야 하는 직업을 가진 사람들은 이러한 피신탁의 의무를 지게 하고 있다.

불행하게도 우리는 불공정할 수 있는 소지가 있더라도 평준화를 하지 않는 경우도 있다. 대부분의 스포츠 경기는 나이에 따라 분류하지 않고 나이가 많은 사람들이 젊은 사람들과 경쟁한다. 어떤 스포츠 작가는 야구는 '젊은이의 경기'라고 말하며, 이 경기가 나이든 선수들에게 얼마나 힘든지에 대해 얘기하였다. 신체 조건이 썩 좋지 않은 풋볼 선수는 위험을 무릅쓰고 경기장에 나가게 된다. 농구경기에서도 키가 작은 선수들에게 디딤대를 제공하지는 않는다. 체스 경기는 겨우 1999년 이후부터 니코틴이나 향신경제 복용을 금하기 시작했다.

이와 같은 운동 경기에서 평준화를 시도하지 않는 이유는 아마 역사적 전통 때문일지도 모른다. 그러나 평준화 또한 논란의 여지가 있다. 예를 들어, 능력 위주만의 사회를 표방하는 어떤 사람은 다음과 같이 자신의 생각을 표명한다.

> 우리는 차등을 최소화하기 위한 노력으로, 누군가는 달리기 경기에서 져야만 한다는 사실을 유감스럽게 생각하는 그런 관대한 사람뿐만 아니라, 타인의 성공을 거부하고 성공한 사람의 우월성을 혐오하고, 기회만 주어진다면 우수성을 깍아내리려고 하는 그런 부류의 사람도 생각해야 한다. 벡크(Henri Becque)는 "평등의 취약점은 우리가 우리보다 잘난 사람을 볼 때만 평등을 꿈꾼다."라고 꼬집었다.

단편소설 '해리슨 버거론'(Harison Bergerun)에서, 보네것(Kurt Vonnegut)은 다른 사람보다 능력 있는 사람이 불구가 되는 것을 바라는 그런 미래의 사회를 신랄하게 묘사한다.

> 2081년 드디어 모든 사람은 평등하게 되었다. 이제 인간은 신과 법 앞에서만 평등한 것이 아니라 모든 면에서 평등하다. 아무도 다른 사람보다 영리한 사람은 없다. 다른 이보다 더 튼튼하거나 빠른 사람도 없다. 이 모든 것은 211, 212, 213번째 헌법 개정안과 미국장애인협회의 끊임없는 노력의 덕택이다.

유전증진된 자에게 평준화를 시도하는 것은 다음과 같은 경우 옳지 않다. 예를 들어, 유전증진된 자가 희귀한 자원을 얻기 위해 경쟁하는 것이 아닌 경우이고, 다음은 경쟁 자체가 우승자만이 모든 것을 차지하는 것이 아닐 경우와, 유전증진된 자의 능력을 빼앗아서 그렇지 못한 사람에게 줄 그 어떤 방법도 없을 때의 경우를 들 수 있다. 그 한 예로, 철학자 네겔(Thomas Nagel)은 단지 모든 사람이 가질 수 없다는 이유만으로 고급 음식, 상류층 패션 산업, 고급 주택 등을 없애야 한다고 주장하는 그런 평등주의자들의 의견에 반대한다.

만약 유전증진이 다른 방법으로는 얻을 수 없는 중요한 사회의 이익에 기여한다면, 이것을 평준화시켜서는 안 된다. 예를 들어, 가능한 한 빨리 질병을 치료할 수 있는 과학적 지식이 필요하므로, 유전증진된 의사나 과학자들이 정부의 연구비 혜택을 받는 것을 허락해야 할 것 같다. 과학자나 의사들을 위해서 따로 정부 연구기금의 일부를 비축해두는 것보다 낫지 않은가 말이다. 같은 맥락에서, 우리는 단지 적이나 도둑과 동등하게 하기 위해서 유전증진된 군인이나 경찰의 발을 묶어 놓지는 않을 것이다. 또한 제3자에게 끼칠 해를 줄일 수 있으므로 단지 유전증진된 자만이 비행기 조종사나 자동차 정비사가 된다고 해서 그리 걱정할 필요도 없을 것이다.

평준화는 쉬운 일이 아니다. 먼저 누가 유전증진되었는지를 밝혀야 할 텐데, 그 과정에서 치료와 유전증진을 구분하는 것조차 쉽지 않을 것이다. 노력의 미덕을 해치지 않기 위해서 유전증진으로 얻은 기술과, 후천적인 노력으로 얻은 기술을 구분해야 한다. 평준화 과정을 아주 꼼꼼히 따져봐야 할 것이다. 그렇지 않으면 어떤 개인이 유전증진을 하였을 경우 효과를 전혀 보지 못하거나, 혹은 특정 지식 등의 아주 많은 이점을 가질 수도 있다는 사실을 간과할 수 있기 때문이다.

그러나 우리는 필요하다면 위와 같은 고려 사항에도 불구하고 평준화를 한다. 필요하다면 아주 세심한 배려 없이도 평준화를 강행한다. 누진세 제도는 부를 축적한 사람들의 부를 뺏는 것이다. 운동경기의 체급제도는 운동 선수의 타고난 체급이나 혹은 극심한 다이어트나 운동에 의해 조절된 체급에 상관없이 적용된다. 피신탁제도는 그 정보를 얻기 위해 얼마나 많은 노력과 돈을 투자했느냐에 상관없이 정보를 공개해야 한다. 필요하다면, 피해도 참고 경쟁을 공정화하기 위한 모든 비용도 감수해야 할 것이다.

운동 선수는 신체검사에 순응해야만 하고 최소한의 사생활도 거부된 상황에서 체액 표본을 제출해야만 한다. 우리는 그들에게 이것이 싫으면 운동을 그만두라고 한다.

유전증진의 불공정성을 줄이는 것이 바로 위에 언급한 상황인 것이다. 공정한 경쟁을 조성하기 위해서 평준화하는 것이 싫으면 유전증진을 받지 않으면 된다.

생식세포의 유전증진

앞장에서는 유전증진을 금지시켰을 때 야기될 수 있는 문제들을 다루었다. 유전증진을 금지하게 되면 암시장이 형성될 것이며, 사람들은 외국이나 암시장을 통하여 유전증진 상품을 거래할 것이다. 이것은 유전자 전쟁에 소요된 비용 그리고 유전증진된 사람이 이 사회를 떠난다는 이중의 손해를 우리 사회에 가져올 것이다. 그럼에도 불구하고 생식세포의 유전증진은 꼭 금지시켜야만 한다.

생식세포의 유전증진은 체세포 유전증진과 달리 그 영향이 다음 세대에 그대로 전해진다. 생식세포의 유전증진에 대한 위험성은 앞장에서 설명하였다. 요약하면, 유전증진이 광범위해지고 우세해지면 증진된 유전체를 소유한 사람은 엄청난 사회적 우월성을 갖게 될 것이고, 이들이 사회를 지배하게 될 것이다. 그리고 체세포 증진과 다르게 생식세포의 증진으로 얻게 되는 이러한 우월성은 자손에게 유전될 것이다. 세대가 계속될수록 더욱 유리한 형질을 갖는 자손이 태어날 것이고, 이들은 기회의 평등 등과 같은 기존의 민주사회의 기초를 파괴하는 새로운 귀족 사회를 만들 것이다. 사회 체제는 카스트 제도나 노예제도로 퇴보하거나 혼돈에 빠질 것이다. 만약 생식세포의 변화가 급진적으로 이루어진다면, 인종의 한계를 초월하는 새로운 혈통이 형성되어 갈 것이다. 결국 지적 능력이 뛰어난 종이 유전증진이 일어나지 않은 평범한 사람들과 지구를 지배할 것이고, 유전증진된 사람은 신과 같은 대접을 받게 될 것이다.

지금까지 이 장에서 언급한 어떤 제도도 이런 일이 일어나는 것을 막을 수 없다. 유전증진 면허 계획은 면허 조건에 자손을 제한할 방법이 없기 때문에, 유전증진의 우월성을 단지 공공의 이익만을 위하여 이용하도록 하는 데 한계가 있다. 유전증진 복권 등과 같은 형태로 생식세포 증진이 이루어진다면, 유전 귀족을 사라지게 하는 것이 아니라 더 심화시키게 될 것이다. 어떤 특별한 조치 없이 현재와 같은 상황이 지속된다면 배아세포공학을 막을 수 없으며, 결국 유전 귀족의 숫자가 늘어나 평준화를 바라는 의견을 무시하게 될 것이다.

이러한 악몽 같은 미래가 오지 않도록 하는 유일한 방법은 생식세포 증진을 예방하는 것이다. 이러한 차원에서 국가에서는 생식세포 증진과 관련된 연구에 대해서는 연구비를 지급하지 않고 있다. 앞에서 언급한 것처럼 생식세포 증진을 포함하여 유전증진에 사용하는 기술들은 다음과 같은 치료 목적을 위하여 사용되는 기술과 동일하다. 즉 비질병 유전자의 염기순서를 밝히는 경우, DNA칩 속에 이들 유전자의 탐침을 넣어 빠른 속도로 검사를 할 경우, 재조합DNA를 이용하여 효능이 높은 약품을 생산할 경우, 새로운 약 투여 체계를 개발하는 경우, 예비부부의 비질병 형질 조사를 위한 유전자검사를 할 경우, 체외수정 중 배아 선별과 태아 검사를 할 경우, 그리고 마지막으로 DNA 자체를 교정하는 경우 등이다. 유전증진 연구를 위한 명백한 국가 지원은 없지만, NIH에서는 이러한 기술을 개발하는데 적극적으로 지원을 하려고 한다. 이러한 기술을 유전증진 목적에 적합하게 개발하는 것을 선점하기 위해서이다.

비질병 유전자의 염기순서를 밝히는 연구에 국가에서 연구비 지원을 보류하면 유전증진을 미연에 방지할 수 있다. 이 유전자들이 어디에 존재하며, 다른 유전자들과 어떻게 상호 작용하고 환경과는 어떻게 상호 작용하는지, 그리고 염기순서는 어떤지 등을 모른다면 생식세포 증진을 비롯한 어떤 형태의 유전증진도 불가능할 것이다. 그러나 유전증진 연구를 수행하기 위한 연구비 신청을 제외하고는 이러한 형태의 기초적인 과학적 연구를 수행하지 못하게 하는 것은 실질적으로 불가능하다. 유전증진과 치료 목적을 구분할 수 있는 분명한 선이 없다. 예를 들어 지능을 높이기 위하여 조작해야 할 유전자들은 정신지체나 노인의 인지능력 손상을 일으키는 유전자들과 같을 것이다. 우리들은 질병을 치료하기 위하여 이 유전자를 찾을 것이고, 이것은 유전증진을 위하여 이용될 수도 있는 것이다. 요약하면, 생식세포 증진 연구에 대한 정부 지원을 금지하는 것은 그 연구를 중지시키지는 못하지만, 연구 속도는 늦출 수 있을 것이다.

생식세포 증진이 상업적으로 가치가 있다고 판단되면 유전증진 연구 자체가 개인 차원에서 매력적인 투자 대상이 될 것이다. 그러므로 생식세포 공학은 정부로부터 연구 지원을 받지 못해도 민간 차원에서 발전할 것이다. 따라서 생식세포 증진을 위한 사적인 연구도 금지해야만 한다. 또한 특허법도 생식세포 증진에 대한 특허는 출원하지 못하도록 바꾸어야 한다.

생식세포 증진 연구를 금지시킬 수 있는 방법은 여러 가지가 있다. 생식세포 증진 연구를 수행하는 회사나 연구자에게는 다른 연구 과제에 대해서도 정부 지원금을 받지 못하게 하거나, FDA로부터 승인된 치료 목적의 증진 상품과 체세포 증진 상품도 다룰 수 없도록 할 수 있다. 환자들을 대상으로 생식세포 증진 검사를 시행하는 병원에 대해서는 의료보험제도의 혜택을 받을 수 없도록 할 수 있다. 그리고 환자로부터 대부분의 진료비를 직접 받아 운영하는 불임 전문 병원의 경우는 연방정부나 주정부의 법으로 생식세포 증진 연구를 수행하는 병원과 의사들의 의료 면허를 취소할 수 있도록 하면 될 것이다.

생식세포 증진 연구는 사람뿐만 아니라 동물을 대상으로 한 연구도 금지해야 한다. 유전학의 150여년의 역사에서 이러한 일은 지금까지 한번 있었다. 유전공학이 태동한 초기에 유전학자들은 단세포 생물을 대상으로 한 연구임에도 불구하고, 재조합DNA 연구의 위험성을 인식하고 일시적이긴 하지만 스스로 연구를 중지하기도 하였다. 우리가 사람을 대상으로 한 연구를 중지하자고 했을 때도 다른 동물을 대상으로 한 연구는 계속되었다. 부시 대통령 정부에서 인간배아 줄기세포 연구를 제한하고, 사람의 복제를 강력하게 금지시키고 있을 때도 동물을 대상으로 복제 양 돌리와 복제 고양이를 만들었고, 유전자조작 동물을 계속 만들고 있었으며 지금도 계속되고 있다.

전통적으로 동물 연구는 실험 재료인 동물을 잔인하게 취급하지 못하도록 하기 위하여 통제되어 왔고, 인도주의자들은 동물의 유전증진 연구를 금지하기 위한 목적이 아니라 동물 학대 차원에서 동물에서의 생식세포 증진 실험을 반대하고 있다. 비록 사람을 대상으로 연구를 시행하기 전에 동물을 대상으로 예비 연구를 하는 것이 필요하고 유익한 효과가 있다고 하더라도 이것이 동물 증진 연구의 원래 목적은 아니다. 동물에서 생식세포 증진 연구를 금지해야만 하는 진짜 이유는, 생식세포 증진 연구로 나타날 수 있는 놀랄만한 예상 결과로 유추해 볼 때, 지구상에 인간외에 다른 지적 생물체를 만들 수 있는 방법이 될 수 있기 때문이다. 또 다른 측면에서 인간 복제와 인간 유전공학을 반대하는 이유 중에 하나는 사람의 DNA를 조작하여 미래 전쟁에서 싸울 비정상적으로 강하고 공격적인 반인간적인 군인을 만들 수 있기 때문이다.

사람에서 생식세포 유전증진 연구를 금지하는 측면을 자세히 살펴보면, 연구 차원 이상의 금지 조치가 필요함을 알 수 있다. 생식세포 증진 상품을 판매나 배포할 목적으로 구매하거나 제공하고 다른 나라로 운반하는 것 등은 명백한 불법이며, 누구든 이런 행동을 한 사람은 엄벌에 처해야 한다. 생식세포 증진에 대한 엄격한 금지를 위해서는 증진 목적을 위한 DNA의 삽입이나 제거도 그 영향이 생식세포에 상당히 영향을 미칠 수 있는 경우에는 금지해야 한다.

정부가 생식세포 증진을 엄격하게 금지시킬 수 있는 권한을 가지려면, 정부가 국민의 복지를 증진시키고 민주적 절차를 수호할 수 있는 헌법에 명시된 권한을 가지고 있어야 한다. 이렇게 해야만 정부가 합법적으로 가장 광범위하게 강력한 국가적 권한을 행사할 수 있게 될 것이다. 결과적으로 다양한 정부의 노력이 여러 가지 유전증진 활동을 금지시키는데 절대적으로 필요하다.

생식세포가 증진된 사람에게 부과할 수 있는 더 큰 제재 조치가 있는데, 이들을 불임이 되게 하여 그들의 자손에게 증진된 유전적 변화를 후대로 전달되지 못하게 하는 것이다. 이것은 매우 강력하고 잔인한 방법이기 때문에 다른 모든 방법이 실패하였을 경우에만 고려될 수 있을 것이다. 그러면 법적인 기준은 어떻게 정해야 할까? 정부에서는 증진된 개인의 기본적인 생식 권리까지 빼앗을 수 있는 강력한 국가적 권한을 요구할 것이다. 또한 정부에서는 제12장에서 논의했던 '스키너와 오클라호마'의 판례에서 세워진 것과 같은 평등 보호라는 장벽을 극복해야만 한다. 법원에서는 너무 좁지도 너무 넓지도 않게 불임법의 범위를 정하여 각 개인을 주변 상황에 따라 적절하게 다룰 수 있도록 해야 한다.

그러나 모든 생식세포 증진이 금지되어서는 안 된다. 그 이유에 대해서는 본 장의 앞부분에서 언급하였는데, 수동적인 측면에서의 생식세포 증진은 허용하는 것이 타당하다. 이 경우는 생식세포에 대한 영향이 적고 간접적이지만 분명한 효과가 있다. 유전증진이 되었다는 이유로 폐기되는 배아와 낙태되는 태아는 생식 기회를 갖지 못하기 때문에 그들이 가지고 있는 유전자는 집단의 유전자 전체에 영향을 끼치지 않을 것이다. 반면에 우수한 유전형질 때문에 선택된 배아는 그들이 가지고 있는 유전자를 자손에게 전달하게 될 것이다. 그러나 그 결과에 따른 개체의 변화는 능동적인 생식세포 증진에 따라 나타날 수 있는 심각한 문제를 충분히 피할 수 있을 만큼 아주 서서히 나타날 것이다. 유전증진된 배우자나 배아를 생식적으로 활용할 것인지에 대한 결정을 하기 위해서는 그 기준을 법적으로 규정하는 것이 좋을 것이다.

또 다른 논쟁거리는 생식세포 유전자치료이다. 제5장에서 언급했던 것처럼 생식세포 유전자치료는 그 자체가 논쟁의 대상이다. 우리는 현재까지 생식세포 유전자치료가 안전하다는 것을 확증할만한 유전학적 지식을 충분히 갖고 있지 않다. 그것들은 수년 또는 한 세대 동안에는 나타나지 않을 수도 있는 무섭고 예측할 수 없는 부작용을 나타낼지도 모른다. 반면에 유전병으로 고통을 겪으며 살고 있는 사람들은 생식세포 유전자치료만이 유전병을 완전히 없앨 수 있는 확실하고 유일한 방법이라고 주장한다. 이러한 논쟁은 앞으로 더욱 더 격렬해질 것이다.

만약 생식세포 유전자치료가 결국 허용되면서, 생식세포 증진에 대한 금지 조치가 지속되기 위해서는 치료 목적과 증진 목적 간의 차이를 구별할 수 있도록 하는 것이 중요할 것이다. 그러나 이것이 얼마나 어려운지는 앞서 논의에서 지적하였다. 결국 이것이 본 장의 맨 처음에 유전증진에 대한 모든 금지 조치를 거부한 이유 중 하나였다. 따라서 생식세포 증진에 대한 금지 조치나 체세포 증진을 수행할 수 있도록 하는 허가 계획도 유전증진과 유전자치료를 구별할 수 있는 방법을 찾지 못한다면 실행할 수 없을 것이다. 연구자나 보건 관련 전문가 그리고 앞으로 면허를 취득하려는 사람들은 무엇이 허용되는지를 알아야할 것이며, 경찰은 무엇이 불법인지 알아야 할 것이다. 이것은 쉽지 않을 것이며, 일부는 국립보건원, 면허청, 사법부, 법원의 결정에 따라 다루어질 것이다. 아마도 공동의 부단한 노력으로 그 경계를 정할 수 있을 것이다. 일부 필요한 기술에 대해서는 다음 장에서 논의할 것이다.

유전자치료와 유전증진을 구별하는 것이 생식세포 유전증진을 금지시키기 위한 유일한 문제는 아닐 것이다. 제12장에서 언급한 것을 실행하려면 치료약의 이용과 유전증진 상품의 국외 출입을 조절하는 측면, 개인의 자유를 침해하는 측면, 비용 측면 등에서 어려움이 생길 것이다. 이것은 생식세포 증진으로부터 오는 위협이 그만큼 심각하고 중대하다는 것을 의미한다.

더욱이 유전증진에 대해 모든 금지 조치를 취하는 것이 어리석은 중요한 이유는, 이것이 생식세포 증진을 금지시키지 못하기 때문이다. 생식세포 증진을 금지시키는 것이 사회 이익에 중대한 손실을 가져오지 않는다. 사실 유전자치료를 사람의 초기 발생 단계에서 수행한다면 매우 효과적일 것이다. 배아나 초기 단계의 태아 시기에만 배우자 세포에 영향을 주는 유전증진의 가능성이나 능력 수준이 있는 것 같다. 이렇게 발생 초기의 체세포를 통해서 간접적으로 이루어진 생식세포의 유전증진은 직접적인 생식세포 증진 기술이 지니고 있는 잠재적인 위험성 없이 사회적으로 중요한 이익을 가져올 수 있을 것이다. 물론 우리가 유전증진 금지를 통하여 얻고자 하는 사회적 이익에는 민주주의 파괴와 유전 계급의 형성을 방지하고자 하는 것이다.

국외 활동을 통제하는 문제

제12장에서 예언했던 것처럼, 미국에서 유전증진 연구를 제한하게 되면 사람들은 외국으로 나가게 될 것이다. 그들은 외국에서 증진 상품을 구입하여 입국할 때 그것을 가지고 들어오거나 인터넷을 통하여 구입하여 국내로 들여올 수 있다. 체외수정처럼 더 세밀한 의학적 조정이 필요한 증진 상품에 대해서는 그들이 직접 외국에 나가 시술을 받은 후에 들여올 수 있다. 유전증진된 아기의 경우는 임신한 상태나 아기를 분만한 후에 국내로 들어올 수 있다. 외국에서 유진증진 상품을 구하려는 사람들은 약국에서 판매하는 것을 살 수도 있고, 병원을 통하여 공급받을 수도 있을 것이다. 면허증 없이도 구입할 수 있거나 암시장에서 쉽게 구할 수 있을 것이다. 유전증진 기술을 전문적으로 개발하려는 모든 산업들은 이것을 허용하는 나라에 정착할 것이다. 이들 나라에서는 외국인 투자를 유치하여 공장을 건설하고 금지된 연구 분야에서 이익을 추구하여 돈을 벌려고 하는 외국인 유전학자를 직원으로 채용할 것이다. 만약 우리가 외국에서 만든 유전증진 상품을 무엇보다 우선하여 정책적으로 통제하지 못한다면 이러한 모든 일들이 초래될 수 있을 것이다.

외국에서 유전증진 상품을 취급하는 것을 제한하기 위해서 다양한 형태의 일방적인 행동을 취할 수 있다. 약품을 조사하고 감시하는 정부 기관에서는 그들이 통제하고 있는 물품 목록에 불법적인 유전증진 상품을 추가할 수 있다. 세관원과 연안 경비대원들이 의심스러운 화물을 조사할 때, 특히 유전증진 상품을 철저하게 감시할 수 있으며, 외국에서 돌아오는 국민들의 소지품을 조사하고 DNA를 포함하여 몸을 철저하게 수색할 수 있다. 국회는 미국 시민이 외국의 어린이와 외설적인 활동을 하는 것을 법으로 금지하고 있는 것처럼, 허가 없이 유전증진 상품을 구입할 목적으로 해외 여행하는 것을 불법으로 규정할 수 있다. 회사를 설립하여 운영하거나 미국에서 외국의 유전증진 상품 산업에 투자하는 사업을 하는 것을 금지할 수 있다. 은행이나 다른 금융기관에서는 유전증진 상품을 자유롭게 이용할 수 있는 나라에 있는 미국인에게는 송금을 할 수 없도록 할 수 있다.

그러나 제12장에서 언급했던 것처럼, 해외에서의 유전증진 상품 거래를 효과적으로 통제하기 위해서는 다른 나라의 협력이 필요할 것이다. 이것 없이는 외국의 유전증진 상품 생산계획을 막을 수 없을 것이며, 외국에서 유전증진법률을 위반한 사람을 체포하거나 인도받을 수 없을 것이다. 만약 다른 나라들이 미국의 법과 유사한 법을 제정하여 강력하게 시행한다면, 미국은 불법적인 유전증진에 대한 반대운동을 성공적으로 전개할 수 있을 것이다. 다른 나라들이 동참하게 하기 위하여 모든 정치적, 경제적 수단을 총 동원할 필요가 있다. 국제단체나 종교단체를 설득하고, 각 나라가 유전증진 상품 거래를 통제하는 협약을 맺도록 설득해야 한다. 결과적으로 미국이 UN이나 다른 국제조직을 대표하여 이것을 시행하는 실질적인 책임을 맡아야 할 것이다. 이에 반대하는 나라에는 무역 제재를 가하거나 재정 지원을 통하여 설득할 수 있을 것이다. 쌍방과 다각적 무역 협상에는 유전증진 상품을 통제하는 내용을 포함시키는 것이 필요할 것이다. 세계은행과 국제통화기금(IMF)이 주도적인 역할을 해야 할 것이다.

만약 이러한 모든 것이 실패하게 된다면, 마지막으로 무력을 선택할 수밖에 없을 것이다. 이것은 무리한 방법이긴 하지만, 만약 해외의 유전증진 상품이 미국의 이익에 심각한 위협을 준다고 판단된다면 어쩔 수 없을 것이다. 만약 이라크 같이 미국에 적대적인 나라가 유전증진된 호전적인 군인을 창조할 목적이나 불법적인 유전증진 상품을 일반 국민들이 이용할 수 있게 하여, 미국을 불안정하게 할 목적으로 강력하게 유전증진 연구를 추진해간다면 우리는 어떻게 대응할 것인지 생각해 보자. 그런 경우에는 유전증진 상품이 탄저균과 같은 생물학적 무기로 간주될 것이다. 필요하다면 무력을 동원해서라도 비우호적인 나라들이 유전증진 기술과 유전증진 상품을 생산하지 못하도록 해야 한다.

미국의 외교 정책 목표 중에서 외국의 유전증진 상품을 통제하는 것이 중요한 부분을 차지할 것인지 지금은 알 수 없다. 현재로선 테러와의 전쟁에서 이겨야하는 것과 같은 보다 중요하고 시급한 사안들이 많은 것 같다. 그러나 유전증진 상품을 제한하지 않음으로써 나타나는 위험성을 언제까지나 무시할 수는 없다. 결국 우리는 이와 관련하여 국내 및 국제적으로 양 측면에서 행동을 해야만 할 것이다.

14

유전증진의 검출

앞 장에서 다루었던 유전증진으로 인한 사회 문제를 해결하기 위한 방안으로는 유전증신된 사람을 효율적으로 검출하는 기술에 달려있다. 즉, 생식세포 유전증진을 금지하고, 유전증진된 사람은 출산하지 못하게 하는 것, 생식세포에 변형된 유전자가 있는 사람을 검출하는 기술에 달려있다. 생식세포 유전증진을 허가하는 프로그램은 이를 몰래 사용하는 사람이나 불법 유전증진 상품과 서비스를 제공하는 사람을 검출해야 한다. 유전증진을 한 사람과 그렇지 않은 사람을 구별하지 않는 한 평가의 불공정성은 줄일 수 없다.

이는 스포츠 경기에서 약물 사용을 금지하는 것과 비슷하다. 제8장에서 언급했듯이 올림픽은 약물 검사를 끊임없이 요구하고 있고, 좀 더 정확하고 정밀한 검사와 새로운 약물에 대한 보다 새로운 검사법을 개발하면서 위반자를 색출하기 위해 노력하고 있다. 그러나, 지금까지도 올림픽 임원들은 운동 선수와 코치들 및 도핑검사 기술보다 한 발 앞서가는 비도덕적인 과학자들로부터 끊임없이 도전받고 있다.

1997년에 제작된 영화 '가타카'(*Gattaca*)는 미래의 유전자검사를 그리고 있다. 영화는 사무직원들이 회사 건물로 들어가면서 손가락 지문을 찍어 그들의 DNA를 검사하기 위해 줄을 서는 것으로 시작된다. 경호원은 불법 고용인을 검색하기 위해 컴퓨터 자판에 떨어진 손톱과 머리카락을 수집하여 검사한다. DNA 검사는 계속되며, 영화의 전반적 분위기는 강압적이다. 우리의 미래에 다가올 유전증진의 문제점에 대한 대안은 이것뿐일까?

어떤 관점에서 보면 불행하게도 대답은 아마도 "그렇다."이다. 광범위한 감시 체제가 없는 한 생식세포 유전증진 금지, 허가된 방법의 사용 등으로는 불공정성을 줄일 수 없다. 그러므로 생식세포 유전증진을 한 사람을 검색하기 위한 DNA 분석이 필요할 것이다.

키가 아주 커졌다는 것처럼 육안으로 구별할 수 있는 신체적 변화와 달리, 대부분의 유전증진은 기능적인 변화이므로 구별하기가 매우 어렵다. 어떻게 누구의 DNA가 증진되었는지 아닌지 혹은 불법적으로 생식세포 증진된 유전자를 아기가 물려받았는지 아닌지를 알아낼 수 있겠는가?

계획적으로 조작되어 온 '표식자'(Tag) DNA는 이에 대한 하나의 대안이다. 농생명회사들은 유전자변형작물(genetically modified crop)의 생식세포에 기능이 없는 표식자DNA를 삽입하는 방법을 개발해왔다. 농부가 불법으로 특허 종자를 사용했는지 여부를 표식자DNA로 알 수 있고, 이를 사용했다면 농부는 특허료를 회사에 지불해야 한다. 이와 비슷하게 사람에게 DNA를 삽입 또는 제거하는 유전자조작을 할 때에도 표식자DNA가 검사용으로 사용될 수 있을 것이다. 이 경우에는 고속 DNA 염기순서 분석기가 표식자DNA를 탐지하게 된다.

이런 종류의 표식자DNA는 합법적인 유전증진의 경우에서만 탐지되며, 누가 금지된 유전증진을 했는지 하지 않았는지를 유전자검사로 알아낼 수 있다. 표식자DNA는 지폐 위조방지를 위해 사용하는 투명 무늬나 도안과 비슷하다. 표식자DNA는 유전증진을 허가받은 사람에게만 삽입하기 때문에 마치 면허번호처럼 개개인을 증명할 수 있다. 이것은 몇 년 전부터 주류 판매 대리점에서 사용해온 방법과 비슷하다. 주류관리자는 상점마다 주류면허 마지막 네 숫자가 적힌 납세인지를 모든 술병에 붙여서 어떤 상점의 술이 얼마나 팔렸는지를 알 수 있다.

문제는 표식자DNA를 불법으로 복제하여 조작하는 것이 어려운가 하는 것이다. 사람들은 고품질의 유전증진 산물과 서비스에 대해 기꺼이 대가를 지불하려 하겠지만, 약삭빠른 과학자들은 표식자DNA를 복제하지 못할 리 없다.

그렇다면 우리는 암시장에서 불법으로 행한 유전증진 인간을 어떻게 검색해야 할까? 불법적으로 DNA를 조작한 부모로부터 태어난 사람을 구별할 수 있을까? 추적할 수 없는 DNA를 가졌거나, 증진된 DNA를 해외에서 삽입한 사람, 또는 허가받지 않은 유전증진 알약을 꿀꺽 삼켰을 경우 등은 어렵다.

유전증진 약물을 불법으로 사용한 사람을 판정하는 과정은 스포츠에서 약물 사용 유무를 검사하는 과정과 비슷할 것이다. 그러나 자신이나 자녀의 DNA를 불법으로 증진한 사람을 판별하기 위해서는 좀 더 정확한 분석이 필요할 것이다. 유전증진 전과 후의 DNA 비교 방법이 필요할 것이며, 검사 프로그램을 보다 효율적으로 운영하기 위해 대량의 중앙 집중 DNA 자료가 있어야 할 것이다.

개개인의 유전자 구성은 출생 시에 주민등록증과 같이 기록될 것이다. 후에 그들이 불법으로 유전증진을 했는가를 확인하기 위해 출생 시 유전자 자료와 비교할 것이다. DNA 순서가 달라지기 때문에 삽입되거나 제거된 불법 유전자를 밝혀낼 수 있다. 더불어 부모의 DNA 정보를 바탕으로 아이의 선천적 유전자 구성을 예측할 수 있는 소프트웨어 프로그램이 필요하게 될 것이고, 이 프로그램은 아이의 불법적인 유전증진 유무를 판정할 수 있도록 정확해야 한다.

많은 DNA 검사 기술이 요구되며, 이로 인해 강제적이고 차별적인 위협이 야기되기도 할 것이다. 그리고 만일 유전정보를 악용하려는 사람에게 중요한 유전정보가 유출될 경우 비난을 받게 될 것이다.

유전증진 규제와 증진 유무를 검사하기 이전에 DNA 검사는 일반화되어야 하고, 집단 수준의 유전정보가 준비되어야 한다. 발전하고 있는 약리유전학(pharmacogenetics) 분야는 부모의 DNA 조성을 바탕으로 부작용이 적고 더욱 효과적인 맞춤 치료를 목표로 하고 있다. DNA 수집과 검사는 점점 일반적인 의료 검사가 될 것이다. 범죄나 테러와의 전쟁에서 이기기 위해 집단 수준의 DNA 분석을 수행해야 하고, 그 결과를 하나의 국가적 자료은행으로 구축해야 한다. 실제로 최근 신생아 건강분석 과정에는 DNA검사를 첨가하고 있다. 우리가 원하든 혹은 원하지 않든 DNA검사는 머지않은 장래에 우리 생활의 한 부분이 될 것이다.

유전증진 규제로 인한 우리 생활의 불편함에 무관심하라는 것도 아니며, 나아가 사생활 보호나 부적절한 유전정보 사용 방지를 포기하라는 것은 더욱 아니다. 유전증진을 허가했을 때 우리는 우리의 삶을 유지하기 위해 그 대가를 치러야만 한다.

아마도 당신은 영화 '가타카'(*Gattaca*)에서 묘사된 미래의 냉혹한 이미지를 보고 무엇인가를 깨달았을 것이다. 영화에서 계속 나오는 DNA검사는 영화 주인공처럼 유전증진을 하지 않은 악성 유전자를 가진 사람들을 찾는다. 그리고 이들은 일자리와 사회적 혜택에서 제외된다. 유전 귀족은 우수한 유전자의 전달을 통해 그들의 특권을 계속 유지한다. 필자가 제안하는 바, 생식세포 유전증진은 금지하고, 체세포 증진은 면허제로 하며, 최대한 불공정성을 줄이기 위해 노력하면서 시행되어야 할 것이다.

15

결론

조지 오웰(George Owell)의 소설 '동물농장'에서는 감시 사회, 생식의 자유 박탈, 계급 전쟁, 다른 국가에 반하는 비밀 활동, 인류보다 우월한 괴물의 출현을 묘사한다. 미래에 펼쳐질 이러한 상황을 피할 수는 없는 것인가? 당연히 피할 수 있을 것이라 확신하며 가능할 것이라고 생각한다. 이 모든 것이 어린이의 악몽과 같이 과장된 공상과학 이야기에 지나지 않는 것일 수도 있다. 유전증진은 결코 개발되지 않을지도 모른다. 유전증진이 가능하다 할지라도 실현되지는 않을 것이다. 실제로 이런 일이 일어나면 사회는 큰 혼란 없이 유전증진을 수용하는 법을 어떻게든 배우게 될 것이다.

일부 유전학자의 말을 들어보면 "그들이 옳기를 바라자."라는 말을 많이 듣게 된다. 그러나 유전증진을 염두에 두지 않은 그들의 견해에는 다른 의미가 있다. 이는 그들의 시각이 다소 왜곡될 수도 있을 만한 이유를 시사한다. 예를 들면, 선도적인 권위있는 저널인 '사이언스'의 한 기사에서 고든(Jon W. Gordon)은 유전증진의 전망에 대해 부정적인 의견을 피력했다.

> 유전자 전달을 향상시키는 방법에는 본래 한계가 있고, 이를 사람에게까지 확대하여 논의하는 것은 아직 유전학적으로 적합하지 않다. 심지어 단순 형질의 유전적 변이를 어떻게 통제해야할 지도 아직 정확히 이해하지 못한다. 하물며 지능과 같은 복잡한 형질이 관련되어 있다면, 이를 어떻게 조절해야 할지 알지 못할 뿐만 아니라, 실제로 이러한 다인자 유전형질의 유전증진은 불가능할 수도 있다.

그가 다음과 같은 의문을 제기했다. "유전증진이 가까운 미래에 실현되기 어렵다고 생각한다면, 우리는 이러한 기술의 사용에 관해 어떤 정책을 개발해야 하는가?" 그는 유전증진을 목적으로 유전자 전달를 시도하는 것이 왜 비윤리적인가를 설명한 후에, 다음과 같은 주의 사항을 남기고 말을 맺었다.

> 아마도 대부분의 광범위한 법률적 규제는 결국에는 매우 귀중한 연구를 제한하는 위험을 초래할 수 있을 것이다. 만약 우리가 사회의 일원으로서 유전증진을 반대하지 않을 수 없다고 해서, 유전증진을 사전에 규제하는 법률을 제정할 필요는 없다. 대신에 다른 의료 행위와 같이 유전증진 행위도 검토 평가 할 수 있고 …… 그리고 모든 면에서 비윤리적인 의료 행위는 어렵지 않게 거부할 수 있을 것이다.
>
> 유전자조작에 대한 위험 때문에, 인간에게 효과적으로 유전자를 전달하는 기초 연구를 제한하는 계획안을 제출할 수도 있다. 역사적으로 보면, 사회는 기초 연구를 제한하는 것보다 과학적 진보에 잘 대처하도록 준비하는데 많은 노력을 기울여 왔다는 것을 알 수 있다. 유전자 전달에 관한 연구는 결코 유전증진에 이르기 위한 것이 아니라, 다양한 질병을 치료하는 새로운 치

료방법과 예방법을 제공하게 될 것이 확실하다.

요컨대, 고든이 염려하는 것은 유전증진 연구의 위험을 두려워하여 NIH가 기초유전학 연구비를 삭감하거나 다른 제한 조치를 가할 수도 있다는 것이다. 문제는 이러한 위험 때문에 유전학자들이 기술적인 어려운 점을 과장하고, 유전증진에 대한 전망을 과소평가함으로써 실질적 가능성을 평가 절하할 수도 있다는 점이다. 그들이 "유전증진은 가까운 미래에 실현되지는 않을 것이다."라고 말하면, 그 말이 진실인지 또는 자신의 연구비를 일단 지키려고 하는 말인지 알 수 없다.

사실 우리는 유전증진에 대해 잘 모른다. 그리고 정말로 위험한 것은 문제를 처리하기에 너무 늦어버릴 때까지도 모를 수 있다는 것이다.

이러한 상황이 더욱 악화되는 이유는 유전증진이 주는 위험을 줄이고자 하는 여러 조치가 몹시 못마땅하기 때문이다. 누구도 '가타카'와 유사한 실험 제도에 의해 조사받고 싶지 않을 것이다. 또한 정당한 이유 없이 생식의 자유를 방해받고 싶어 하지 않는다. 유전학 연구에 가해진 규제를 쉽게 책임질 수는 없다. 민주주의의 기초 위에 최소한의 위험을 무릅쓰면서, 사회적으로도 이득이 될 수 있도록 유전증진을 충분히 잘 통제하기 위해서는 많은 비용이 소요될 것이다. 한편 우선 사항으로 테러와의 전쟁, 인종차별, 경제 문제가 있다. 확실한 것은 유전증진이 안전하다는 명백한 증거가 있고, 이를 보장할 수 있을 때까지는 유전증진의 위험을 무릅쓰면서까지 이를 시행하지는 않을 것이다. 단지 우리는 말이 달리는 것을 보고 마구간 문을 닫을 것이다. 그런 다음 우리가 취한 행동이 시기적절했기를 바랄 뿐이다.

다행히도 일부 수용해야만 하는 사항을 지금 당장 시행해야 하는 것은 아니다. 유전증진을 더 많이 이용할 수 있을 때까지 면허 계획을 수립해야 할 어떤 이유도 없다. 단지 부유한 사람들만이 이용할 수 있을 정도의 일부 유전증진만이 가능하기 때문에 유전증진 복권 추첨을 해야 할 정도는 아니다. 그러나 일부 절차는 지금 또는 조만간 시작되어야 한다. 의회가 모든 정부기관 및 사설 연구단체에 의한 유전증진 연구의 금지를 고려하기 시작한 것이 이른 것은 아니다. 그리고 기초과학 연구에 방해가 되지 않으면서 유전자치료를 성공적으로 할 수 있는 법률안을 만드는 작업에 착수했다. 또한 유전증진을 전 세계적으로 통제할 수 있는 방법에 관한 국제적인 회담이 조만간 열려야 한다.

지금 당장 우리가 할 수 있는 일이 있다. 첫 번째, 우리는 NIH에 촉구하여, 재조합DNA자문위원회를 부활하거나, FDA에 유전증진에 관한 연구와 개발을 관할할 사법권을 복원하도록 촉구할 수 있다. 새로운 유전 기술의 윤리적, 법적, 사회적 영향을 검토하기 위해 다방면의 전문가를 불러 모을 수 있다는 면에서 재조합DNA자문위원회는 FDA보다 유리한 입장에 있다

의약품, 의료 장비, 생물학적 약품은 그 규모나 범위 면에서 FDA가 전통적으로 관리해온 것과 상당히 거리가 멀다. 만일 NIH가 할 수 없거나 재조합DNA자문위원회를 부활시키는 것이 불가능하다면, 적어도 FDA가 유전증진 연구계획과 제품 허가에 대한 심의 모델형을 제시해야 한다.

현재 우리가 할 수 있는 또 다른 일은 유전증진 개발의 속도를 주의 깊게 감시해야 한다는 것이다. 말하자면 19세기에 탄광의 갱도에 유해 가스가 있는지를 알아보기 위해 쓰인 실험동물인 카나리아가 알츠하이머병을 치유할 수 있는 최초의 효과적인 의약품이 될 수도 있다. 재조합DNA 또는 유전학 연구를 통하여 유전증진시키는 의약품이 개발될 것은 거의 확실하다. 새로운 과학 기

술로 말미암아 사회는 유전증진의 사용에 관해 안전성과 유효성의 관점에서 다음과 같은 중요한 문제에 직면하게 될 것이다. 각 개인이 자신의 성공을 위해 유전증진을 택하여야만 한다고 느낄 때 과연 이것은 얼마나 절박한가? 유전증진 결과에 대하여 어떻게 의문을 제기할 것인가? 희소 자원에 대해 얼마나 불공정하게 경쟁해야 하는가? 유전증진에 고가의 비용이 든다면 개인이 입을 기회균등의 피해는 얼마나 심각한가?

한편, 우리가 준비해야 할 일은 심사숙고하고, 대안에 대해 공개적으로 토론하고, 실험을 계획하고, 그리고 어떤 계획이 가장 효율적으로 작동하는지 지켜보는 것이다. 그리고 모든 일이 최상이기를 바랄 수밖에 없다. 비록 우리가 이 모든 계획을 제 위치에 잘 놓았다고 해도 우리가 고안한 계획이 제대로 작동할 것이라고 보장할 수는 없다. 일이 잘 되기 위해서는 지혜와 용기뿐만 아니라 행운도 따라야 할 것이다.

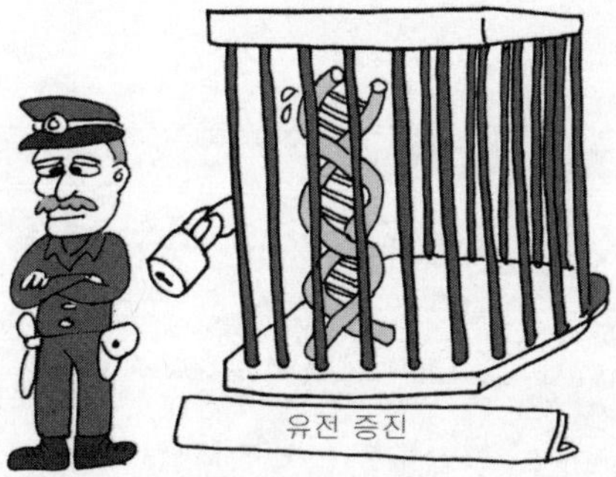

찾아보기

<ㅈ>

<ㅊ>

<ㅋ>

유전자 혁명과 생명윤리

찍은날 2006년 3월 28일
펴낸날 2006년 3월 28일

저자 맥스웰 J. 멜맨
옮긴이 한국유전학회
삽화 신인철
표지디자인 강호철
펴낸이 손영일

펴낸곳 전파과학사
출판 등록 1956. 7. 23(제10-89호)
120-824 서울 서대문구 연희2동 92-18
전화 02-333-8877 · 8855
팩시밀리 02-334-8092

ISBN 89-7044-247-2 03470

Website: www.s-wave.co.kr
E-mail: s-wave@s-wave.co.kr
chonpa2@hanmail.net